21世纪高等院校信息与通信工程规划教材

21st Century University Planned Textbooks of Information and Communication Engineering

聂小燕 鲁才 编著

数字电路EDA设计与应用

Digital Electronics EDA Design and Application

人民邮电出版社

北京

高校系列

图书在版编目（CIP）数据

数字电路EDA设计与应用 / 聂小燕，鲁才编著. ——
北京 ：人民邮电出版社，2010.4（2017.9重印）
21世纪高等院校信息与通信工程规划教材
ISBN 978-7-115-21552-9

Ⅰ．①数… Ⅱ．①聂… ②鲁… Ⅲ．①数字电路－电
路设计：计算机辅助设计－高等学校：技术学校－教材②
硬件描述语言，VHDL－程序设计－高等学校：技术学校－
教材 Ⅳ．①TN790.2

中国版本图书馆CIP数据核字(2009)第229769号

内 容 提 要

　　本书以数字电路的 EDA 设计为主线，结合丰富的实例，按照由浅入深的学习规律，逐步引入 EDA 技术和工具，图文并茂，重点突出。全书分为三部分。第一部分是基础篇，介绍 EDA 技术和硬件描述语言。第二部分是软件操作篇，主要介绍 MAX+plus Ⅱ 和 Quartus Ⅱ 软件工具的使用。第三部分是设计应用篇，通过大量典型的应用实例，使读者掌握数字系统 EDA 设计的方法和技巧。每章后面附有习题，为方便教师教学，本书配有多媒体电子教案。

　　本书可作为电子信息、电气、通信、自动控制、自动化和计算机类专业的 EDA 技术教材，也可作为上述学科或相关学科工程技术人员的参考书，还可作为电子产品制作、科技创新实践、EDA 课程设计和毕业设计等实践活动的指导书。

21 世纪高等院校信息与通信工程规划教材

数字电路 EDA 设计与应用

　◆ 编　著　聂小燕　鲁　才
　　责任编辑　滑　玉

　◆ 人民邮电出版社出版发行　　北京市丰台区成寿寺路 11 号
　　邮编　100164　　电子邮件　315@ptpress.com.cn
　　网址　http://www.ptpress.com.cn
　　北京市艺辉印刷有限公司印刷

　◆ 开本：787×1092　1/16
　　印张：18.25　　　　　2010年4月第1版
　　字数：445 千字　　　2017年9月北京第5次印刷

ISBN 978-7-115-21552-9

定价：32.00 元
读者服务热线：(010)81055256 印装质量热线：(010)81055316
反盗版热线：(010)81055315

近年来，EDA 技术发展非常迅速，已经成为推动电子工业发展的主要动力。EDA 技术的发展和推广应用、对高校电子技术课程教学思想、教学方法和教学目标产生了深远影响。许多高校相继将 EDA 技术作为电子技术教学改革的主要方向，在电子、通信、信息、电气等相关专业开设 EDA 课程、介绍 EDA 技术。特别是在数字逻辑电路、大规模可编程器件、硬件描述语言等课程中都加入了 EDA 设计环节。因此，数字电路的研究和实现方法随之发生变化，从而促使数字电路的实验方法和实验手段也不断更新、完善和开拓。

借助 EDA 软件来进行数字逻辑电路的设计、模拟和调试，这种实验方法可以减少实验器材的重复投入，避免对实验器材的实际损耗，降低实验成本，提高实验效率。它适合于数字电路课程初学者做验证性实验，更适合于数字逻辑设计者，充分发挥自主性，自行设计逻辑电路。这有助于学生更快更好地掌握课堂上讲述的基本概念、原理，有利于增强学生的知识创新能力。

本书是编者根据多年的教学经验，从实际应用的角度出发编写而成。在编写过程中，着重以培养能力为目标，实例选排上注重循序渐进，由浅入深。全书分为三部分，共 7 章，知识结构安排如下。

第一部分是基础篇。第 1 章主要介绍 EDA 技术的内涵、发展及其设计流程。第 2 章详细讲解硬件描述语言 VHDL 程序设计，包括 VHDL 语法、基本结构以及常用语句，使读者对 VHDL 程序的编写有深入的认识。

第二部分是软件操作篇。在众多的 EDA 软件中，由于 Altera 公司的 MAX＋plus II 和 Quartus II 开发工具界面友好，操作方便，且都提供自身的综合工具和仿真工具，因此本书选择了 MAX+plus II 和 Quartus II。第 3 章通过实例详细介绍了 MAX+plus II 开发工具的使用，并给出了程序调试中常见的一些错误和解决方法。第 4 章通过实例详细介绍了 Quartus II 开发工具的使用。

第三部分是设计应用篇。在熟悉 EDA 工具的使用之后，从简单数字电路的设计到复杂数字系统的设计，通过大量典型的应用实例，使读者掌握数字系统 EDA 设计的方法和技巧。第 5 章介绍一些常用数字电路的设计，包括运算电路、编码器、译码器、数据选择器、触发器、锁存器、移位寄存器、计数器、分频器、存储器以及常用接口电路等。第 6 章通过大量典型的应用实例，使读者深入掌握数字电路的 EDA 设计方法，本章的实例还可以对学生的课程设计或毕业设计起到很好的指导作用。第 7 章以一个简单的电路模型设计为示例，详细介绍 MATLAB、DSP Builder 和 Quartus II 3 个工具软件联合开发的过程。供有兴趣的读者学习和参考。

　　本书由聂小燕、鲁才共同编写。在编写过程中参考了许多专家学者的著作和论文中的研究成果，在这里向他们表示衷心的感谢。同时向一贯关心和支持本书编写工作的电子科技大学成都学院各位领导和电子信息工程系的各位老师、同事表示深深的谢意。

　　限于编者水平，书中的错误和不当之处在所难免，希望读者批评指正。

编　者

2010 年 1 月

目　　录

第一部分　基础篇

第二部分　软件操作篇

第三部分　设计应用篇

第一部分 基 础 篇

第 **1** 章　EDA 技术概述

　　随着新技术革命浪潮的风起云涌，人类社会已进入到高度发达的信息化社会，信息技术日趋成为推动社会进步和发展的关键因素和标志。如果说电子产品对现代信息社会起着支撑作用，那么 EDA 技术则当之无愧地成为电子产品的灵魂和支柱。

　　【教学目的】
　　➢ 了解 EDA 技术及其发展。
　　➢ 理解传统设计方法与 EDA 方法的区别。
　　➢ 掌握 EDA 工程的设计流程。

1.1　EDA 技术及其发展

　　随着大规模集成电路技术和计算机技术的不断发展，在涉及通信、国防、航天、医学、工业自动化、计算机应用、仪器仪表等领域的电子系统设计工作中，EDA 技术的含量正以惊人的速度上升。不言而喻，EDA 技术将迅速成为电子技术领域中极其重要的组成部分。

1.1.1　EDA 技术的涵义

　　EDA（Electronic Design Automation）即电子设计自动化。EDA 技术的内涵从广义的角度看包含了：
- 半导体工艺设计自动化；
- 可编程器件设计自动化；
- 电子系统设计自动化；
- 印刷电路板设计自动化；
- 仿真与测试、故障诊断自动化；
- 形式验证自动化。

以上各部分统称为 EDA 工程。
　　通常所说的 EDA 技术是以大规模可编程逻辑器件为设计载体，以硬件描述语言为系统逻辑描述的主要表达方式，以计算机、大规模可编程器件的开发软件及实验开发系统为设计工具，自动完成用软件方式描述的电子系统到硬件系统的逻辑编译、逻辑化简、逻辑分割、逻辑综合及优化、布局布线、逻辑仿真，直至完成对于特定目标芯片的适配编译、逻辑映射、编程下载等工作，最终形成集成电子系统或专用集成芯片的一门多学科融合的新技术。

1.1.2　EDA 技术的发展史

EDA 技术伴随着计算机、集成电路和电子系统设计的发展，经历了计算机辅助设计（Computer Assist Design，CAD）、计算机辅助工程设计（Computer Assist Engineering Design，CAED）和电子设计自动化（Electronic Design Automation，EDA）3 个发展阶段。

1．20 世纪 70 年代的计算机辅助设计阶段

20 世纪 70 年代为 EDA 技术发展初期。早期的电子系统硬件设计采用的是分立元件，随着集成电路的出现和应用，硬件设计进入到发展的初级阶段。初级阶段的硬件设计大量选用中小规模标准集成电路，人们将这些器件焊接在电路板上，做成初级电子系统，对电子系统的调试是在组装好的 PCB（Printed Circuit Board）板上进行的。由于设计师对图形符号使用数量有限，传统的手工布图方法无法满足产品复杂性的要求，更不能满足工作效率的要求。可编程逻辑技术及其器件问世，计算机作为一种工具在科研领域得到广泛应用。而在后期，CAD 的概念已见雏形，这一阶段人们开始利用计算机、二维图形编辑与分析的 CAD 工具，完成布图布线等高度重复性的繁杂工作。

2．20 世纪 80 年代的计算机辅助工程设计阶段

20 世纪 80 年代，集成电路进入了 CMOS（互补场效应管）时代，复杂可编程逻辑器件进入商业应用，相应的辅助设计软件投入使用。而在 20 世纪 80 年代末，出现了现场可编程门阵列（FPGA）；CAE 和 CAD 技术的应用更为广泛，它们在 PCB 设计方面的原理图输入、自动布局布线及 PCB 分析，以及逻辑设计、仿真、综合和简化等方面担任了重要的角色。特别是各种硬件描述语言的出现、应用和标准化方面的重大进步，为电子设计自动化必须解决的电路建模、标准文档及仿真测试奠定了基础。

3．20 世纪 90 年代电子系统设计自动化阶段

为了满足千差万别的系统用户提出的设计要求，最好的办法是由用户自己设计芯片，让他们把想设计的电路直接设计在自己的专用芯片上。微电子技术的发展，特别是可编程逻辑器件的发展，使得微电子厂家可以为用户提供各种规模的可编程逻辑器件，使设计者通过设计芯片实现电子系统功能。EDA 工具的发展，又为设计师提供了全线 EDA 工具。

这个阶段发展起来的 EDA 工具，目的是在设计前期将设计师从事的许多高层次设计由工具来完成，如可以将用户要求转换为设计技术规范，有效地处理可用的设计资源与理想的设计目标之间的矛盾，按具体的硬件、软件和算法分解设计等。由于电子技术和 EDA 工具的发展，设计师可以在不太长的时间内使用 EDA 工具，通过一些简单标准化的设计过程，利用微电子厂家提供的设计库来完成数万门专用集成电路（ASIC）和集成系统的设计与验证。

20 世纪 90 年代，设计师逐步从使用硬件转向设计硬件，从单个电子产品开发转向系统

级电子产品开发（即片上系统集成，System on A Chip）。因此，EDA 工具是以系统级设计为核心，包括系统行为级描述与结构综合，系统仿真与测试验证，系统划分与指标分配，系统决策与文件生成等一整套的电子系统设计自动化工具。

这时的 EDA 工具不仅具有电子系统设计的能力，而且能提供独立于工艺和厂家的系统级设计能力，具有高级抽象的设计构思手段。例如，提供方框图、状态图和流程图的编辑能力，具有适合层次描述和混合信号描述的硬件描述语言（如 VHDL、AHDL 或 Verilog-HDL），同时含有各种工艺的标准元件库。只有具备上述功能的 EDA 工具，才可能使电子设计工程师在不熟悉各种半导体工艺的情况下，完成电子系统的设计。

EDA 技术在进入 21 世纪后，得到了更大的发展，突出表现在以下几个方面。

（1）在现场可编程门阵列（FPGA）上实现数字信号处理（DSP）应用成为可能，用纯数字逻辑进行 DSP 模块的设计，使得高速 DSP 实现成为现实，并有力地推动了软件无线电技术的实用化和发展。基于 FPGA 的 DSP 技术，为高速数字信号处理算法提供了实现途径。

（2）嵌入式处理器软核的成熟，使得可编程片上系统（System On a Programmable Chip，SOPC）步入大规模应用阶段，在一片 FPGA 上实现一个完备的数字处理系统成为可能。

（3）在仿真和设计两方面支持标准硬件描述语言的功能强大的 EDA 软件不断推出。

（4）电子技术领域全方位融入 EDA 技术，除了日益成熟的数字技术外，传统的电路系统设计建模理念发生了重大的变化，如软件无线电技术的崛起、模拟电路系统硬件描述语言的表达和设计的标准化、系统可编程模拟器件的出现、数字信号处理和图像处理的全硬件实现方案的普遍接受以及软硬件技术的进一步融合等。

（5）EDA 使得电子领域各学科的界限更加模糊，更加互为包容，如模拟与数字、软件与硬件、系统与器件、专用集成电路（ASIC）与现场可编程门阵列（FPGA）、行为与结构等。

（6）基于 EDA 的用于 ASIC 设计的标准单元已涵盖大规模电子系统及复杂 IP 核模块。软硬 IP（Intellectual Property）核在电子行业的产业领域广泛应用。

（7）系统级、行为验证级硬件描述语言的出现（如 System C），使复杂电子系统的设计和验证趋于简单。

1.2 传统设计方法与 EDA 方法的区别

传统的数字系统设计方法是自下而上（Bottom-up）的设计方法（见图 1-1），是以固定功能元件为基础，基于电路板的设计方法，主要设计文件是电路原理图。

由于门级芯片的设计和生产积累起门级的单元库；此后在门级单元库的基础上又建立起宏单元库（如加法器、译码器、多路选择器、计数器……）。这种从小模块逐级构造大模块以至整个系统的方法，称为自下向上法。

传统设计方法由于它首先进行的是底层设计，因此，缺乏对整个系统总体性能的把握。系统规模越大，复杂度越高，其缺点越突出：

- 设计依赖于设计师的经验；
- 设计依赖于现有的通用元器件；

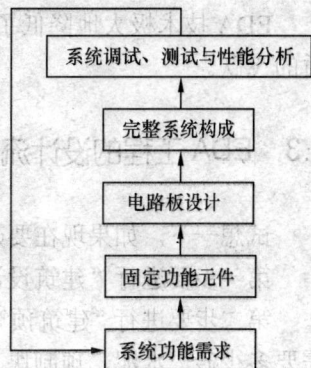

图 1-1 自下而上的设计方法

- 设计后期的仿真不易实现和调试复杂；
- 自下而上设计思想的局限；
- 设计实现周期长，灵活性差，耗时耗力，效率低下。

现代数字系统的设计采用 EDA 方法。EDA 方法是一种自上而下（Top-Down）的设计方法，其方案设计与验证、系统逻辑综合、布局布线、性能仿真、器件编程等均由 EDA 工具一体化完成。

自上而下是指将数字系统的整体逐步分解为各个子系统和模块，若子系统规模较大，则还需将子系统进一步分解为更小的子系统和模块，每个模块也可进一步细化，并借助于 EDA 技术完成到工艺的映射直至物理实现。其特点是：借助 EDA 工具，自动地实现从高层次到低层次的转换，从而使得自上向下的过程得以实现。我们把接近概念设计的层次定义为抽象级别较高的层次；而把接近物理实现的层次定义为较低的层次。显然，设计师希望从高层次描述开始，通过 EDA 工具逐步实现芯片的版图设计。这是自动设计的理想境界，是 EDA 工具高度发展的结果。

由于整个设计是从顶层开始的，设计中可逐层描述，逐层仿真，保证满足系统指标。结合应用领域的具体要求，及时调整设计方案，进行性能优化，从而保证了设计的正确性，缩短了设计周期。

EDA 技术为电子系统设计带来了这样的变化：

（1）设计效率提高，设计周期缩短；

（2）设计质量提高；

（3）设计成本降低；

（4）能更充分地发挥设计人员的创造性；

（5）设计成果的重用性大大提高，省去了不必要的重复劳动。

传统方法与 EDA 设计方法的比较如表 1-1 所示。

表 1-1　　　　　　　　　传统方法与 EDA 设计方法的比较

特　　点	传 统 方 法	EDA 方法
采用器件	通用型器件	PLD
设计对象	电路板	芯片
设计方法	自下而上	自上而下
仿真时期	系统硬件设计后期	系统硬件设计早期
主要设计文件	电路原理图	HDL 语言编写的程序

EDA 技术极大地降低了硬件电路设计难度，提高了设计效率，是电子系统设计方法的质的飞跃。

1.3　EDA 工程的设计流程

试想一下，如果现在要建造一栋高楼，流程是怎样的呢？

第一步要进行"建筑设计"，即用各种设计图纸把建筑设想表示出来；

第二步要进行"建筑预算"，即根据投资规模、拟建楼房的结构及建房的经验数据等计算需要多少砖、水泥、预制块、门、窗户等基本的建筑材料；

第三步根据建筑设计和建筑预算进行"施工设计"。所谓"施工设计"，也就是这些砖、水泥、预制块、门、窗户等具体砌在房子的什么部位，相互之间怎样连接；

第四步根据施工图进行"建筑施工"，将这些砖、水泥、预制块、门、窗户等按照规定施工建成一栋楼房；

最后，施工完毕后，还要进行"建筑验收"，以检验所建楼房是否符合设计要求。同时，在整个建设过程中，可能还需要做出某些"建筑模型"或进行某些"建筑实验"。

那么，对于目标器件为 FPGA 和 CPLD 的 VHDL 设计，其工程设计步骤如何呢？EDA 的工程设计流程与上面所描述的基建流程类似：

第一步需要进行"设计输入"，即用一定的逻辑表达手段将设计表达出来；

第二步要进行"逻辑综合"，就是将电路的高级语言描述（如 HDL、原理图或状态图形的描述）转换成低级的，可与 FPGA/CPLD 或构成 ASIC 的门阵列基本结构相映射的网表文件。

第三步要进行"目标器件的适配"。在选定的目标器件中建立这些基本逻辑电路及对应关系（逻辑实现）；

第四步要进行目标器件的编程/下载。将由 FPGA/CPLD 适配器产生的配置/下载文件通过编程器或下载电缆载入目标芯片 FPGA 或 CPLD 中；

最后，要进行硬件仿真/硬件测试，验证所设计的系统是否符合设计要求。同时，在设计过程中要进行有关"仿真"，验证有关设计结果与设计构想是否相符。综上所述，EDA 的工程设计的基本流程如图 1-2 所示。

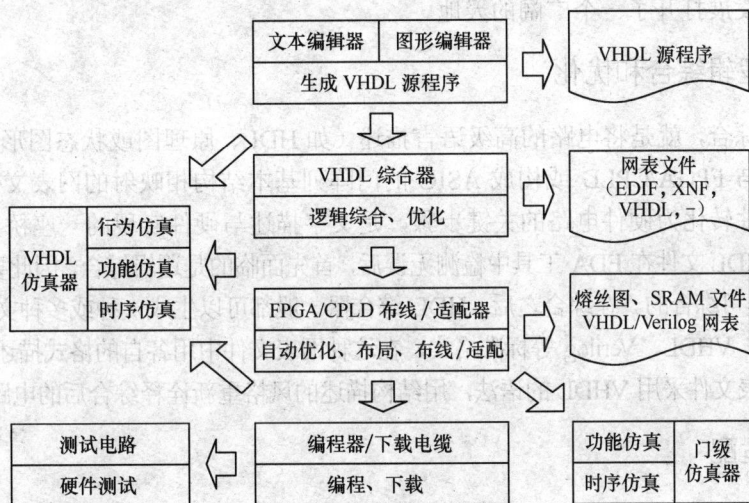

图 1-2　EDA 工程的设计流程

1.3.1　设计输入

利用 EDA 技术进行一项工程设计，首先需利用 EDA 工具的文本编辑器或图形编辑器将它用文本方式或图形方式表达出来。

1．图形输入

图形输入通常包括原理图输入、状态图输入和波形图输入等方法。最常用的是原理图输入方法。

原理图输入方法是一种类似于传统电子设计方法的原理图编辑输入方式，即在 EDA 软件的图形编辑界面上绘制能完成特定功能的电路原理图。原理图由逻辑器件（符号）和连接线构成，图中的逻辑器件可以是 EDA 软件库中预制的功能模块，如与门、非门、或门、触发器以及各种含 74 系列器件功能的宏功能块，甚至还有一些类似于 IP 的功能块。

用原理图表达的输入方法的优点是显而易见的：

- 设计过程形象直观，适用于初学或教学演示；
- 对于较小的电路模型，其结构与实际电路十分接近，设计者易于把握电路全局；
- 由于设计方式接近于底层电路布局，因此易于控制逻辑资源的耗用，节省面积。

然而，使用原理图输入的设计方法的缺点同样是十分明显的：

- 随着设计规模的增大，设计的易读性迅速下降，错误排查困难，整体调整和结构升级困难；
- 由于图形设计方式并没有得到标准化，不同的 EDA 软件中的图形处理工具对图形的设计规则、存档格式和图形编译方式都不同，因此图形文件兼容性差，难以交换和管理。

2．文本输入

文本输入是采用硬件描述语言，如 VHDL 或 Verilog，进行编辑输入。这种方式与传统的计算机软件语言编辑输入基本一致。任何支持硬件描述语言的 EDA 工具都支持文本方式的编辑和编译。

可以说，应用 HDL 的文本输入方法克服了上述原理图输入法存在的所有弊端，为 EDA 技术的应用和发展打开了一个广阔的天地。

1.3.2　逻辑综合和优化

所谓逻辑综合，就是将电路的高级语言描述（如 HDL、原理图或状态图形的描述）转换成低级的，可与 FPGA/CPLD 或构成 ASIC 的门阵列基本结构相映射的网表文件。可见，综合过程是将软件转化为硬件电路的关键步骤，是文字描述与硬件实现的一座桥梁。

当输入的 HDL 文件在 EDA 工具中检测无误后，首先面临的是逻辑综合，因此要求 HDL 源文件中的语句都是可综合的。在综合之后，HDL 综合器一般都可以生成一种或多种文件格式网表文件，如有 EDIF、VHDL、Verilog 等标准格式，在这种网表文件中用各自的格式描述电路的结构。如在 VHDL 网表文件采用 VHDL 的语法，用结构描述的风格重新诠释综合后的电路结构。

1.3.3　适配

所谓适配也称结构综合，就是将由综合器产生的网表文件针对某一具体的目标器件进行逻辑映射操作，其中包括底层器件配置、逻辑分割、逻辑优化、布线与操作等，配置于指定的目标器件中，产生最终的下载文件，如 JEDEC、Jam 格式的文件。

适配所选定的目标器件（FPGA/CPLD 芯片）必须属于原综合器指定的目标器件系列。通常，EDA 软件中的综合器可由专业的第三方 EDA 公司提供，而适配器则需由 FPGA/CPLD 供应商提供。因为适配器的适配对象直接与器件的结构细节相对应。

1.3.4　仿真

设计过程中的仿真有 3 种，它们是行为仿真、功能仿真和时序仿真。

所谓行为仿真，就是将 VHDL 设计源程序直接送到 VHDL 仿真器中所进行的仿真。该仿真只是根据 VHDL 的语义进行的，与具体电路没有关系。在这种仿真中，可以充分发挥 VHDL 中的适用于仿真控制的语句及有关的预定义函数和库文件。

所谓功能仿真，是直接对 VHDL、原理图描述或其他描述形式的逻辑功能进行测试模拟，以了解其实现的功能是否满足原设计要求的过程，仿真过程不涉及任何具体器件的硬件特性。功能仿真不经历适配阶段，是将综合后的 VHDL 网表文件送到 VHDL 仿真器中所进行的仿真。直接进行功能仿真的好处是设计耗时短，对硬件库、综合器等没有任何要求。

所谓时序仿真，就是将布线器/适配器所产生的 VHDL 网表文件送到 VHDL 仿真器中所进行的仿真。时序仿真是接近真实器件运行特性的仿真，仿真文件中已包含了器件硬件特性参数，因而，仿真精度高。但时序仿真的仿真文件必须来自针对具体器件的适配器。产生的仿真网表文件中包含了精确的硬件延迟信息。

1.3.5 目标器件的编程/下载

如果编译、综合、布线/适配和行为仿真、功能仿真、时序仿真等过程都没有发现问题，即满足原设计的要求，则可以将由 FPGA/CPLD 布线/适配器产生的配置/下载文件通过编程器或下载电缆载入目标芯片 FPGA 或 CPLD 中。

通常，将对 CPLD 的下载称为编程（Program），对 FPGA 中的 SRAM 进行直接下载的方式称为配置（Configure），但对于反熔丝结构和 Flash 结构的 FPGA 的下载和对 FPGA 的专用配置 ROM 的下载仍称为编程。

习　题

1. EDA 的英文全称是什么？什么叫 EDA 技术？
2. 什么是基于 EDA 技术的自上而下的设计方法？采用它进行数字系统设计有哪些优越性？
3. 简述面向 FPGA/CPLD 的 EDA 工程设计流程。

第 **2** 章　硬件描述语言

在学习一门新的语言时，首先要掌握它的特点和语法结构，VHDL 作为一种优秀的硬件描述语言也不例外。本章通过详细介绍 VHDL 的特点、语法、结构以及各种常用的语句使读者对 VHDL 程序的编写有深入的认识。

【教学目的】

➢ 掌握 VHDL 程序基本结构。

➢ 熟练掌握 VHDL 数据对象、进程。

➢ 重点掌握 VHDL 顺序语句和并行语句的使用。

2.1　VHDL 简介

VHDL（硬件描述语言）的全称是 Very-Vigh-Speed Integrated Circuit Hardware Description Language。常用的硬件描述语言有 VHDL、Verilog 和 ABEL。VHDL 起源于美国国防部的 VHSIC，Verilog 起源于集成电路的设计，ABEL 则来源于可编程逻辑器件的设计。

VHDL 语言的特点如下：

● 逻辑描述层次：一般的硬件描述语言可在 3 个层次上进行电路描述，其层次由高到低依次分为行为级、RTL 级和门电路级。VHDL 是一种高级描述语言，和 Verilog HDL 相比，VHDL 在门电路级描述方面不如 Verilog HDL。VHDL 适用于行为级和 RTL 级的描述，最适于描述电路的行为。

● 设计要求：VHDL 进行电子系统设计时可以不了解电路的结构细节，设计者所做的工作较少。

● 综合过程：任何一种语言源程序，最终都要转换成门级电路才能被布线器或适配器所接受。因此，VHDL 源程序的综合通常要经过行为级到门电路级的转化，VHDL 几乎不能直接控制门电路的生成，不易于控制电路资源。

● 对综合器的要求：VHDL 层次较高，不易于控制底层电路，因而对综合器的性能要求较高。

● 由于是标准硬件描述语言，所以 VHDL 支持大量的 EDA 工具。

● 国际化程度：VHDL 已经被大家所接受，在电子设计领域应用十分广泛，早在 1987 年就成为了 IEEE（The Institute of Electrical and Electronics Engineers）标准和美国国防部确认的标准硬件描述语言。

VHDL 主要用于描述数字系统的结构、行为、功能和接口。除了含有许多具有硬件特征的语句外，VHDL 的语言形式和描述风格与句法十分类似于一般的计算机高级语言。VHDL 的程序结构特点是将一项工程设计，或称设计实体（可以是一个元件，一个电路模块或一个系统）分成外部（或可视部分，即端口）和内部（或称不可视部分），即设计实体的内部功能和算法完成部分。在对一个设计实体定义外部界面后，一旦其内部开发完成后，其他的设计就可以直接调用这个实体。这种将设计实体分成内外部分的概念是 VHDL 系统设计的基本特点。应用 VHDL 进行工程设计的优点是多方面的，具体表现为以下几点。

（1）与其他的硬件描述语言相比，VHDL 具有更强的行为描述能力。强大的行为描述能力是避开具体的器件结构，从逻辑行为上描述和设计大规模电子系统的重要保证。就目前流行的 EDA 工具和 VHDL 综合器而言，将基于抽象的行为描述风格的 VHDL 程序综合成为具体的 FPGA 和 CPLD 等目标器件的网表文件已不成问题，只是在综合与优化效率上略有差异。

（2）VHDL 具有丰富的仿真语句和库函数，使得在任何大系统的设计早期，就能检查设计系统的功能可行性，随时可以对系统进行仿真模拟，使设计者对整个工程的结构和功能可行性作出判断。

（3）VHDL 语句的行为描述能力和程序结构，决定了它具有支持大规模设计的分解和已有设计的再利用功能。如要求高效、高速地完成，符合市场需求的大规模系统必须有多人甚至多个开发组共同并行工作才能实现，VHDL 中设计实体的概念，程序包的概念，设计库的概念为设计的分解和并行工作提供了有力的支持。

（4）用 VHDL 完成一个确定的设计，可利用 EDA 工具进行逻辑综合和优化，并自动把 VHDL 描述设计转变成门级网表（根据不同的实现芯片）。这种方式突破了门级设计的瓶颈，极大地减少了电路设计的时间和可能发生的错误，降低了开发成本。利用 EDA 工具的逻辑优化功能，可以自动把一个综合后的设计变成一个更小，更高速的电路系统。反过来，设计者还可以容易地从综合和优化的电路获得设计信息，返回去更新修改 VHDL 设计描述，使之更加完善。

（5）VHDL 对设计的描述具有相对独立性。设计者可以不懂硬件的结构，也不必管最终设计的目标器件是什么，而进行独立的设计。正因为 VHDL 的硬件描述与具体工艺技术和硬件结构无关，所以 VHDL 设计程序的目标器件有广阔的选择范围，其中包括各种系列的 CPLD，FPGA 及各种门阵列器件。

（6）由于 VHDL 具有类属描述语句和子程序调用功能，对于完成的设计，在不改变源程序的条件下，只需改变类属参量或函数，就能轻易地改变设计的规模和结构。

一个完整的 VHDL 程序（或成为设计实体）至少应包括 3 个基本组成部分：库、程序包使用说明，实体说明和实体对应的结构体说明。其中，库、程序包使用说明用于描述该设计用于打开（调用）本设计实体将要用到的库、程序包；实体说明用于描述该设计实体与外界的接口信号说明，是可视部分；结构体说明用于描述该设计实体内部工作的逻辑关系，是不可视部分。在一个实体中，可以含有一个或一个以上的结构体，而在每一个的结构体中又可以含有一个或多个进程以及其他的语句。根据需要，实体还可以有配置说明语句。配置说明语句主要用于以层次化的方式对特定的设计实体进行元件列化，或是为实体选定某个特定的结构体。

2.2　VHDL 语法基础

VHDL 的语法基础包括 VHDL 的标识符、数据对象、数据类型和运算操作符。

2.2.1　文法规则

1. 标识符

标识符是书写程序时允许使用的一些符号（字符串），主要由 26 个英文字母、数字 0～9 及下画线 "＿" 的组合构成，允许包含图形符号（如回车符、换行符等）。可以用来定义常量、变量、信号、端口、子程序或参数的名字。

标识符规则是 VHDL 中符号书写的一般规则。不仅对电子系统设计工程师是一个约束，同时也为各种各样的 EDA 工具提供了标准的书写规范，使之在综合仿真过程中不生产生歧义，易于仿真。

VHDL 有两个标准版：VHDL'87 版和 VHDL'93 版。VHDL'87 版的标识符语法规则经过扩展后，形成了 VHDL'93 版的标识符语法规则。前一部分称为短标识符，扩展部分称为扩展标识符。VHDL'93 版含有短标识符和扩展标识符两部分。

短标识符由字母、数字以及下画线字符组成，短标识符的命名规则如下：

- 第一个字符必须是字母；
- 最后一个字符不能是下画线；
- 不允许连续两个下画线；
- 在标识符中大、小写字母是等效的；
- VHDL 的保留字（关键字）不能用于标识符。

> 问题：什么是关键字？
>
> 在 VHDL 中把具有特定意义的标识符号称为关键字，只能作固定用途使用，用户不能将关键字作为一般标识符来使用，如 ENTITY，PORT，BEGIN，END 等。

例如：如下标识符是合法的：

```
tx_clk
Three_state_Enable
sel7D
HIT_1124
```

如下标识符是非法的：

```
_tx_clk              --标识符必须起始于字母
8B10B
large#number         --只能是字母、数字、下画线
link_ _bar           --不能有连续两个下画线
select               --关键字(保留字)不能用于标识符
rx_clk_              --最后字符不能是下画线
```

扩展标识符是 VHDL'93 版增加的，扩展标识符的命名规则如下。

- 扩展标识符用反斜杠来定界。例如：\multi_screens\, \eda_centrol\等都是合法的扩展标识符。
- 允许包含图形符号、空格符。例如：\mode A, \$100\, \p%name\等。
- 反斜杠之间的字符可以用保留字。例如：\buffer\, \entity\, \end\等。
- 扩展标识符的界定符两个斜杠之间可以用数字打头。例如：\100$\, \2chip\, \4screens\。
- 扩展标识符允许多个下画线相连。例如：\Four_screens\, \TWO_Computer_sharptor\。
- 扩展标识符区分大小写。例如：\EDA\与\eda\不同。
- 扩展标识符与短标识符不同。例如：\COMPUTER\与 Computer 不同。

2. 数值表示

VHDL 中的数值可以用各种进制来表示，用"基"表示数字的规范书写格式为：

被表示的数::= 基#基于基的整数[.基于基的整数]#指数

- 基表示进制，可以取 2，8，10 或 16。#号为定界符，基为 10 时可省略定界符和基。
- 基于基的整数::= 扩展数字 {[下画线] 扩展数字}。

　　扩展数字::= 数字/字母

因为十六进制数中，大于 9 以上的数字用 A，B，C，D，E，F 表示，此处数字不再是 0~9 共 10 个符号，而是扩展到 0~F 共 16 个符号表示数字，后者相对于前者称为扩展数字。

- 指数::= E［＋］整数或 E［-］整数

整数举例：十进制值为 255 的数，用基表示法，写为：

```
2#1111_1111#          -- 二进制表示法
80377#                -- 八进制表示法
160FF#                -- 十六进制表示法
```

实数 0.5 的表示：

```
2#0.100#      8#0.4#      16#0.8#      2#1#E-1      8#4#E-1      16#8#E-1
```

> **注意**：相邻数字之间插入下画线只为增加可读性，对数值无影响。数字前面可加 0，中间不能加 0。基为 10 时通常省略定界符和基。

例如：
十进制：012，12_3，2E3；12.0，2.5E2；

3. 文法格式

在编写 VHDL 程序时要注意以下几点格式要求。

- 关键字、标识符：不区分大小写。
- 注释：注释文本以'--'开头，且只在该文本行有效。
- 分隔：';'为行分隔符，VHDL 的语句行可写在不同文本行中。
- 空格：除关键字、标识符自身中间不能插入空格外，其他地方可插入任意数目空格。

2.2.2　数据对象

VHDL 中凡是可以赋予一个值的对象都可称为数据对象。数据对象类似于一种容器，可以接受不同数据类型的数据。VHDL 描述硬件电路的工作过程实际是信号经输入变化至输出的过程，因此 VHDL 中最基本的数据对象就是信号。另外还有两个数据对象：常量和变量，这 3 种常用的数据对象具有不同的物理意义，下面分别加以说明。

1. 常量

常量（Constant）中存放的是固定不变的值，可以在程序包、实体说明、结构体、子程序（函数，过程）和进程中定义。例如，在电路中常量的物理意义是电源值或地电平值；在计数器设计中，将模值存放于某一常量中，对不同的设计，改变常量的值，就可改变模值，修改起来十分方便。

常量定义的格式如下：

```
CONSTANT 常量名:数据类型:= 表达式;
```

式中符号：=表示赋值运算，常量可以在定义的同时赋初值。下面是几个常量定义及赋值的例子：

```
CONSTANT  FBUS : STD_LOGIC_VECTOR : = "0010" ;
CONSTANT  DATA : REAL : =5.0 ;
CONSTANT  AGE : INTEGER : =3 ;
CONSTANT  DELY : TIME : =10 ns ;
```

第一句定义常数 FBUS 的数据类型是标准位量型 STD_LOGIC_VECTOR，它等于"0010"；第二句定义常数 DATA 的数据类型是实数型，值为 5.0；后两句以此类推。

> **注意：** 数值和单位之间要留空格。

在程序中，常量是一个恒定不变的值，一旦做了数据类型和赋值定义后，在程序中就不能再修改，因而具有全局性。常量的使用范围取决于被定义的位置。在程序包中定义的常量具有最大全局化特征，可用在调用此程序包的所有实体中；定义在设计实体中的常量，其有效范围为这个实体所定义的所有结构体；而定义在某个结构体中的常量，只能用于此结构体；定义在结构体某一单元（如进程）的常量，则只能用在这一单元中。

VHDL 要求所定义的常量数据类型必须与表达式的数据类型一致。如：CONSTANT VCC：REAL ： = "0101"；这条语句就是错误的，因为 VCC 的类型是实数（REAL），而其数值"0101"是位量（BIT_VECTOR）类型。常量的数据类型可以是标量类型或其他符合类型，但不能是文件类型（File）或存取类型（Access）。

2. 变量

变量（Variable）用于数据的暂时存储，在 VHDL 语法规则中，变量只能在子程序和进程中使用。变量的定义形式与常量相似，可以在变量定义语句中赋初值，但变量初值不是必需的。

变量的定义格式如下：

```
VARIABLE 变量名：数据类型 约束条件：= 表达式;
```

例如：VARIABLE S1, S2: INTEGER: =16;

VARIABLE COUNT: INTEGER RANGE 0 TO 7;

第一条语句中变量 S1 和 S2 都为整数类型，初值都是 16；第二条语句变量 COUNT 没有指定初值，则取默认值。变量初值的默认值为该类型数据的最小值或最左端值，那么 COUNT 初值为 0（最左端值）。

变量作为局部量，其适用范围仅限于定义变量的进程或子程序中。在这些语句结构中，同一变量的值将随变量赋值语句的运算而改变。

变量赋值语句的语法格式如下：

```
目标变量名:=表达式 ;
```

变量赋值符号是"：="，变量数值的改变是通过赋值来实现的。赋值语句右边的"表达式"必须是一个与"目标变量名"具有相同数据类型的数值，这个表达式既可以是一个数值，也可以是一个运算表达式。变量赋值语句左边的目标变量可以是单值变量，也可以是一个变量的集合，即数组型变量。

对变量的赋值是一种理想化的数据传输，是立即发生的，没有任何延迟，所以变量只有当前值。变量赋值语句属于顺序执行语句，如果一个变量被多次赋值，则根据赋值语句在程序中的位置，按照从上到下的顺序进行赋值，变量的值是最后一条赋值语句的值。

3. 信号

信号（Signal）作为设计实体中并行语句模块间的信息交流通道，它的性质类似于连接线。其作为一种数值容器，不但可以容纳当前值，也可以保持历史值。这一属性与触发器的记忆功能有良好的对应关系。

信号有外部端口信号和内部信号之分。外部端口信号是设计单元电路的管脚或称为端口，在程序实体中定义，有 IN，OUT，INOUT 和 BUFFER 4 种信号流动方向，其作用是在设计的单元电路之间实现互连。外部端口信号供给整个设计单元使用，属于全局量。内部信号是用来描述设计单元内部的信息传输，除了没有外部端口信号的流动方向外，其他性质与外部端口信号一致。

> **总结：端口与信号的概念。**
>
> 事实上，除了没有方向说明以外，信号与实体的端口（Port）概念是一致的。对于端口来说，其区别只是输出端口不能读入数据，输入端口不能被赋值，信号可以看成是实体内部的端口；反之，实体的端口只是一种隐形的信号；端口的定义实质上是作了隐式的信号定义，并附加了数据流动的方向，而信号本身的定义是一种显式的定义。因此，在实体中定义的端口，在其结构体中都可以看成是一个信号，并加以使用，而不必另作定义。

信号的定义语句格式如下：

```
SIGNAL 信号名: 数据类型 约束条件:= 初始值;
例如: SIGNAL a: INTEGER:= 8;          --定义整数类型信号 a，并赋初值 8
      SIGNAL qout: BIT: ='0';         --定义位信号 qout 并赋初值'0'
```

信号"初始值"的设置不是必需的，而且初始值仅在 VHDL 的行为仿真中有效。信号的使用和定义范围是实体、结构体和程序包，在进程和子程序的顺序语句中不允许定义信号，但可以使用信号。在程序包中定义的信号，对于所有调用此程序包的设计实体都是可见的；在实体中定义的信号，在其对应结构体中都是可见的。

信号的赋值语句格式如下：

目标信号名 < = 表达式 ;

赋值语句中的表达式必须与目标信号具有相同的数据类型。

> 注意：信号定义语句中的初始赋值符号仍是 ": ="，这是因为仿真的时间坐标是从初始赋值开始的，在此之前并无所谓延时时间。

信号和变量的主要区别如下。

* 变量是一个局部量，只能用于进程或子程序中。信号是一个全局量，它可以用来进行进程之间的通信。
* 变量赋值立即生效，不存在延时行为。信号赋值具有非立即性，信号之间的传递具有延时性。
* 变量用作进程中暂存数据的单元。信号用作电路中的信号连线。
* 在进程中只能将信号列入敏感表，而不能将变量列入敏感表。进程只对信号敏感，对变量不敏感，这是因为只有信号才能将进程外的信息带入进程内部，或将进程内的信息带出进程。

除了以上这些，由于信号是一个特殊的数据对象，在赋值语句的使用方面，两者也有很大不同。有关信号赋值和变量赋值的区别，在本章 2.4.1 小节将会详细介绍。

4．文件

文件（Files）是传输大量数据的载体，包括各种数据类型的数据。用 VHDL 描述时序仿真的激励信号和仿真波形输出，一般都要用文件类型。在 IEEE 1076 标准中，TEXIO 程序包中定义了文件 I/O 传输方法，调用这些过程就能完成数据传输。

2.2.3　数据类型

VHDL 是一种强类型的语言，只有相同数据类型的量才能相互传递和操作。VHDL 要求每个数据对象都具有唯一的数据类型，定义一个操作时必须同时指明其操作对象的数据类型。

VHDL 中的数据类型可以分为以下四类。

* 标量型：包括实数类型、整数类型、枚举类型、时间类型。
* 复合类型：可以由小的数据类型复合而成，如可由标量型复合而成。复合类型主要有数组型（Array）和记录型（Record）。
* 存取类型：为给定的数据类型的数据对象提供存取方式。
* 文件类型：用于提供多值存取类型。

根据数据类型的来源又可以分成预定义数据类型和用户自定义数据类型两大类。预定义的数据类型是 VHDL 最常用、最基本的数据类型，这些数据类型都已在 VHDL 的标准程序包 STANDARD 和 STD_LOGIC_1164 及其他的标准程序包中作了定义，并可在设计中随时调用。

如上所述，除了标准的预定义数据类型外，VHDL 还允许用户自己定义其他的数据类型以及子类型。通常，新定义的数据类型和子类型的基本元素一般仍属 VHDL 的预定义类型。尽管 VHDL 仿真器支持所有的数据类型，但 VHDL 综合器并不支持所有的预定义或用户自定义的数据类型，如 REAL，TIME 及 FILE 等数据类型。

1. 标准预定义数据类型

VHDL 的标准预定义数据类型都是在 VHDL 标准程序包 STANDARD 中定义的，在实际使用中，已自动包含进 VHDL 的源文件中，因而不必通过 USE 语句以显示调用。

（1）整数数据类型

整数（INTEGER）类型的数包括正整数、负整数和零。整数类型与算术整数相似，可以使用预定义的运算操作符，如加"+"、减"-"、乘"*"、除"/"等进行算术运算。

在 VHDL 中，整数的取值范围是-2147483647～+2147483647，即可用 32 位有符号的二进制数表示。VHDL 仿真器通常将 INTEGER 类型作为有符号数处理，而 VHDL 综合器则将 INTEGER 作为无符号数处理。这么大范围的数及其运算在 EDA 实现过程中将消耗大量的器件资源，而在实际应用中涉及的整数范围通常很小，例如一位十进制数码管只需显示 0～9 十个数字。因此，在使用整数类型时，VHDL 综合器要求用 RANGE 子句为所定义的数限定范围，然后根据所限定的范围来决定表示此信号或变量的二进制的位数。

> 注意：VHDL 综合器无法综合未限定范围的整数类型的信号或变量。

（2）自然数和正整数类型

自然数（NATURAL）类型是整数的子集，正整数（POSITIVE）类型又是自然数类型的子集。自然数包括零和正整数，正整数只包括大于零的整数。

（3）实数数据类型

VHDL 的实数（REAL）类型也类似于数学上的实数，或称浮点数。实数的取值范围为-1.0E38～+1.0E38。书写时一定要有小数点（包括小数部分为 0 时）。通常情况下，实数类型仅能在 VHDL 仿真器中使用，VHDL 综合器则不支持实数，因为直接的实数类型的表达和实现相当复杂，目前在电路规模上难以承受。

> 注意：不能把实数赋给信号，只能赋给实数类型的变量。

（4）布尔数据类型

程序包 STANDARD 中定义的源代码如下：

```
TYPE BOOLEAN IS (FALSE, TRUE);
```

布尔（BOOLEAN）数据类型实际上是一个二值枚举型数据类型。它的取值如以上定义所示，即 FALSE（伪）和 TRUE（真）两种。综合器将用一个二进制位表示 BOOLEAN 型变量或信号，但它与位类型不同，没有数值的含义，不能进行算术运算，只能进行关系运算。

例如，当 a 大于 b 时，在 IF 语句中的关系运算表达式 a>b 的结果是布尔量 TRUE，反之为 FALSE。综合器将其变为 1 或 0 信号值。

（5）位数据类型

位（BIT）数据类型属于枚举型，取值只能是 1 或 0。位数据类型的数据对象，如变量、信号等，可以参与逻辑运算，运算结果仍是位的数据类型。VHDL 综合器用一个二进制位表示 BIT。在程序包 STANDARD 中定义的源代码是：

```
TYPE BIT IS ('0', '1');
```

位值用带单引号括起来的'0'和'1'表示，只代表电平的高低，与整数中的 0 和 1 意义不同。

（6）位矢量数据类型

位矢量（BIT_VECTOR）是基于 BIT 数据类型的数组，在程序包 STANDARD 中定义的源代码是：

```
TYPE BIT_VECTOR IS ARRAY (Natural Range <>)  OF  BIT ;
```

使用位矢量必须注明位宽，即在数组中的元素个数和排列，例如：

```
SIGNAL a : BIT_VECTOR (7 TO 0) ;
```

信号 a 被定义为一个具有 8 位位宽的矢量，它的最左位是 a（7），最右位是 a（0）。

（7）字符数据类型

字符（CHARACTER）类型通常用单引号引起来，并且对大小写敏感，如'B'不同于'b'。字符可以是英文字母中任何一个大、小写字母，0～9 中任何一个数字以及空格，或者是一些特殊字符，如，$，%，@等。

在 VHDL 程序设计中，标识符的大小写一般是不分的，但用了单引号的字符的大小写是有区分的。

（8）字符串数据类型

字符串（STRING）是用双引号括起来的一个字符序列，也称为字符串向量或字符串数组。例如：

```
VARIABLE string_var : STRING(0 TO 3);
String_var : = "VHDL";
```

VHDL 综合器支持字符串数据类型，字符串常用于程序的提示或程序说明。

（9）时间数据类型

VHDL 中唯一的预定义物理类型是时间。完整的时间（TIME）类型包括整数和物理量单位两部分，而且整数和单位之间至少要有一个空格，如 10 ns，20 ms，33 min。

STANDARD 程序包中也定义了时间。定义如下：

```
TYPE time IS RANGE -2147483647 to 2147483647
    Units
    fs ;
    ps = 1000 fs ;
    ns = 1000 ps ;
    us = 1000 ns ;
    ms = 1000 us ;
    sec = 1000 ms ;
    min = 60 sec ;
    hr = 60 min ;
    end units ;
```

（10）错误等级数据类型

错误等级（SEVERITY LEVEL）数据类型用来表示系统的工作状态，共有四种：NOTE（注意），WARNING（警告），ERROR（错误），FAILURE（失败）。系统仿真时，操作者可根据给出的这几种状态提示，了解当前系统的工作情况并采取相应对策。

2．IEEE 预定义标准逻辑位类型

上述 10 种数据类型都是在 VHDL 标准程序包 STANDARD 中定义的，在实际使用中，已自动包含进 VHDL 的源文件中，在编程时可以直接引用。另外还有两种预定义数据类型是定义在 IEEE 库 STD_LOGIC_1164 程序包中，使用时需要显示调用，加入下面的语句：

```
LIBRARY IEEE;
USE IEEE.STD_LOGIC_1164.ALL;
```

（1）标准逻辑位

标准逻辑位（STD_LOGIC）数据类型的定义如下所示：

```
TYPE std_logic IS
    'U'                 -- 未初始化的
    'X'                 -- 强味知的
    '0'                 -- 强 0
    '1'                 -- 强 1
    'Z'                 -- 高阻态
    'W'                 -- 弱未知的
    'L'                 -- 弱 0
    'H'                 -- 弱 1
    '_'                 -- 忽略
```

由定义可见，STD_LOGIC 是标准 BIT 数据类型的扩展，共定义了 9 种值，这意味着对于定义为数据类型是标准逻辑位 STD_LOGEC 的数据对象，其可能的取值已非传统的 BIT 那样只有逻辑 0 和 1 两种取值。由于标准逻辑位数据类型的多值性，在编程时应当特别注意，因为在条件语句中，如果未考虑到 STD_LOGIC 的所有可能的取值情况，有的综合器可能会插入不希望的锁存器。

（2）标准逻辑矢量

标准逻辑矢量（STD_LOGIC_VECTOR）类型定义如下：

```
TYPE STD_LOGIC_VECTOR IS ARRY (NATURAL RANGE <> ) OF STD_LOGIC ;
```

显然，STD_LOGIC_VECTOR 是定义在 STD_LOGIC_1164 程序包中的标准一维数组，数组中的每一个元素的数据类型都是以上定义的标准逻辑位 STD_LOGIC。向标准逻辑矢量 STD_LOGIC_VECTOR 类型的数据对象赋值，必须严格考虑矢量的宽度，同位宽、同数据类型的矢量间才能进行赋值。

3．其他预定义数据类型

VHDL 综合工具配带的扩展程序包中，定义了一些有用的类型。例如 Synopsys 公司在 IEEE 库中加入的程序包 STD_LOGIC_ARITH 中定义了如下的数据类型：

- 无符号型（UNSIGNED）
- 有符号型（SIGNED）
- 小整型（SMALL_INT）

如果将信号或变量定义为这几种数据类型，就可以使用该程序包中定义的运算符。在使用之前，必须加入下面的语句：

```
LIBRARY IEEE;
USE IEEE.STD_LOGIC_ARITH_ALL;
```

UNSIGNED 类型和 SIGNED 类型是用来设计可综合的数学运算程序的重要类型，UNSIGNED 用于无符号数的运算，SIGNED 用于有符号数的运算。

（1）无符号数据类型

无符号（UNSIGNED）数据类型代表一个无符号的数值，在综合器中，这个数值被解释为一个二进制数，这个二进制数的最左位是其最高位。例如，十进制的 9 可表示如下：

```
UNSIGNED'("1001")
```

如果要定义一个变量或信号的数据类型为 UNSIGNED，则其位矢长度越长，所能代表的数值就越大。如一个 4 位变量的最大值为 15，一个 8 位变量的最大值则为 255，0 是其最小值，不能用 UNSIGNED 定义负数。以下是两个无符号数据定义的示例：

```
VARIABLE var : UNSIGNED (0 TO 15 ) ;
SIGNAL sig : UNSIGNED (7 DOWNTO 0 ) ;
```

其中：变量 var 有 16 位数值，最高位是 var（0），而非 var（15）；信号 sig 有八位数值，最高位 sig（7）。

（2）有符号数据类型

有符号（SIGNED）数据类型表示一个有符号的数值，综合器将其解释为补码，此数的最高位是符号位，例如：

```
SIGNED'("0101")代表 +5, 5
SIGNED'("1011")代表 -5
```

若将上例的 var 定义为 SIGNED 数据类型，则数值意义就不同了，如：

```
VARIABLE var : SIGNED(0 TO 15);
```

其中，变量 var 有 16 位，最左位 var（0）是符号位。

在 IEEE 程序包中，NUMERIC_STD 和 NUMERIC_BIT 程序包中也定义了 UNSIGNED 类型及 SIGNED 类型。NUMERIC_STD 是针对于 STD_LOGIC 类型定义的，而 NUMERIC_BIT 是针对 BIT 类型定义的。在程序包中还定义了相应的运算符重载函数。有些综合器没有附带 STD_LOGIC_ARITH 程序包，此时只能使用 NUMBER_STD 和 NUMERIC_BIT 程序包。在 STANDARD 程序包中没有定义 STD_LOGIC_VECTOR 的运算符，而整数类型一般只在仿真时用来描述算法，或作数组下标运算，因此，UNSIGNED 和 SIGNED 的使用率是很高的。

4．用户自定义数据类型

除了使用 VHDL 自带程序包中定义的数据类型外，VHDL 允许用户根据需要定义新的数据类型，这给设计者提供了极大的自由度。

利用 TYPE 语句可以定义新的数据类型，用户自定义数据类型主要有枚举类型、数组类型和用户自定义子类型三种。

TYPE 语句语法结构如下：

```
TYPE  数据类型名  IS  数据类型定义  OF  基本数据类型;
```

或

```
TYPE  数据类型名  IS  数据类型定义;
```

其中，"数据类型名"由设计者自定，此名将作为数据类型定义之用。"数据类型定义"部分用来描述所定义的数据类型的表达方式和表达内容。关键词 OF 后的"基本数据类型"是指"数据类型定义"中所定义的元素的基本数据类型，一般都是取已有的预定义数据类型，如BIT，STD_LOGIC 或 INTEGER 等。

（1）枚举类型

枚举（ENUMERATED）类型是在数据类型定义中直接列出数据的所有取值。其格式如下：

```
TYPE 数据类型名 IS（取值1, 取值2, ……）;
```

例如在硬件设计时，表示一周内每天的状态，可以用 000 代表周一、001 代表周二，依此类推，直到 110 代表周日。但这种表示方法对编写和阅读程序来说是不方便的。若改用枚举数据类型表示则方便得多，可以把一个星期定义成一个名为 week 的枚举数据类型：

```
TYPE week IS(Mon, Tue, Wed, Thu, Fri, Sat, Sun);
```

这样，周一到周日就可以用 Mon 到 Sun 来表示，非常直观方便。

（2）数组类型

数组（ARRAY）类型是将相同类型的数据集合在一起所形成的一个新数据类型，可以是一维的，也可以是多维的。数组类型定义格式如下：

```
TYPE 数据类型 IS  ARRAY 范围 OF 数据类型;
```

例如：TYPE bus IS ARRAY（15 DOWNTO 0）OF STD_LOGIC；数组名称为 bus，共有16 个元素，下标排序是 15，14，…，1，0，各元素可分别表示为 bus（15），…，bus（0），各元素的数据类型为 STD_LOGIC。数组类型常在总线、ROM、RAM 中使用。

（3）用户自定义子类型

子类型 SUBTYPE 只是由 TYPE 所定义的原数据类型的一个子集，它满足原数据类型所有约束条件，原数据类型称为基本数据类型。

子类型 SUBTYPE 的语句格式如下：

```
SUBTYPE  子类型名  IS  基本数据类型  [约束范围];
```

子类型的定义只在基本数据类型上作一些约束，并没有定义新的数据类型。子类型中基本数据类型必须是在前面已通过 TYPE 定义的类型。

例如：

```
SUBTYPE digits IS INTEGER RANGE 0 to 9;
```

其中，INTEGER 是标准程序包中已定义过的数据类型，子类型 digits 只是把 INTEGER 约束到只含 10 个值的数据类型。

事实上，在程序包 STANDARD 中，自然数类型（Natural type）和正整数类型（Positive type）都是整数类型 Integer 的子类型。

例如：
```
TYPE  INTEGER IS  -2147483647 TO +2147483647;
SUBTYPE NATURAL IS INTEGER RANGE  0 TO +2147483647;
SUBTYPE POSITIVE IS INTEGER RANGE 1 TO +2147483647;
```

利用子类型定义数据对象除了可以提高程序的可读性和易处理性，还有利于提高综合的优化效率。

2.2.4 运算操作符

运算符又称为操作符，其操作对象称为操作数。操作符和操作数相结合就构成了各种 VHDL 表达式。与其他高级语言相似，VHDL 有着丰富的操作符，主要有 4 类常用的操作符，分别是逻辑操作符、算术操作符、关系操作符和连接（并置）操作符，如表 2-1 所示。

表 2-1   VHDL 操作符列表

类 型	操 作 符	功 能	操作数数据
算术操作符	+	加	整数
	—	减	整数
	*	乘	整数和实数（包括浮点数）
	/	除	整数和实数（包括浮点数）
	MOD	取模	整数
	REM	取余	整数
	**	乘方	整数
	ABS	取绝对值	整数
	+	正	整数
	—	负	整数
移位操作符	SLL	逻辑左移	BIT 或布尔型一维数组
	SRL	逻辑右移	BIT 或布尔型一维数组
	SLA	算术左移	BIT 或布尔型一维数组
	SRA	算术右移	BIT 或布尔型一维数组
	ROL	逻辑循环左移	BIT 或布尔型一维数组
	ROR	逻辑循环右移	BIT 或布尔型一维数组
连接操作符	&	并置	一维数组
关系操作符	=	等于	任何数据类型
	/=	不等于	任何数据类型
	<	小于	枚举与整数类型，及对应的一维数组
	>	大于	枚举与整数类型，及对应的一维数组
	<=	小于等于	枚举与整数类型，及对应的一维数组
	>=	大于等于	枚举与整数类型，及对应的一维数组
逻辑操作符	AND	与	BIT,BOOLEAN, STD_LOGIC
	OR	或	BIT,BOOLEAN, STD_LOGIC
	NAND	与非	BIT,BOOLEAN, STD_LOGIC
	NOR	或非	BIT,BOOLEAN, STD_LOGIC
	XOR	异或	BIT,BOOLEAN, STD_LOGIC
	XNOR	异或非	BIT,BOOLEAN, STD_LOGIC
	NOT	非	BIT,BOOLEAN, STD_LOGIC

对于 VHDL 中的操作符与操作数间的运算有两点需要特别注意:

- 严格遵循在基本操作符间操作数是同数据类型的规则;
- 严格遵循操作数的数据类型必须与操作符所要求的数据类型完全一致。

这意味着 VHDL 设计者不仅要了解所用的操作符的操作功能,而且还要了解此操作符所要求的操作数的数据类型(表 2-1 的右栏已大致列出了各种操作符所要求的数据类型)。

其次需注意操作符之间是有优先级别的,它们的优先级如表 2-2 所示。操作符**,ABS 和 NOT 运算级别最高,在算式中被最优先执行。除 NOT 以外的逻辑操作符的优先级别最低。

表 2-2　　　　　　　　　　　　　VHDL 操作符优先级

运　算　符	优　先　级
NOT,ABS,**	最高优先级
*　,　/　,　MOD,　REM	
+(正号),　-(负号)	
+　,　-　,　&	
SLL, SLA, SRL, SRA, ROL, ROR	
=, /=, <, <=, >, >=	
AND, OR, NAND, NOR, XOR, XNOR	最低优先级

1. 逻辑操作符

VHDL 共有 7 种逻辑操作符: AND(与)、OR(或)、NAND(与非)、NOR(或非)、XOR(异或)、XNOR(同或)和 NOT(取反)。这些逻辑操作符可以对 BIT, BOOLEAN 和 STD_LOGIC 等类型的对象进行运算,也可以对这些数据类型组成的数组进行运算,同时要求逻辑运算符左边和右边的数据类型必须相同;对数组来说就是参与运算数组的维数要相同,并且结果也是同维数的数组。

在一些高级语言中,逻辑操作符有从左向右或从右向左的优先组合顺序,而在 VHDL 中,左右没有优先组合的区别,一个表达式中如果有多个逻辑操作符,运算顺序的不同可能会影响运算结果,就需要用括号来解决组合顺序的问题。

例如:

```
q <= a AND b OR NOT c AND d;
```

这条语句在编译时会给出语法错误信息,可以加上括号改为:

```
q <= (a AND b) OR (NOT (c AND d));
```

如果逻辑表达式中只有 AND, OR 和 XOR 这 3 个操作符中的一种,可以不加括号,因为对于这三种逻辑运算来说,改变运算顺序不会影响逻辑结果。

【例 2-1】

```
SIGNAL a, b, c: STD_LOGIC_VECTOR (3 DOWNTO 0);
SIGNAL d, e, f, g: STD_LOGIC_VECTOR (1 DOWNTO 0);
SIGNAL h, I, j, k: STD_LOGIC;
```

```
SIGNAL l, m, n, o, p: BOOLEAN;
…
a<=b AND c;                  -- b, c 相与后向 a 赋值, a, b, c 的数据类型同属 4 位长的位矢量
d<=e OR f OR g;              -- 两个操作符 OR 相同, 不需括号
h<= (i NAND j) NAND k;       -- NAND 不属于上述三种算符中的一种, 必须加括号
l<= (m XOR n) AND (0 XOR p); -- 操作符不同, 必须加括号
h<= i AND j AND k;           -- 两个操作符都是 AND, 不必加括号
h<=i AND j OR k;             -- 两个操作符不同, 未加括号, 表达错误
a<=b AND e;                  -- 操作数 b 与 e 的位矢长度不一致, 表达错误
h<=i OR l;                   -- i 的数据类型是位 STD_LOGIC, 而 l 的数据类型是
                            -- 布尔量 BOOLEAN, 因而不能相互作用, 表达错误
```

2. 关系操作符

关系操作符的作用是将相同数据类型的数据对象进行数值比较或关系排序判断, 并将结果以布尔类型 (BOOLEAN) 的数据表示出来, 即 TRUE 或 FALSE 两种。VHDL 提供了如表 2-1 所示的 6 种关系运算操作符: "=" (等于)、"/=" (不等于)、">" (大于)、"<" (小于)、">=" (大于等于) 和 "<=" (小于等于)。这 6 种运算符的优先级相同, 仅高于逻辑运算符 (除 NOT 外)。

在 VHDL 程序设计中关系操作符的使用规则如下。

(1) 两个对象进行比较时, 数据类型一定要相同。

(2) = (等于) 和/= (不等于) 适用于所有数据类型的对象之间的比较。例如, 对于标量型数据 a 和 b, 如果它们的数据类型相同, 且数值也相同, 则 (a=b) 的运算结果是 TRUE; (a/=b) 的运算结果是 FALSE。对于数组或记录类型 (复合型, 或称非标量型) 的操作数, VHDL 编译器将逐位比较对应位置各位数值的大小。只有当等号两边数据中的每一对应位全部相等时才返还 BOOLEAN 结果 TRUE。对于不等号的比较, 等号两边数据中的任一元素不等则判为不等, 返回值为 TRUE。

(3) <、<=、> 和 >= 称为排序操作符, 适用于整数、实数位、位矢量及数组类型的比较。<= 符号有两种含义: 代入符和小于等于符, 要根据上下文判断。

两个数组的排序判断是通过从左至右逐一对元素进行比较来决定的, 在比较过程中, 并不管原数组的下标定义顺序, 即不管用 TO 还是用 DOWNTO。在比较过程中, 若发现有一对元素不等, 便确定了这对数组的排序情况, 即最后所测元素对中具有较大值的那个数值确定为大值数组。例如, 位矢 "1011" 判为大于 "101011", 这是因为, 排序判断是从左至右的, "101011" 左起第四位是 0, 故而判为小。在下例的关系操作符中, VHDL都判为 TRUE。

'1'= '1'; "101" = "101"; "1">"011"; "101"< "110";

对于以上的一些明显的判断错误可以利用 STD_LOGIC_ARITH 程序包中定义的 UNSIGNED 数据类型来解决, 可将这些进行比较的数据的数据类型定义为 UNSIGNED 即可。如下式:

UNSIGNED' "1"< UNSIGNED' "011"的比较结果将判为 TRUE。

就综合而言, 简单的比较运算 (=和/=) 在实现硬件结构时, 比排序操作符构成的电路芯片资源利用率要高。例 2-2 和例 2-3 对此作了示例性的说明。

同样对 4 位二进制数进行比较，例 2-2 使用了 "=" 操作符，例 2-3 使用了 ">=" 操作符，除这两个操作符不同外，两个程序是完全一样的。综合结果表明例 2-2 所耗用的逻辑门数目比例 2-3 多了近 3 倍（读者不妨用 Quartus II 综合后比较）。

【例 2-2】

```
ENTITY relational_ops_1 IS
  PORT(a, b : IN BIT_VECTOR (0 TO 3);
       m : OUT BOOLEAN );
END relational_ops_1;
ARCHITECTURE example OF relational_ops_1 IS
BEGIN
  Output <= (a=b);
END example;
```

【例 2-3】

```
ENTITY relational_ops_2 IS
  PORT (a, b : IN INTEGER RANGE 0 TO 3;
        m : OUT BOOLEAN );
END relational_ops_2;
ARCHITECTURE example OF relational_ops_2 IS
BEGIN
  Output <= (a >= b);
END example;
```

3. 算术操作符

在表 2-1 中所列的算术操作符可以分成如表 2-3 所示的 4 类操作符。

表 2-3 算术操作符分类表

	类　　别	算术操作符分类
1	求和操作符（Adding operators）	+（加），−（减）
2	求积操作符（Multiplying operators）	*，/，MOD，REM
3	符号操作符（Sign operators）	+（正），−（负）
4	混合操作符（Miscellaneous operators）	**，ABS

（1）求和操作符

求和操作符是指加减操作符。加减操作符的运算规则与常规的加减法是一致的，VHDL 规定它们的操作数的数据类型是整数。

（2）求积操作符

求积操作符包括*（乘）、/（除）、MOD（取模）和 REM（取余）四种操作符。VHDL 规定，乘与除的数据类型是整数和实数（包括浮点数）。在一定条件下，还可以对物理类型的数据对象进行运算操作。

需要注意的是，虽然在一定条件下，乘法和除法运算是可综合的，但从优化综合，节省芯片资源的角度出发，最好不要轻易使用乘除操作符。对于乘除运算可以用其他变通的方法来实现，如移位相加的方式、查表方式、LPM 宏功能模块等。

操作符 MOD 和 REM 的本质与除法操作符是一样的，因此，可综合的取模和取余的操作数也必须是以 2 为底数的幂。MOD 和 REM 的操作数数据类型只能是整数，运算操作结果也是整数。以下是可综合的求积操作示例。

【例 2-4】

```
SIGNAL a, b, c, d, e, f, g, h : INTEGER RANGE 0 TO 15;
a <= b*4;
c <= d/4;
e <= f MOD 4;
g <= h REM 4;
```

【例 2-5】

```
VARIABLE c: Real;
   c :=12.34 * (234.4/43.89);
```

尽管综合器对求积操作（*，/，MOD，REM）的逻辑实现同样会作些优化处理，但电路实现所耗费的硬件资源仍十分巨大。乘方运算符的逻辑实现，要求它的操作数是常数或是 2 的乘方时才能被综合。对于除法，除数必须是底数为 2 的幂。

Quartus II 限制"*"，"/"号右边操作数必须为 2 的乘方，如 X*8，如果使用 LPM 库中的子程序则无此限制。此外，目前也不支持 MOD 和 REM 运算符。

（3）符号操作符

符号操作符"+"和"−"的操作数只有一个，操作数的数据类型是整数，操作符"+"对操作数不作任何改变，操作符"−"作用于操作数后的返回值是对原操作数取负，在实际使用中，取负操作数需加括号。如：

```
Z := x * (-y);
```

符号运算符为单目运算符，优先级高于加、减和连接运算符，低于乘、除运算符。

（4）混合操作符

混合操作符包括乘方"**"和取绝对值"ABS"操作符两种。ABS（取绝对值）运算符可用于任何数据类型，**（乘方）运算符的左操作数可以是整数或实数，右操作数必须是整数，并且只有在左操作数为实数时，其右操作数才可以是负整数。

【例 2-6】

```
SIGNAL a, b : INTEGER RANGE -8 to 7;
SIGNAL   c : INTEGER RANGE 0 to 15;
SIGNAL   d : INTEGER RANGE 0 to 3;
a <= ABS(b);
c <= 2 ** d;
```

4．移位操作符

移位操作符是 VHDL'93 标准新增的运算符，其中 SLL（逻辑左移）和 SRL（逻辑右移）是逻辑移位，SLA（算术左移）和 SRA（算术右移）是算术移位，ROL（循环左移）和 ROR（循环右移）是循环移位。逻辑移位用 0 填补移空的位；算术移位把首位看作符号位，移位时保持符号不变，因此，移空的位用最初的首位来填补；循环移位是用移出的位依次填补移空位。

移位操作符的操作数的数据类型应是一维数组，并要求数组中的元素必须是 BIT 或 BOOLEAN 的数据类型，移位的位数则是整数。在 EDA 工具所附的程序包中重载了移位操作符以支持 STD_LOGIC_VECTOR 及 INTEGER 等类型。移位操作符左边可以是支持的类型，右边则必须是 INTEGER 型。如果操作符右边是 INTEGER 型常数，移位操作符实现起来比较节省硬件资源。

移位操作符的语句格式是：

  标识符 移位操作符 移位位数；

> 注意：目前许多综合器不支持以上格式，除非其"标识符"改为常数位矢量。

例如：

  "10011011" SLL 1="00110110"；逻辑左移 1 位，移空位用 0 填补。
  "11011010" SLA 1="10110101"；算术左移 1 位，移空位用符号位 1 填补。
  "10011011" ROL 2="01101110"；循环左移 2 位，移出的 10 依次填补移空位。

例 2-7 利用移位操作符 SLL 和程序包 STD_LOGIC_UNSIGNED 中的数据类型转换函数 CONV_INTEGER 也十分简洁地完成了 3-8 译码器的设计。

【例 2-7】

```
LIBRARY IEEE;
USE IEEE.STD_LOGIC_1164.ALL;
USE IEEE.STD_LOGIC_UNSIGNED.ALL;
ENTITY decder 3 to 8 IS
  PORT ( input : IN STD_LOGIC_VECTOR ( 2 DOWNTO 0 );
         Output : OUT BIT_VECTOR ( 7 DOWNTO 0 ));
END decoder 3 to 8;
ARCHITECTURE behave OF decoder 3 to 8 IS
BEGIN
Output <= "00000001" SLL CONV_INTEGER ( input );
END behave;
```

5．并置运算符

并置运算符也称为连接运算符，用&表示，用于位和矢量的连接。例如，"VH" & "DL" 的结果为"VHDL"，"0" & "1" 的结果为"01"，连接操作常用于字符串。

并置运算符的优先级与加、减运算符相同，高于移位运算符，低于符号运算符。

6．重载操作符

为了方便各种不同数据类型间的运算操作，VHDL 允许用户对原有的基本操作符重新定义，赋予新的含义和功能，从而建立一种新的操作符，这就是重载操作符。定义这种操作符的函数成为重载函数。事实上，在程序包 STD_LOGIC_UNSIGNED 中已定义了多种可供不同数据类型间操作的算符重载函数。

Synopsys 的程序包 STD_LOGIC_ARITH、STD_LOGIC_UNSIGNED 和 STD_LOGIC_SIGNED 中已经为许多类型的运算重载了算术运算和关系运算符，因此只要引用这些程序包，SIGNED，UNSIGNED，STD_LOGIC 和 INTEGER 之间就可以混合运算；INTEGER，

STD_LOGIC 和 STD_LOGIC_VECTOR 之间也可以混合运算。

2.3 VHDL 程序的基本结构

一个完整的 VHDL 程序通常包含实体、结构体、配置、包集合、库 5 个部分（见图 2-1），其中实体和结构体是 VHDL 程序的基本组成部分。

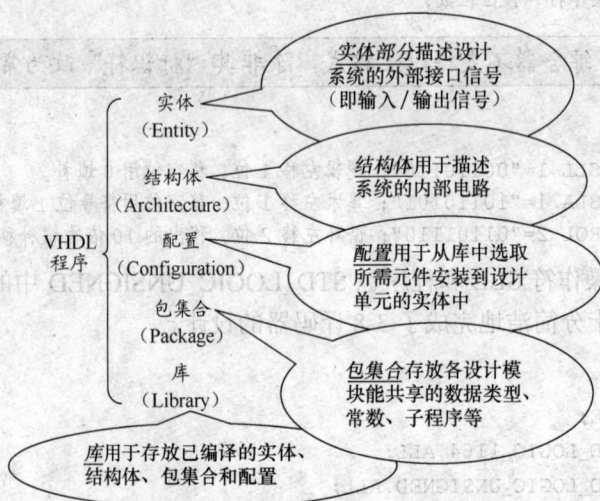

图 2-1 一个完整 VHDL 程序的结构

VHDL 程序是对一个设计单元的基本描述，通常把这个设计单元称为设计实体。VHDL 设计实体，可以是一个简单的门电路，也可以是一个复杂的微处理器，但是无论简单还是复杂，其基本结构是一致的，它们都是由实体和结构体两部分组成。

实体是设计实体的表层设计单元，实体说明部分规定了设计单元的输入输出接口信号或引脚，它是设计实体对外的一个通信界面。结构体是描述设计实体内部的结构和行为。一个 VHDL 设计实体只有一个实体说明，但可以有多个结构体。一个实体说明至少对应一个结构体，才能构成一个系统。

【例 2-8】 一个 2 输入与门的 VHDL 描述。

```
LIBRARY ieee;                          --库说明语句
USE ieee.std_logic_1164.ALL;           --程序包说明语句
ENTITY and2 IS
    PORT(a,b : IN  STD_LOGIC;
         y   : OUT STD_LOGIC);         --实体部分
END and2;
ARCHITECTURE one OF and2 IS
BEGIN
    y<=a AND b;                        --结构体部分
END one;
```

例 2-8 是一个 2 输入与门的 VHDL 描述。实体部分是 2 输入与门外部引脚的定义，结构体部分描述了 2 输入与门电路的逻辑关系。

2.3.1　实体

VHDL 程序中的设计实体代表一个系统，任何简单或者复杂的数字系统都可以作为实体进行描述。

实体说明部分用来说明设计实体的外部接口特征，包括输入、输出以及一些参数化的数值。在层次化设计中，不同层次的设计实体描述了不同的输入、输出特征。例如，顶层的实体说明部分可以是整个系统或整个单元的接口描述。底层的实体说明部分可以是一个元件或芯片的接口描述。

实体说明的一般格式为：

```
ENTITY  实体名  IS
        [类属参数说明];
        端口说明;
END [ENTITY] 实体名;
```

实体名、端口名等均应符合 VHDL 命名规则。实体名具体取名由设计者自定。由于实体名实际上表达的是设计电路的器件名，所以最好根据相应电路的功能来确定，如 8 位二进制加法器，实体名可取为 adder8b 等，但是不能用与 EDA 工具库中已定义好的元件名作为实体名。

这里需要说明的是，"[]"中的部分表示是可选项。

> 注意：VHDL 语言有版本，"END ENTITY ×××;"和"END ARCHUTECTURE ×××"符合 VHDL'93 的语法要求。根据 VHDL'87 的语法要求，这两条结尾语句只需写成"END;"或"END ×××;"。但是，目前绝大多数的 EDA 工具中的 VHDL 综合器都兼容两种 VHDL 版本的语法规则。对于不同的 EDA 工具，可以在综合前作相应的设置。

（1）类属参数说明

类属参数说明是可选部分，如果需要，可使用以"GENERIC"语句来指定该设计单元的类属参数（如延时、功耗等）。

类属参数说明的格式为：

```
GENERIC(名字表{,名字表}: [IN] 子类型 [:=初始值]; …);
```

例如，GENETRIC（m：TIME：= 3ns）

上面这个参数说明是指在 VHDL 程序中，结构体内的参数 m 的值为 3ns。

类属说明用于设计实体和外部环境通信的对象、通信格式约定和通信通道的大小。

参数的类属设计为设计实体和外部环境通信的静态信息提供通道。参数的类属用来规定端口的大小、I/O 引脚的指派、实体中子元件的数目和实体的定时特性。

（2）端口说明

实体中的每一个 I/O 信号被称为端口，其功能对应于电路图符号的一个引脚。端口说明则是对一个实体的一组端口的定义，即对基本设计实体与外部接口的描述。端口是设计实体和外部环境动态通信的通道。

端口说明的一般格式为：

```
PORT(端口名{,端口名}: 端口模式    数据类型;
     端口名{,端口名}: 端口模式    数据类型);
```

【端口名】是赋予每个外部引脚的名字，通常由字母、数字和下画线来表示。虽然没有严格的端口命名规则，但名字的含义要遵循惯例，如 D 开头的端口名表示数据，A 开头的端口名表示地址等。

例如，CLK， RESET， A0， D3

需要说明的是，端口名字在一个设计实体中必须是唯一的，不能重复。

【端口模式】用来说明数据传输通过该端口的方向。端口模式有以下几类。

- IN（输入）：仅允许数据流进入端口，主要用于时钟输入、控制输入、单向数据输入，如图 2-2 所示。
- OUT（输出）：仅允许数据流由实体内部流出端口。该模式通常用于终端计数一类的输出，不能用于反馈，如图 2-3 所示。

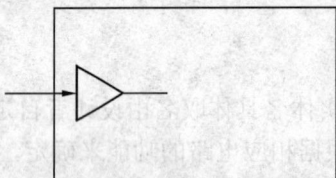

图 2-2 IN 输入端口   图 2-3 OUT 输出端口

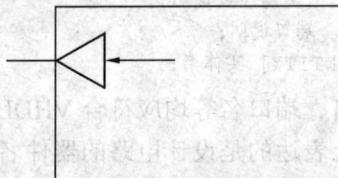

- BUFFER（缓冲）：该模式允许数据流出该实体和作为内部反馈时用，可以从端口回读输出值至实体，不可以从外部输入至实体，不允许作为双向端口使用，如图 2-4 所示。
- INOUT（双向）：可以允许数据流入或流出该实体。该模式也允许用于内部反馈。如图 2-5 所示，如果端口模式没有指定，则该端口处于缺省模式为：IN。

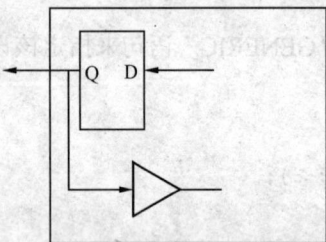

图 2-4 BUFFER 端口   图 2-5 INOUT 端口

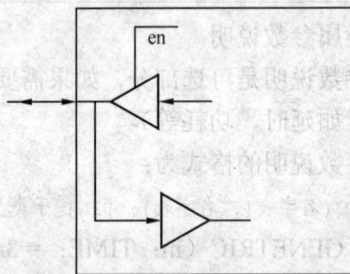

2.3.2 结构体

结构体（Architecture）也称为构造体，具体指明了该设计实体的行为，定义了该设计实体的功能，规定了该设计实体的数据流程，指派了实体中内部元件的连接关系。每个实体可以有多个结构体（综合器只接受一个结构体），每个结构体对应着实体不同的结构和算法实现方案。

结构体的一般格式如下：

```
ARCHITECTURE 结构体名 OF 实体名 IS
    [结构体说明部分];
```

```
BEGIN
    [并行处理语句];
END  ARCHITECTURE 结构体名;
```

结构体名由设计者自由命名，是结构体的唯一名称。OF 后面的实体名表明该结构体属于哪个设计实体。当一个设计实体有多个结构体时，结构体的取名不能相同。结构体的命名可以从不同侧面反映结构体的特色，例如：

```
ARCHITECTURE behavioral OF mux IS     行为描述方式的结构体命名(或者用 behave)
ARCHITECTURE dataflow OF mux IS       数据流描述方式的结构体命名
ARCHITECTURE structural OF mux IS     结构化描述方式的结构体命名(或者用 structure)
```

另外，还可以用结构体的数学表达方式或者结构体的功能来命名，例如：

```
ARCHITECTURE bool OF mux IS      用结构体的数学表达方式命名
ARCHITECTURE latch OF mux IS     用结构体的功能来命名
```

【结构体说明】是指对结构体需要使用的信号、常数、数据类型、元件和函数进行定义和说明。结构体说明并非是必需的。

【并行处理语句】具体地描述了结构体的行为。并行处理语句是功能描述的核心部分，也是变化最丰富的部分。并行处理语句可以使用赋值语句、进程语句、元件例化语句、块语句以及子程序等。需要注意的是，这些语句都是并发（同时）执行的，与排列顺序无关。

2.3.3 进程语句

进程语句主要用于设计实体的算法和功能描述，是 VHDL 中使用最频繁、最广泛的一种语句。一般来说，一个结构体可以包含一个或者多个进程语句。

进程语句的特点如下。

* 结构体的各个进程语句之间是一组并发行为，即各个进程语句之间是并行执行的，进程语句本身是并行语句。

* 进程内部的所有语句都是顺序执行的。进程实际上是用顺序语句描述的一种进行过程，它提供了一种用算法（顺序语句）描述硬件行为的方法，即行为描述。

* 进程中必须包含一个显式的敏感信号表或者包含一个 WAIT 语句。

* 进程可包含信号和变量两种数据对象。变量为进程内部对象，不可跨越进程；信号为实体或结构体全局对象，进程之间的通信是靠信号传递来实现的。

> 注意：在 VHDL 中，所谓的顺序仅仅是指语句按序执行上的顺序性，但并不意味着进程语句结构在综合后所对应的硬件逻辑行为也具有相同的顺序性。进程结构中的顺序语句，及其所谓的顺序执行过程只是相对于计算机的软件行为仿真的模拟过程而言，这个过程和硬件结构中的实现的逻辑行为是完全不同的。

1. 语法格式

进程语句的语法格式如下：

```
[进程标号:] PROCESS [(敏感信号1，敏感信号2,…)]
[进程说明语句];
```

```
    BEGIN
     顺序描述语句;
  END  PROCESS [进程标号];
```

PROCESS 语句由 3 个关键部分组成,即进程说明语句、顺序描述语句和敏感信号参数表。

- 【进程说明语句】部分主要定义一些局部量,可以包括变量、数据类型、常数、属性、子程序等。但需注意,在进程说明部分中不允许定义信号和共享变量。

- 【顺序描述语句】部分是一段顺序执行的语句,描述该进程的行为。这些语句主要包括赋值语句、进程启动语句、子程序调用语句、进程跳出语句、IF 语句、CASE 语句、LOOP 语句等这些顺序语句。

- 【敏感信号表】列出了用于启动进程的敏感信号。当进程中定义的任一敏感信号发生变化时,进程立即启动,即进程中的顺序语句就立刻顺序执行一次。当进程中最后一个语句执行完成后,执行过程将返回到第一个语句,以等待下一次敏感信号变化,如此循环往复以至无限。

> 注意:只能将信号列入敏感信号表,而不能将变量列入敏感信号表,即进程只对信号敏感,而对变量不敏感。

【例 2-9】

```
SIGNAL  CNT4: INTEGER RANGE 0 TO 15;        --注意 CNT4 的数据类型
...
PROCESS(CLK, CLEAR, STOP)                    --该进程定义了 3 个敏感信号 CLK、CLEAR、STOP
BEGIN                                        --当其中任何一个改变时,都将启动进程的运行
IF CLEAR='0' THEN
   CNT4<=0;
ELSIF CLK'EVENT AND CLK='1'THEN             --如果遇到时钟上升沿,则……
   IF STOP='0'THEN                          --如果 STOP 为低电平,则进行加法计数,否则停止计数
 CNT4<=CNT4+1;
  END IF;
END IF;
END PROCESS;
```

2. 设计要点

进程语句与其他语句结构相比有着更多的特点,在设计进程时需要注意以下几方面的问题。

(1)进程是一个独立的无限循环程序,但进程不必像软件语言一样放置返回语句,它的返回是自动的。进程只有激活和挂起两种状态。进程既可以由敏感信号的变化来启动,也可以由满足条件的 WAIT 语句来激活;反之,进程将被挂起。

(2)进程中的顺序语句具有明显的顺序和并行运行的双重性。

进程中的顺序语句的执行方式与软件语言中的顺序执行方式有很大的不同。软件语言中的每一条语句的执行是按 CPU 机器周期的节拍顺序执行的,每一条语句的执行时间是确定的。但在进程中,一个执行状态的运行周期(即从进程的执行到结束所用时间),与任何外部因素都无关,从行为仿真的角度看,只有一个 VHDL 模拟器的最小分辨时间(δ 时间)。但从综合和硬件运行的角度来看,其执行时间是 0,与进程中顺序语句的多少没有关系,因此,在同一进程中 10 条语句和 100 条语句的执行时间是一样的。

【例 2-10】

```
PROCESS(abc)
BEGIN
CASE abc IS
WHEN "0000" => so<="010" ;
WHEN "0001" => so<="111" ;
WHEN "0010" => so<="101" ;
...
WHEN "1110" => so<="100" ;
WHEN "1111" => so<="000" ;
WHEN OTHERS => NULL ;
END CASE;
END PROCESS;
```

当 abc 发生变化时，如 abc = "1111"，则立即执行语句 WHEN "1111" => so<= "000"，
VHDL 不像软件语言那样必须逐条语句进行比较，直到遇到满足条件的语句为止。从仿真执
行的角度看，执行一条 WHEN 语句和执行 10 条 WHEN 语句的时间是一样的，都是一个 δ
时间。这就是为什么 VHDL 顺序语句同样可以产生并行结构的道理。

（3）在 VHDL 中，一个设计实体可以有多个结构体，每个结构体中可以有多个进程语句，
进程与进程之间可以通过信号进行通信。所以说相对于结构体来讲，信号具有全局特性，它
是进程间进行并行联系的重要途径。

【例 2-11】

```
LIBRARY IEEE;
USE  IEEE.STD_LOGIC_1164.ALL;
ENTITY example IS
  PORT (CLK: IN STD_LOGIC_VECTOR;
       IRQ: OUT STD_LOGIC);
END example ;
ARCHITECTURE  data  OF  example  IS
SIGNAL  COUNTER : STD_LOGIC_VECTOR( 3   DOWNTO  0 );
BEGIN
L1:PROCESS
 BEGIN
 WAIT  UNTIL  CLK='1';
 COUNTER<=COUNTER+1;
END PROCESS;
L2:PROCESS
 BEGIN
 WAIT  UNTIL  CLK='1';
 IF ( CONNTER = "1111" ) THEN
   IRQ<='0';
 ELSE
   IRQ<='1';
 END IF;
END PROCESS;
END data;
```

进程 L1 用于计数，当 CLK 发生变化且上升沿有效时启动该进程，执行 COUNTER 的加
1 操作；进程 L2 用来产生中断信号 IRQ，当计数器计满 16 个时钟周期时，将 IRQ 置 0 并持

续 1 个时钟周期。

可以看出，进程 L1 和进程 L2 是通过信号 COUNTER 在两个进程之间进行通信，进程 L2 每次启动时，都要对信号 COUNTER 进行判断，以决定是否对 IRQ 进行置 0 操作。可以发现在两个进程中的启动条件是一样的，即都是当 CLK 发生变化且为 1（即 CLK 的上升沿有效）时启动进程，这样可以保证两个进程并发地同步执行。

在 VHDL 中常用时钟信号来同步进程，其方法就是结构体中的几个进程共用一个时钟信号来进行激励。

3. WAIT 语句

进程状态的变化除了受敏感信号表中的敏感信号的控制外，还受等待语句 WAIT 的控制。WAIT 语句是进程的启动点，可用于进程中顺序描述部分的任何地方。当执行到等待语句 WAIT 时，进程中的程序将被挂起，直到满足此语句的结束挂起条件后，将重新开始执行进程中的程序。

WAIT 语句有以下 4 种形式：

```
WAIT;                    --无限等待
WAIT ON   敏感信号表；      --敏感信号量变化，进程启动
WAIT UNTIL  条件表达式；    --表达式成立时，进程启动
WAIT FOR   时间表达式；     --时间到，进程启动
```

第一种未设置挂起条件，表示永远挂起，即无限等待。

第二种是敏感信号等待语句，即敏感信号一旦发生变化将结束挂起，再次启动进程。VHDL 规定，已列出敏感信号表的进程中不能使用任何形式的 WAIT 语句。

第三种是条件等待语句。被此语句挂起的进程需要满足条件表达式中所含信号发生变化，且满足 WAIT 语句所设的条件才能结束挂起状态，重新启动。两条件缺一不可。

第四种是超时等待语句，此语句不可综合，故不再讨论。

一般地，只有 WAIT UNTIL 格式的等待语句可以被综合器接受（其余语句格式只能在 VHDL 仿真器中使用）。

【例 2-12】

```
P1: PROCESS  --该进程未列出敏感信号，进程需靠 WAIT 语句来启动
BEGIN
WAIT  UNTIL  A   OR   B ；  -- 等待A或B变化激活进程
Y<=A   AND    B
END  PROCESS P1；
```

> 注意：如果 PROCESS 语句已有敏感信号量的说明，那么在进程中就不能再使用任何形式的 WAIT 语句。

WAIT 语句可以放在进程中顺序描述部分的任何位置，但结果可能有所差异。一个进程内可以包含多个 WAIT 语句。

【例 2-13】

```
PROCESS()
   VARIABLE TMP: BIT;
BEGIN
```

```
    TMP:=A OR B;
    C<=NOT TMP;
    WAIT ON A,B;
  END PROCESS;
```

【例 2-14】

```
PROCESS()
  VARIABLE TMP: BIT;
BEGIN
  WAIT ON A,B;
  TMP:=A OR B;
  C<=NOT TMP;
END PROCESS;
```

2.3.4 子程序

子程序是一个 VHDL 程序模块，这个模块利用顺序语句来定义和完成算法，这一点与进程语句有点相似。VHDL 子程序与其他编程语言中的子程序应用目的是相似的，可以避免大量重复程序的书写，更有效地完成设计任务。

子程序可以在程序包、结构体和进程中定义，但由于只有在程序包中定义的子程序才可以被不同的设计实体所调用，所以子程序一般定义在程序包中。

子程序的运行过程与进程的运行过程不同。进程运行不会停止，只是处在激活与挂起两种状态。挂起时信号、变量值保持不变，因而进程内部定义的变量再激活时仍保持挂起时的值，初值只在开始运行时一次性赋值。而子程序则在每一次被调用时赋初值，与先前是否被调用过无关。子程序返回时，其运行即结束，将输出值或返回值传送给调用者之后不再保存任何信息。

从硬件的角度讲，一个子程序的调用类似于一个元件模块的例化。也就是说，VHDL 综合器为子程序的每一次调用都生成一个电路逻辑块。所不同的是，元件例化将产生一个新的设计层次，而子程序调用只对应于当前层次的一部分。

与进程类似，子程序体中只能有顺序语句，子程序内部声明中不能有信号声明。子程序中出现的信号必须通过参数传递进来，进程中出现的信号则只能在进程外部声明。

VHDL 的子程序还具有可重载性，即允许设计者用同一名字写多个子程序，但变量数、变量的类型和返回值可能是不同的。子程序重载允许子程序对不同类型的对象进行操作处理。

子程序有两种类型：过程（PROCEDURE）和函数（FUNCTION）。两者之间的区别主要体现在以下几个方面。

- 在子程序调用过程中，过程能返回多个值，函数只能返回一个值。
- 函数的参数只能是方式为 IN 的信号或常量；过程的参数有输入 IN、输出 OUT 和双向 INOUT 参数。在子程序形式参数中，如果未指定参量的输入输出方式，则默认方式为 IN；如果未指定类型，则规定 IN 方式的参量是常量类型，OUT 方式和 INOUT 方式的参量为变量类型。
- 函数有顺序函数、并行函数。过程有顺序过程、并行过程。顺序函数、顺序进程存在于进程之中。并行函数、并行过程在进程外部或在另一个子程序之外。
- 过程一般被看作一种语句结构，过程调用通过并行调用语句或顺序调用语句实现；而函数通常在赋值语句或表达式中使用，函数调用是表达式的一部分。

（1）过程

VHDL 中的过程（PROCEDURE）包括过程首和过程体两部分。其中，过程首定义了主程序调用过程时的接口，过程体则是描述过程逻辑功能的具体实现算法。在进程或结构体中不必定义过程首，而在程序包中必须定义过程首。

过程语句的结构如下：

```
PROCEDURE 过程名(形式参数表)              -- 过程首
PROCEDURE 过程名(形式参数表) IS           -- 过程体
   [说明部分]
   BEGIN
     顺序语句;
END PROCEDURE 过程名;
```

- 过程的形式参数表类似于端口声明的关联表，但参数前可有对象类型（signal，variable 与 constant）的声明。

- 过程参数表中可有 IN，OUT 及 INOUT 方式，默认为 IN 方式。IN 方式的参数可为信号、常量，默认为常量。OUT 和 INOUT 方式的参数可为信号、变量，默认为变量。

过程调用语句的格式如下：

过程名（实际参数表）；

下例是利用过程语句描述一个从两个整数中求取最大值的过程。

【例 2-15】

```
PROCEDURE max(a, b:  IN INTEGER; c: OUT INTEGER) IS
    BEGIN
        IF (a<b) THEN
            c<=b;
        ELSE
            c<=a;
        END IF;
    END max;
```

过程的调用：

```
max ( x,  y, maxout ) ;
```

过程调用就是执行一个给定名字和参数的过程。完成一个过程的调用，首先将 IN 或 INOUT 模式的实参值赋给欲调用的过程中与它们对应的形参，然后执行这个过程。最后将过程中 IN 或 INOUT 模式的形参值返回给对应的实参。

（2）函数

VHDL 中的函数（FUNCTION）包括函数首和函数体两部分。其中，函数首定义了主程序调用函数时的接口，函数体则是描述函数逻辑功能的具体实现算法。在进程或结构体中不必定义函数首，而在程序包中必须定义函数首。

函数语句的结构如下：

```
FUNCTION  函数名(输入参数表)RETUEN 数据类型;        -- 函数首
FUNCTION  函数名(输入参数表)RETUEN 数据类型 IS      -- 函数体
   [说明语句];
   BEGIN
     [顺序处理语句];
```

```
    RETUEN [返回变量名];
END  FUNCTION  [函数名];
```

- 函数的参数只能是输入参数，参数的对象类型为信号或常量。
- 函数说明语句定义数据类型、变量，或其他子程序；
- 函数中的顺序处理语句不能直接引用外部信号，也不能直接赋值给外部信号，函数只能通过入口的形式参数表间接引用外部信号。
- 函数必须用 return 语句返回函数值。

函数语句的调用格式如下：

函数名（实际参数表）；

下例描述了一个矢量向整型数据转换的函数，并在结构体中调用该函数。

【例 2-16】矢量向整型数据的转换。

```
FUNCTION vector_to_int(S: STD_LOGIC_VECTOR(7 downto 0)) RETURN INTEGER IS
BEGIN                                    --函数体设计
 VARIABLE result :  INTEGER := 0;
  FOR i IN 0 TO 7 LOOP
  Result : =result * 2;
    IF S(i)= '1' THEN
     Result : =result+1;
    END IF;
  END LOOP;
  RETURN result;
 END vector_to_int;
```

函数的调用：

```
Y <= vector_to_int(x);
```

函数调用与过程调用是十分相似的，不同之处是调用函数将返还一个指定数据类型的值。调用的函数包括用户自定义函数和库中的预定义函数。

2.3.5 库和程序包

在进行 VHDL 程序设计时，为了提高设计效率，可以将预先定义好的数据类型、子程序等设计单元的集合体（程序包），或预先设计好的各种设计实体（元件库程序包）汇集在一个或几个库中以供调用。因此，库可以看成是一种用来存储预先完成的程序包、数据集合体和元件的仓库。

1. VHDL 库

库是用来存储和放置可编译的设计单元的地方，库的功能类似于操作系统中的目录或文件夹，库中主要存放着一些预定义的全局变量、常量、元件，类型说明，函数，模块等。通过其目录可进行查询和调用。在综合过程中，每当综合器在较高层次的 VHDL 源文件中遇到库语句，就将库语句所指定的源文件读入，并参与综合。

通常，一个完整可综合的 VHDL 设计实体都包含库和程序包。库中放置不同数量的程序包，而程序包中又可放置不同数量的子程序，子程序中又含有函数、过程、元件等基础设计单元。

VHDL 程序设计中常用的库有 IEEE 库、STD 库、WORK 库、用户自定义库等。

（1）IEEE 库

IEEE 库是 VHDL 设计中最常用的资源库，它包括有 IEEE 标准的程序包和其他一些支持工业标准的程序包。

资源库是常规元件和标准模块存放的库。一些硬件厂商，如 EDA 工具专业公司或 IC 设计中心设计完成许多标准、通用的元件，存放入库中。有些库被 IEEE 标准化组织认可，称为 IEEE 库。IEEE 库中存放了 IEEE 1076 标准设计单元，其中 STD_LOGIC_1164 是最为常见和最为重要的程序包。另外还有 Synopsys 公司的 STD_LOGIC_ARITH、STD_LOGIC_UNSIGNED 和 STD_LOGIC_SIGNED 程序包。

（2）STD 库

STD 库属于设计库的范畴，为所有的设计单元所共享，是默认可见的，无需用 Library 子句、USE 子句声明。

STD 库中有两个程序包：STANDARD 和 TEXTIO。这两个程序包都是 VHDL 编译工具的组成部分，只要用 VHDL 设计项目，这两个程序包就是必需的工具。

> 注意：使用程序包 STANDARD 时不需要用 USE 子句声明，但是在使用 TEXTIO 程序包时需要用 Library 子句和 USE 子句声明。

（3）WORK 库

WORK 库是 VHDL 语言的工作库，用户在项目设计中设计成功、正在验证、未仿真的中间件都堆放在工作库 WORK 中。WORK 库是用户的临时仓库，用户的成品、半成品模块、元件都放在其中。WORK 库用于保存当前正在进行的设计，是项目开发过程中各种 VHDL 工具处理设计文件的地方。若希望在今后的项目中重复引用，则应把这些单元编译到恰当的库中。

在对大型系统进行层次化设计时，一些共用的元件和模块建立一个资源库，每个设计者在自己的 WORK 库中引用这些元件，实现层次化设计。

使用 WORK 库时，无需用 LIBRARY 子句进行声明，它是默认连接的。

（4）用户自定义库

用户可以根据需要将自主开发的程序包和实体汇集在一起定义成一个库，这就是用户自定义库或称用户库。在使用时需要用 LIBRARY 子句进行声明。

在 VHDL 中，库的说明语句总是放在实体单元前面。这样，在设计实体内的语句就可以使用库中的数据和文件。VHDL 允许在一个设计实体中同时打开多个不同的库，但库之间必须是相互独立的。

库语句的语法形式为：

```
LIBRARY 库名;
```

库语句一般必须与 USE 语句同时使用。其中 Library 指明所用的库名；USE 语句指明库中的程序包。VHDL 要求在含有多个设计实体的数字系统中，每一个设计实体都必须有自己完整的库说明语句和 USE 语句。

USE 子句使库中的元件、程序包、类型说明、函数和子程序对本设计实体部分或全部开放。USE 语句的使用有两种常用格式：

```
USE 库名.程序包名.项目名;
USE 库名.程序包名.ALL;
```

第一个语句的作用是打开指定库中的特定程序包内所选定的项目。

第二个语句的作用是打开指定库中的特定程序包内所有的内容。

例如：

```
Library ieee;
Use IEEE.STD_LOGIC_1164.ALL
USE IEEE.STD_LOGIC_1164.RISING_EDGE ;
```

".ALL"使库中程序包 STD_LOGIC_1164 中的所有元件为可见。

> 注意：在实际使用 USE 语句时，不要滥用关键字 ALL。例如一个元件包中有 10 个元件，设计时只用其中最后一个元件，用 ALL 打开所有资源，编译时必须从第一个元件名开始查找，找 10 次才找到所用的元件名。若用 USE 语句直接指定该元件名，可以节省大量的查找时间。

2. VHDL 程序包

程序包（Package）定义了常数、数据类型、函数、过程、元件等基础设计单元。为了使不同的设计实体可以访问和共享这些设计单元，可以将它们封装在一个 VHDL 程序包中。在程序包内说明的数据，允许其他的实体引用。当设计实体共享这些设计单元时，程序包就相当于一个公共存储区。

常用的预定义程序包主要有以下几个。

（1）STD_LOGIC_1164 程序包

在 MAXPLUS 或者 QUARTUS II 软件的 IEEE 库中可以找到 STD_LOGIC_1164 程序包。这个程序包中包含了一些数据类型、子类型和函数的定义。STD_LOGIC_1164 程序包中用得最多的是两种预定义数据类型 STD_LOGIC 和 STD_LOGIC_VECTOR。

（2）STD_LOGIC_UNSIGNED 和 STD_LOGIC_SIGNED 程序包

STD_LOGIC_UNSIGNED 和 STD_LOGIC_SIGNED 程序包都是 Synopsys 公司定制的程序包，预先编译在 IEEE 库中。这些程序包重载了可用于 INTEGER，STD_LOGIC 和 STD_LOGIC_VECTOR 类型混合运算的操作符，并定义了函数"CONV_INTEGER()"，可以将 STD_LOGIC_VECTOR 类型转换成 INTEGER 类型。

（3）STD_LOGIC_ARITH 程序包

Synopsys 公司在 IEEE 库中加入的程序包 STD_LOGIC_ARITH 中定义了 3 个数据类型：无符号型（UNSIGNED）、有符号型（SIGNED）和小整型（SMALL_INT），并为其定义了相关的算术运算符和类型转换函数。

程序包由两部分组成：程序包首和程序包体。定义程序包的一般格式如下：

```
PACKAGE 程序包名 IS --------程序包首
```

程序包首说明部分：

```
END [PACKAGE][程序包名];
PACKAGE BODY  程序包名 IS ------- 程序包体
```

程序包体说明部分：

```
END [PACKAGE  BODY] [程序包名];
```

程序包首为程序包定义接口，声明程序包中的数据类型、常量、元件、函数、过程等。程序包体给出包中函数、过程等的具体实现。如果只是定义数据类型或数据对象等内容，则可以没有程序包体，只在程序包首进行定义即可。但如果是定义子程序，则必须有对应的子程序包体，即子程序体必须放在程序包体内。

下面是一个在当前 WORK 库中定义程序包并使用该程序包的例子。

【例 2-17】

```
PACKAGE seven IS
SUBTYPE segments is BIT_VECTOR (0 TO 6) ;
TYPE bcd IS RANGE 0 TO 9;
END seven ;
USE WORK.seven.ALL ; -- WORK 库默认是打开的,
ENTITY decoder IS
PORT (input: bcd; drive : out segments) ;
END decoder ;
ARCHITECTURE simple OF decoder IS
BEGIN
WITH input SELECT
drive <= "1111110" WHEN 0 ,
         "0110000" WHEN 1 ,
         "1101101" WHEN 2 ,
         "1111001" WHEN 3 ,
         "0110011" WHEN 4 ,
         "1011011" WHEN 5 ,
         "1011111" WHEN 6 ,
         "1110000" WHEN 7 ,
         "1111111" WHEN 8 ,
         "1111011" WHEN 9 ,
         "0000000" WHEN OTHERS ;
END simple ;
```

2.4 VHDL 顺序语句

VHDL 是一种并发执行的程序设计语言，大部分语句是并发执行的。顺序语句只用在进程或子程序中，用来定义进程或子程序的行为。顺序语句每一条语句的执行（指仿真执行）都是按语句排列的次序执行的。

顺序语句有两类：一类是真正的顺序语句，一类是既可以做顺序语句、又可以做并发语句、具有双重特性的语句。这类语句放在进程、子程序之外是并发语句，放在进程、子程序之内是顺序语句，例如信号赋值语句，根据所在位置不同，既可以做顺序语句、又可以做并发语句。

2.4.1 进程中的赋值语句

VHDL 进程中的赋值语句包括变量赋值语句和信号赋值语句两种，它们都属于顺序语句。

1．变量赋值语句

变量赋值语句的语法格式为：

目标变量:= 赋值源

该语句表明，目标变量的值将由赋值源替代，但两者的类型必须相同。目标变量的类型、范围及初值应事先说明。右边的赋值源可以是变量、信号或字符。例如：

```
a := 2;
b := c+d;
```

> 注意：变量只在进程或子程序中使用，无法传递到进程之外。它类似于一般高级语言的局部变量，只在局部范围内有效。

2．信号赋值语句

信号赋值语句的语法格式为：

目标信号<= 赋值源

该语句表明，将右边赋值源的值赋予左边的目标信号。

例如：a<= b;

该语句表示：将信号 b 的当前值赋予目标信号 a。

需要指出的是：

- 赋值语句的符号"<="和关系运算的小于等于符号"<="相同，应根据上下文的含义和说明正确判别其意义；
- 信号赋值语句符号两边的信号的类型和长度应该是一致的；
- 信号赋值语句根据所在位置不同，既可以做顺序语句、又可以做并发语句；信号赋值语句放在进程、子程序之外是并发语句，放在进程、子程序之内是顺序语句。

3．信号赋值和变量赋值的区别

在进程中变量和信号的赋值形式与操作过程不同。在变量的赋值语句中，该语句一旦被执行，其值立即被赋予变量。在执行下一条语句时，该变量的值即为上一句新赋的值。在信号的赋值语句中，该语句即使被执行，其值不会立即发生代入，要经过一个极小的延时，称为 δ 延时。在下一条语句执行时，仍使用原来的信号值。直到进程结束之后，所有信号赋值的实际代入才顺序进行处理。实际代入过程和赋值语句的执行是分开进行的。

因此，在同一进程中，同一目标信号有多个赋值源时，目标信号获得的是最后一个赋值源的值（最接近 END PROCESS 的赋值源的值），其前面相同的赋值目标不做任何变化。

比较下面的两个进程：

```
p1: PROCESS(a, b)
VARIABLE a, b : INTEGER;
BEGIN
a : = 40;
b : = 30;
a : = b;
b : = a;
```

```
SIGNAL  a, b: INTEGER;
p2: PROCESS(a, b)
BEGIN
a <= 40;
b <= 30;
a <= b;
b <= a;
```

PROCESS 是进程语句的关键字。在进程 p1 结束时，变量 a 和 b 的值都是 30；而在进程 p2 结束时，由于进程中同一目标信号存在多个赋值源。因此，语句 [a⇐40；b⇐30；] 无法完成赋值，所以 a，b 是不确定的值。

下面通过例 2-18 和例 2-19 可以更深入地了解进程中信号赋值和变量赋值的差别。

【例 2-18】

```
LIBRARY IEEE ;
USE IEEE.STD_LOGIC_1164.ALL ;
ENTITY DFF_example IS
PORT ( CLK,D1 : IN STD_LOGIC ;
Q1 : OUT STD_LOGIC ) ;
END DFF_example;
ARCHITECTURE bhv OF DFF_example IS
BEGIN
PROCESS (CLK)
VARIABLE A,B : STD_LOGIC ;
BEGIN
IF CLK'EVENT AND CLK = '1' THEN
A := D1 ; B := A ; Q1 <= B ;
END IF;
END PROCESS ;
END ARCHITECTURE bhv;
```

对例 2-18 进行编译之后，查看 RTL 电路图如图 2-6 所示。

【例 2-19】

```
LIBRARY IEEE ;
USE IEEE.STD_LOGIC_1164.ALL ;
ENTITY DFF_example IS
PORT ( CLK,D1 : IN STD_LOGIC ;
Q1 : OUT STD_LOGIC ) ;
END DFF_example;
ARCHITECTURE bhv OF DFF_example IS
SIGNAL A,B : STD_LOGIC ;
BEGIN
PROCESS (CLK) BEGIN
IF CLK'EVENT AND CLK = '1' THEN
A <= D1 ; B <= A ; Q1 <= B ;
END IF;
END PROCESS ;
END ARCHITECTURE bhv;
```

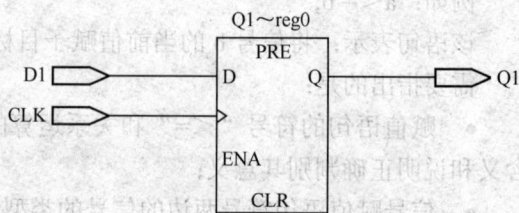

图 2-6 例 2-18 的 RTL 电路图

对例 2-19 进行编译之后，查看 RTL 电路图如图 2-7 所示。

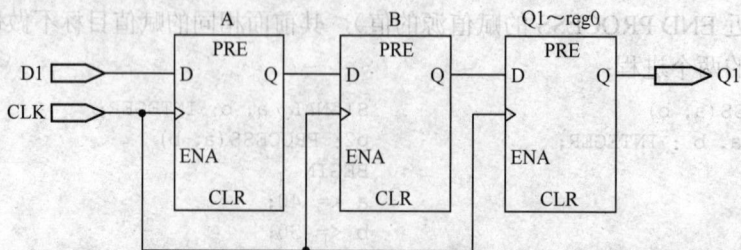

图 2-7 例 2-19 的 RTL 电路图

比较例 2-18 和例 2-19,两例的区别在于对进程中的 A 和 B 定义了不同的数据对象。例 2-18 将 A 和 B 定义为变量,变量的赋值立即更新,因此,3 个赋值语句等价于 Q1 <= D1,这是一个典型的 D 触发器的描述。从综合之后的 RTL 电路图(如图 2-6 所示)也可以验证这一点。

而例 2-19 将 A 和 B 定义为信号,信号的赋值需要有一个 δ 延时。因此,当执行到表达式 A <= D1 时,D1 向 A 的赋值是在经过一个 δ 延时之后才完成更新的,此时 A 并未获得 D1 的值。3 个赋值语句都必须在遇到 END PROCESS 后的 δ 时刻内执行,所以它们具有了近乎并行执行的特性,即语句 A<=D1 中的 A 和语句 B<=A 中的 A 不是同一个时刻的值,B <= A 中的 B 和 Q1<=B 中的 B 也不是同时刻的值。实际上,A 被更新的值是上一时钟周期的 D1 值,B 被更新的值是上一时钟周期的 A 值,而 Q1 被更新的值是上一时钟周期的 B 值。因此,综合之后的 RTL 电路图应该是如图 2-7 所示。

> **注意**:信号的赋值可以出现在一个进程中,也可以直接出现在结构体中,但它们运行的含义是不一样的。前者属顺序信号赋值,这时的信号赋值操作要看进程是否已被启动,并且允许对同一目标进行多次赋值,但只有最后的赋值语句被启动,并进行赋值操作;后者属并行信号赋值,其赋值操作是各自独立并行地发生的,且不允许对同一目标信号进行多次赋值。

2.4.2 IF 语句

IF 语句可用于选择器、比较器、编码器、译码器、状态机的设计,是 VHDL 中最基础、最常用的语句。IF 语句作为一种条件语句,它根据语句中所设置的一种或多种条件,有选择地执行指定的顺序语句。IF 语句的结构有以下 4 种。

1. 门闩控制的 IF 语句

门闩控制的 IF 语句的语法格式为:

```
IF 条件 THEN
    顺序处理语句;
END IF;
```

例如:
```
IF(a='1')THEN
    c<=b;
END IF;
```

该 IF 语句所描述的是一个门闩电路。

当门闩控制信号 a = '1' 时,输入信号 b 任何值的变化都将被赋予输出信号 c。就是说,此时 c 值与 b 值是永远相等的。

当 a≠ '1' 时,c<=b 语句不被执行, c 将维持原值不变,而不管信号 b 值发生什么变化。这种描述经逻辑综合,实际上可以生成一个 D 触发器。

【例 2-20】 D 触发器的 VHDL 描述。

```
ENTITY dff IS
    PORT (clk, d     : INSTD_LOGIC;
          q     : OUT   STD_LOGIC);
END dff;
ARCHITECTURE rtl OF dff IS
```

```
BEGIN
    PROCESS (clk)
    BEGIN
        IF (clk'event and clk='1') THEN
            q<=d;
        END IF;
    END PROCESS ;
END rtl;
```

2．二选一的 IF 语句

二选一的 IF 语句的语法格式为：

```
IF  条件  THEN
        顺序处理语句 1;
    ELSE
        顺序处理语句 2;
END IF;
```

当条件满足时，执行顺序语句 1；当条件不满足时，执行顺序语句 2。与门门控制的 IF 语句相比，此种语句的差别仅在于当所测条件为 FALSE 时，并不直接跳到 END IF 结束条件句的执行，而是转向 ELSE 以下的另一段顺序语句执行。

因此，这种 IF 语句具有条件分支的功能，就是通过测定所设条件的真假以决定执行哪一组顺序语句，在执行完其中一组语句后，再结束 IF 语的执行。这是一种完整的条件语句，它给出了条件句所有可能的条件，通常用以产生组合电路。

【例 2-21】用 IF 语句设计二选一电路。

```
LIBRARY  IEEE;
USE IEEE.STD_LOGIC_1164.ALL;
ENTITY MUX2  IS
        PORT(a,b,sel:IN STD_LOGIC;
                c:OUT  STD_LOGIC);
END  MUX2;
ARCHITECTURE  ONE  OF MUX2   IS
BEGIN
P1: PROCESS (a,b,sel)
BEGIN
  IF ( SEL = '1')  THEN
            c<= a ;
    ELSE
            c<= b;
    END IF;
END PROCESS P1;
  END ONE;
```

当条件 SEL= '1' 时，输出端 c 等于输入端 a 的值；当条件不成立时，输出端 c 等于输入端 b 的值。

3．多选择控制的 IF 语句

多选择控制的 IF 语句的语法格式为：

```
IF  条件 1  THEN
    顺序处理语句 1；
ELSIF  条件 2  THEN
    顺序处理语句 2；
......
ELSIF  条件 n  THEN
    顺序处理语句 n；
ELSE
    顺序处理语句 n+1；
END IF；
```

多选择控制的 IF 语句可以产生比较丰富的条件描述。当条件 1 成立时，执行顺序语句 1；当条件 2 成立时执行顺序语句 2；当条件 n 成立时执行顺序语句 n；当所有条件都不成立时执行顺序语句 $n+1$。

IF 语句至少应有一个条件句，条件句必须由布尔表达式构成。IF 语句根据条件句产生的判断结果为 true 或 false，有条件地选择执行其后的顺序语句。

在 IF 语句的条件表达式中只能使用关系运算操作（=，/=，<，>，<=，>=）及逻辑运算操作的组合表达式。

多选择控制的 IF 语句既可以产生时序电路，也可以产生组合电路，或是二者的混合。

【例 2-22】四选一的多路选择器。

```
ENTITY mux4_1 IS
    PORT(d      : IN STD_LOGIC_VECTOR(3 DOWNTO 0);
         sel    : IN  STD_LOGIC_VECTOR(1 DOWNTO 0);
         y      : OUT     STD_LOGIC);
END mux4_1;
ARCHITECTURE rtl OF mux4_1 IS
BEGIN
    PROCESS (d, sel)
    BEGIN
        IF (sel="00") THEN
            y<=d(0);
        ELSIF (sel="01") THEN
            y<=d(1);
        ELSIF (sel="10") THEN
            y<=d(2);
        ELSE
            y<=d(3);
        END IF;
    END PROCESS;
END rtl;
```

【例 2-23】

```
SIGNAL  A, B, C, P1, P2, Z : std_logic;
...
IF  (P1='1')   THEN
    Z<=A;              --满足此语句的执行条件是(P1='1')
ELSIF (P2='0') THEN
    Z<=B;              --满足此语句的执行条件是(P1='0')AND(P2='0')
```

```
       ELSE
          Z<=C;              --满足此语句的执行条件是(P1='0')AND(P2='1')
       END IF;
```

从本例可以看出，IF_THEN_ELSIF 语句中顺序语句的执行条件具有"向上相与"的功能。例 2-24 正是利用了这一特点十分简洁地完成了一个 8 线—3 线优先编码器的设计。

【例 2-24】设计 8 线—3 线优先编码器（低电平时进行编码）。

```
LIBRARY ieee;
USE ieee.std_logic_1164.ALL;
ENTITY priencoder IS
   PORT(input   : IN  STD_LOGIC_VECTOR(7 DOWNTO 0);
               y : OUT STD_LOGIC_VECTOR(2 DOWNTO 0));
END priencoder;
ARCHITECTURE rtl OF priencoder IS
BEGIN
   PROCESS (input)
   BEGIN
      IF (input(7)= '0') THEN
          y<= "111";
      ELSIF (input(6)= '0') THEN
          y<= "110";
      ELSIF (input(5)= '0' ) THEN
          y<= "101";
      ELSIF (input(4)= '0') THEN
          y<= "100";
      ELSIF (input(3)= '0' ) THEN
          y<= "011";
      ELSIF (input(2)= '0') THEN
          y<= "010";
      ELSIF (input(1)= '0' ) THEN
          y<= "001";
      ELSE
          y<= "000" ;
      END IF;
   END PROCESS;
END rtl;
```

IF 语句是顺序执行语句，而这个优先编码器的优先级和 IF 语句的执行顺序是一致的，若颠倒 IF 语句的顺序，则破坏了编码器的优先级，因此，此种 IF 语句的判别条件不可颠倒顺序，否则在综合时会引起逻辑功能的变化。

4. 嵌套式的 IF 语句

嵌套式的 IF 语句的语法格式为：

```
IF   条件  THEN
  IF   条件  THEN
      :
      :
  END  IF ;
END  IF ;
```

应注意"END IF"语句的数量应和"IF"语句的数量一致。所有 IF 语句的条件判断输出是布尔量,即是"真"或"假"。因此,在 IF 语句的条件表达式中只能使用关系运算操作及逻辑运算操作的组合表达式。

2.4.3　CASE 语句

CASE 语句可以用来描述总线或编码、译码的行为,其功能是从众多不同的顺序处理语句中选择其中之一执行。IF 语句也具有类似的功能,但 CASE 语句比 IF 语句可读性更强。

CASE 语句的一般格式为:

```
CASE  条件表达式  IS
    WHEN  条件表达式的值=>顺序处理语句;
    WHEN  条件表达式的值=>顺序处理语句;
    …
END CASE;
```

当执行到 CASE 语句时,首先计算条件表达式的值,与 WHEN 后面的条件表达式的值进行比较,选择执行相对应的顺序处理语句,最后结束 CASE 语句。

> 注意:条件语句中的"=>"不是操作符,它的含义相当于 THEN。

【例 2-25】四选一的多路选择器。

```
ENTITY mux4_1 IS
    PORT(d        :IN STD_LOGIC_VECTOR(3 DOWNTO 0);
             sel    :IN STD_LOGIC_VECTOR(1 DOWNTO 0);
             y          :OUT  STD_LOGIC);
END mux4_1;
ARCHITECTURE arch OF mux4_1 IS
BEGIN
    PROCESS (d, sel)
    BEGIN
        CASE sel IS
            WHEN "00" =>y<=d(0);
            WHEN "01" =>y<=d(1);
            WHEN "10" =>y<=d(2);
            WHEN "11" =>y<=d(3);
            WHEN OTHERS =>y<='X';
        END CASE;
    END PROCESS;
  END arch;
```

CASE 语句中条件表达式的值可以有以下 4 种不同的表示形式:

- WHEN　条件表达式的值=>顺序处理语句;
- WHEN　条件表达式的值 | 值 … | 值=>顺序处理语句;
- WHEN　条件表达式的值 to 值=>顺序处理语句;
- WHEN　OTHERS=>顺序处理语句。

CASE 语句在使用时要注意以下要点。

- CASE 语句是无序的，所有表达式的值都是并行处理的。
- CASE 语句所有表达式的值都必须穷举，且不能重复，不能穷尽的值用 OTHERS 表示。关键词 OTHERS 表示以上所有条件句中未能列出的其他可能的取值。OTHERS 只能出现一次，且只能作为最后一种条件取值。使用 OTHERS 的目的是为了涵盖表达式的所有取值，以免综合器会插入不必要的锁存器。
- CASE 语句中至少要包含一个条件语句，CASE 语句执行时必须选中，且只能选中所列条件语句的一条。对任意项输入的条件表达式，VHDL 不支持，即条件表达式的值不能含有 'X'。

【例 2-26】

```
SIGNAL value : INTEGER  RANG  0  TO  15 ;
SIGNAL out1: STD_LOGIC ;
...
CASE value  IS
END  CASE;                            --------缺少以 WHEN 引导的条件句
CASE value  IS
WHEN   0  =>  out1 <=  '1';           -------- value2～15 的值未包括进去
WHEN   0  =>  out1 <=  '1';
END CASE;
...
CASE value  IS
WHEN   0  TO  10  =>  out1 <=  '1';   --------选择值中 5～10 的值有重叠
WHEN   5  TO  15  =>  out1 <=  '0';
END CASE;
```

数据选择器的行为描述既可以用 IF 语句，也可以用 CASE 语句。CASE 语句与 IF 语句的区别如下。

- IF 语句是有序的，先处理最起始、最优先的条件，如果不满足，再处理下一个条件。
- CASE 语句是无序的，所有表达式的值都并行处理。因此，在 WHEN 项中的值只能出现一次，且不能重复使用。
- 与 IF 语句相比，CASE 语句的可读性强，这是因为它把条件中所有可能出现的情况全部列出来了，可执行条件一目了然。
- 一般情况下，对于相同的逻辑功能，CASE 语句比 IF 语句的描述耗用更多的硬件资源，不但如此，对于有的逻辑，CASE 语句无法描述，只能用 IF 语句来描述，这是因为 IF_THEN_ELSE 语句具有相与的功能和自动将逻辑值 "_" 包括进去的功能，而 CASE 语句只有条件相或的功能。

2.4.4 LOOP 语句

LOOP 循环语句可以使所包含的一组顺序语句被循环执行，其执行次数可由设定的循环参数决定。

LOOP 语句的书写格式一般有以下两种。

（1）FOR 循环变量形成的 LOOP 语句，其一般格式为：

```
[循环标号]: FOR  循环变量  IN  循环范围  LOOP
                   顺序处理语句；
        END  LOOP [循环标号]；
```

* 循环变量是一个临时变量，属于局部变量。循环变量只能作为赋值源，不能被赋值，它由 LOOP 语句自动定义。
* 循环变量是一个整数变量，不用事先说明。
* 循环范围是指循环变量在循环中依次取值的范围。

【例 2-27】奇偶校验电路。

```
ENTITY parity_check IS
    PORT(a  : IN STD_LOGIC_VECTOR(7 downto 0);
         y  : OUT STD_LOGIC);
END parity_check;
ARCHITECTURE rtl OF parity_check IS
BEGIN
    PROCESS(a)
        VARIABLE tmp : STD_LOGIC;
    BEGIN
        tmp:='0';
        FOR i IN 0 to 7 LOOP
            tmp:=tmp XOR a(i);
        END LOOP;
        y<=tmp;
    END PROCESS;
END rtl;
```

【例 2-28】双向移位寄存器如图 2-8 所示。

```
ENTITY shift IS
PORT(clr,clk,load,ctr,sr,sl  : IN
STD_LOGIC;
        d  : IN STD_LOGIC_VECTOR(7
downto 0);
        q  : OUT STD_LOGIC_VECTOR(7
downto 0));
    END shift;
ARCHITECTURE arc OF shift IS
    SIGNAL a : STD_LOGIC_VECTOR(7 downto 0);
BEGIN
    q<=a;
    PROCESS(clr,clk)
    BEGIN
        IF (clr='0') THEN
        a<="00000000";
        ELSIF (clk'EVENT AND clk='1') THEN
                IF load='0' THEN
                    a<=d;
                ELSIF (load='1' AND ctr='0') THEN
                        FOR i IN 7 downto 1 LOOP
                        a(i)<=a(i-1);
                        END LOOP;
```

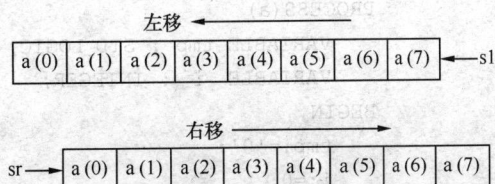

左移 ←

| a(0) | a(1) | a(2) | a(3) | a(4) | a(5) | a(6) | a(7) | ← sl |

右移 →

| sr → | a(0) | a(1) | a(2) | a(3) | a(4) | a(5) | a(6) | a(7) |

图 2-8 双向移位寄存器

```
                                a(0)<=sr;
                   ELSIF (load='1' AND ctr='1') THEN
                          FOR i IN 0 to 6 LOOP
                          a(i)<=a(i+1);
                          END LOOP;
                          a(7)<=sl;
                   END IF;
               END IF;
           END PROCESS;
     END arc;
```

（2）WHILE 条件下的 LOOP 语句，其格式为：

```
[循环标号]: WHILE 条件 LOOP
            顺序处理语句;
          END LOOP[循环标号];
```

在 WHILE_LOOP 形式的循环语句中，若条件为真，执行顺序处理语句，若条件为假，结束循环。

【例 2-29】用 WHILE 条件下的 LOOP 语句描述奇偶校验电路。

```
ENTITY  parity_check IS
PORT  (a: IN  STD_LOGIC_VECTOR(7  TO  0);
       y:OUT  STD_LOGIC);
END parity_check;
ARCHITECTURE behave OF parity_check IS
BEGIN
    PROCESS(a)
       VARIABLE tmp : STD_LOGIC;
       VARIABLE  i  : INTEGER;
    BEGIN
       tmp:='0';
       i:=0;
       WHILE(i<8) LOOP
          tmp:=tmp XOR a(i);
          i:=i+1;
       END LOOP;
       y<=tmp;
    END PROCESS;
END behave;
```

2.4.5 NEXT 语句

在 LOOP 语句中，NEXT 语句用于跳出本次循环。

NEXT 语句的书写格式为：

```
NEXT  [标号]  [WHEN  条件];
```

• NEXT 后面的"标号"表示下一次循环的起始位置；"WHEN 条件"是 NEXT 语句的执行条件。

• NEXT 后面若既无"标号"，又无"WHEN 条件"，则程序立即无条件跳出本次循环，从 LOOP 语句的起始位置转入下一次循环。

【例 2-30】

```
L1: WHILE i<10 LOOP
      L2: WHILE j<10 LOOP
            NEXT L1 WHEN i = j;
          END LOOP L2;
    END LOOP L1;
```

当 i=j 时，NEXT 语句被执行，程序跳出内循环，下一次从外循环开始执行。

【例 2-31】

```
PROCESS(a)
   CONSTANT maxlim :=255;
BEGIN
   FOR i IN 0 to maxlim LOOP
       IF (done(i)=true) THEN
           NEXT;
       ELSE
           done(i)<=true;
       END IF;
           q(i)<=a(i) AND b(i);
     END LOOP;
END PROCESS;
```

2.4.6　EXIT 语句

在 LOOP 语句中，用 EXIT 语句跳出并结束整个循环状态（而不是仅跳出本次循环），继续执行 LOOP 语句后继的语句。

EXIT 语句的书写格式为：

```
EXIT [标号] [WHEN 条件];
```

- 当"WHEN 条件"为真时，跳出 LOOP 至程序标号处。
- 如果 EXIT 后面无"标号"和"WHEN 条件"，则程序执行到该语句时即无条件从 LOOP 语句跳出，结束循环状态，继续执行后继语句。
- EXIT 语句是一条很有用的控制语句，它提供了一个处理保护、出错和警告等状态的简便方法。

【例 2-32】

```
PROCESS(a)
    VARIABLE int_a : INTEGER;
  BEGIN
    int_a:=a;
    FOR i IN 0 to maxlim LOOP
        IF (int_a <=0) THEN
        EXIT;
        ELSE
        int_a := int_a -1;
        q(i)<=3.1416/real(int_a*i);
        END IF;
```

```
                    END LOOP;
                    y<=q;
        END PROCESS;
```

2.4.7　RETURN 语句

RETURN 语句是一段子程序结束后，返回主程序的控制语句。

返回语句的两种语法格式：

```
        RETURN;
        RETURN  [条件表达式];
```

- RETURN 用于函数和过程体内，用来结束最内层函数或过程体的执行。
- 第一种语法格式只能用于过程，它只是结束过程，并不返回任何值。
- 用于函数中的 RETURN 语句必须有条件表达式，并且必须返回一个值。每一个函数必须至少包含一个返回语句，也可以拥有多个返回语句，但在函数调用时只有其中一个返回语句可以将值带出。

【例 2-33】RS 触发器。

```
PROCEDURE rs (SIGNAL s,r : IN STD_LOGIC;
             SIGNAL q,nq : OUT STD_LOGIC) IS
BEGIN
    IF (s ='1' AND r ='1') THEN
            REPORT "Forbidden state:s and r are equal to '1' ";
            RETURN;
    ELSE
            q<=s AND nq AFTER 5ns;
            nq<=r AND q AFTER 5ns;
    END IF;
END PROCEDURE rs;
```

当 r，s 同时为 1 时，在 IF 语句中的 RETURN 语句将中断过程。

【例 2-34】函数 opt。

```
FUNCTION opt (a,b,opr : STD_LOGIC) RETURN STD_LOGIC IS
BEGIN
    IF (opr='1') THEN
            RETURN(a AND b);
    ELSE
            RETURN(a OR b);
    END IF;
END  FUNCTION opt;
```

2.4.8　NULL 语句

空操作语句的语法格式：

```
        NULL;
```

NULL 语句不完成任何操作，类似于汇编语言中的 NOP 语句，其作用只是使程序运行流程跨入下一步语句的执行。

NULL 语句常用于 CASE 语句中，为满足所有可能的条件，利用 NULL 来表示所余的不用条件下的操作行为。

【例 2-35】

```
CASE opcode IS
    WHEN "001"=> tmp:= rega AND regb;
    WHEN "101"=> tmp:= rega OR regb;
    WHEN "110"=> tmp:= NOT rega;
    WHEN others=> NULL;
END CASE;
```

该例类似于 CPU 内部的指令译码器功能，"001"，"101"，"110"分别代表指令操作码，对于它们所对应在寄存器中的操作数的操作算法，CPU 只对应这 3 种指令作反应，当出现其他码时不作任何操作。

对于有的 EDA 工具，例如 MAX+plus Ⅱ 对 NULL 语句的执行会出现擅自加入锁存器的情况，对此应避免使用 NULL 语句，改用确定操作。

2.5　VHDL 并行语句

相对于传统的软件描述语言，并行语句结构是 VHDL 中最具特色的。并行语句在结构体中的使用格式如下：

```
ARCHITECTURE 结构体名 OF 实体名 IS
    [结构体说明部分];
BEGIN
    [并行处理语句];
END ARCHITECTURE 结构体名;
```

在 VHDL 中，并行语句具有多种语句格式，各种并行语句在结构体中的执行是同步进行的，或者说是并行运行的，其执行方式与书写的顺序无关。

在执行中，并行语句之间可以有信息往来，也可以是互为独立、互不相关、异步运行的（如多时钟情况）。但并行语句内部的运行方式可以不同，既可以是并行执行方式（如块语句），也可以是顺序执行方式（如进程语句）。

2.5.1　并行信号赋值语句

在 2.4.1 小节已经介绍过信号赋值语句，根据所在位置不同，它既可以做顺序语句、又可以做并发语句。放在进程、子程序之内的称为顺序的信号赋值语句；放在进程、子程序之外的称为并行信号赋值语句。

在结构体中的并行信号赋值语句的运行是独立于结构体中的其他语句的，每当驱动源改变，都会引发并行赋值操作。例如以下半加器结构体的逻辑描述。

```
ARCHITECTURE behave OF adder_h IS
  BEGIN
    SUM <= a XOR b ;
    CARRY <= a AND b ;
END ARCHITECTURE behave ;
```

上例中，每当 a 或 b 的值发生改变，两个赋值语句就将被同时并行启动，并将新值分别赋予 SUM 和 CARRY。

并行信号赋值语句的使用要点如下。

- 并行信号赋值语句实际上是一个缩写的进程。

例如：

```
ARCHITECTURE behav OF a_var IS
BEGIN
        output<= a(i);
END behav;
```

可以等效于：

```
ARCHITECTURE behav OF a_var IS
BEGIN
        PROCESS(a,i)
        BEGIN
        output<=a(i);
    END PROCESS;
END behav;
```

- 并行信号赋值语句在仿真时刻同时运行，它表征了各个独立器件的独立操作，从而真实地描述了实际硬件系统的工作情况。例如：

```
a<=b+c;
d<=e*f
```

- 并行信号赋值语句可以仿真加法器、乘法器、除法器、比较器及各种逻辑电路的输出。因此，"<="的右面可以是算术运算表达式，也可以是逻辑运算表达式，或者是关系运算表达式。

除此之外，还有两种并行的信号赋值语句：条件信号赋值语句和选择信号赋值语句。3种语句的共同点是：赋值目标都是信号，与其他并行语句一样，在结构体内的执行是同时发生的，与它们的书写顺序无关。

2.5.2 条件信号赋值语句

条件信号赋值语句可根据不同条件将不同表达式的值代入信号，其书写格式是：

```
目标信号 <= 表达式 1  WHEN  赋值条件 1  ELSE
          表达式 2  WHEN  赋值条件 2  ELSE
          …
          表达式 n;
```

在每个表达式后面都跟有用"WHEN"所指定的条件，如果满足该条件，则表达式的值代入条件，如果不满足条件，再判断下一个表达式所指定的条件，最后一个表达式可以不跟条件。它表明，在上述表达式所指明的条件都不满足时，则将最后一个表达式的值代入赋值目标。

由于条件测试的顺序性，并行条件信号赋值是有优先级的，前面条件的优先级高于后面的条件，优先级高的条件先判别，优先级低的条件后判断。这一点和 IF 语句相同，但和 IF 语句不同的是，它只能用于进程外的结构体，也就是用于并行描述，属于并行语句。

条件信号赋值语句与进程中的 IF 语句相同，具有顺序性，但 ELSE 不能省略，且不能进行嵌套。条件信号赋值语句的使用较难掌握，一般在进程，IF 或 CASE 语句难于描述时用条件信号赋值语句。

【例 2-36】四选一的多路选择器。

```
ENTITY wmux4_1 IS
    PORT(i0, i1,i2,i3,a,b : INSTD_LOGIC;
         q              : OUT   STD_LOGIC);
END wmux4_1;
ARCHITECTURE rtl OF wmux4_1 IS
  SIGNAL sel : STD_LOGIC_VECTOR(1 downto 0);
BEGIN
    sel<=b&a;
        q <= i0 WHEN sel="00" ELSE
             i1 WHEN sel="01" ELSE
             i2 WHEN sel="10" ELSE
             i3 WHEN sel="11" ELSE
             'X' ;
END rtl;
```

2.5.3 选择信号赋值语句

选择信号赋值语句类似于 CASE 语句，它对各子句的选择值进行测试对比。当有满足条件的子句的选择值出现时，就将此子句表达式的值赋给目标信号。和 CASE 语句一样，各个条件都是平等的，这种语句可以在进程之外实现 CASE 功能。

选择信号赋值语句的格式为：

```
WITH  条件表达式  SELECT
    目标信号 <= 表达式 1 WHEN  条件 1,
              表达式 2  WHEN  条件 2,
              ...
              表达式 n  WHEN  条件 n;
```

● 选择信号赋值语句具有敏感量，即 WITH 后面的选择条件表达式。每当选择表达式的值发生变化，就启动该语句对各子句的选择值（条件）进行测试对比，当发现有满足条件的子句时，就将此子句表达式的值赋予目标信号。

● 选择赋值语句对于子句条件选择值的测试具有同期性，不像以上的条件信号赋值语句那样是按照子句的书写顺序从上至下逐条测试的。因此，选择赋值语句不允许有条件重叠的现象，也不允许存在条件涵盖不全情况。

【例 2-37】设计 xor_gate。

```
LIBRARY IEEE;
USE IEEE.STD_LOGIC_1164.ALL;
ENTITY xor_gateA IS
PORT (sel:IN Bit_vector(0 TO 1);
      C: out  Bit);
END ENTITY  xor_gateA;
ARCHITECTURE  data_flow  OF xor_gateA IS
BEGIN
WITH  sel SELECT        --选择信号赋值语句
```

```
        C <='0'  WHEN "00" | "11",
             '1'  WHEN "01" | "10";
    END DATA_FLOW;
```

选择信号赋值语句本身不能在进程中应用，但其功能却与进程中的 CASE 语句的功能相似。因此，选择信号赋值语句也可以等效于一个进程语句，如下：

```
    P1:PROCESS
    BEGIN
     CASE  sel  IS
    WHEN "00"|"11"=> c<='0';
    WHEN "01"|"10"=> c<='1';
    END  CASE;
    WAIT  ON sel;
    END PROCESS P1;
    END ARCHITECTURE data_flow;
```

【例 2-38】四选一多路选择器。

```
ENTITY smux4_1 IS
    PORT(i0, i1,i2,i3,a,b : INSTD_LOGIC;
        q     : OUT   STD_LOGIC);
END smux4_1;
ARCHITECTURE behav OF smux4_1 IS
   SIGNAL sel : INTEGER;
BEGIN
    WITH  sel  SELECT
       q<= i0  WHEN  0,
              i1  WHEN  1,
              i2  WHEN  2,
              i3  WHEN  3,
              'X'  WHEN  OTHERS;
    sel<=0 WHEN a='0'AND b='0' ELSE
          1 WHEN a='1'AND b='0' ELSE
          2 WHEN a='0'AND b='1' ELSE
          3 WHEN a='1'AND b='1' ELSE
          4;
    END behav;
```

2.5.4 ASSERT 语句

并行断言语句（ASSERT）主要用于程序仿真、调试中的人机对话，可以给出警告和错误信息。该语句既可作顺序语句使用，也可作并发语句使用。后者可看成是一个被动进程。

并行断言语句的书写格式为：

```
    ASSERT  条件
    [REPORT  报告信息]
    [SEVERITY 出错级别];
```

如发现 SEVERITY 子句，则该子句一定要指定一个类型为 Sevevity level 的值。共有 4 种可能的值：

Note：可以在仿真时传递信息；

Warning：用于非常情况，此时仿真过程仍可继续，但结果可能是不可预知的；

Error：用在仿真过程继续执行下去已不行的情况；

Failure：用在发生了致命错误，仿真过程必须立即停止。

【例 2-39】

```
ARCHITECTURE setup_time_check OF dff1 IS
BEGIN
PROCESS(clk)
 BEGIN
 IF(clk='1') AND (clk 'EVENT) THEN
    q<=d;
   ASSERT (d 'LAST_EVENT > 5ns)   --条件为真，向下执行
   REPORT "SETUP VIOLATION" --条件为假，报告错误信息：建立时间不符合要求
   SEVERITY  ERROR;          --出错等级: ERROR
   END IF;
END PROCESS;
END setup_time_check;
```

2.5.5 COMPONENT 语句

元件说明语句（COMPONENT）通常位于结构体、程序包或块的说明部分，用于说明在设计实体中要调用的元件的接口和参数。元件说明语句通常是和元件例化语句一起使用。

元件说明语句的书写格式为：

```
COMPONENT  元件名              --指定调用的元件
 [GENERIC  说明; ]             --被调用元件的参数说明
 PORT  端口说明;               --被调用元件的端口说明
 END  COMPONENT ;
```

元件说明语句使设计者能够把原来设计好的 VHDL 功能模块当作元件一样用在其他 VHDL 文件中。其中，元件名就是原有 VHDL 模块的实体名。元件说明语句中的端口说明必须和原有 VHDL 实体说明部分的端口说明一致。

【例 2-40】二选一的数据选择器。

```
LIBRARY IEEE;
USE IEEE.STD_LOGIC_1164.ALL;
ENTITY mux21a IS
    PORT (a,b,s: IN STD_LOGIC;
         y: OUT STD_LOGIC);
END ENTITY mux21a;
ARCHITECTURE one OF mux21a IS
 BEGIN
    y <= a WHEN s = '0' ELSE b;
END ARCHITECTURE one;
```

如果将这个二选一的数据选择器作为一个元件用在其他 VHDL 文件中，则其元件说明语句如下：

```
COMPONENT mux21a
    PORT (a,b,s: IN STD_LOGIC;
```

```
        y: OUT STD_LOGIC);
END COMPONENT;
```

2.5.6 元件例化语句

元件例化引入了一种连接关系，它将预先设计好的设计实体定义为一个元件，然后利用特定的语句将此元件与当前的设计实体中的指定端口相连接，从而为当前设计实体引入一个新的低一级的设计层次。元件例化是使 VHDL 设计实体构成自上而下层次化设计的一个重要途径。

元件例化可以是多层次的。在一个设计实体中被调用的元件，它本身也可以是一个低层次的当前设计实体，因此也可以调用其他元件，以构成更低层次的电路模块。

> 注意：这里所说的元件可以是已经设计好的 VHDL 实体，可以是来自元件库中的元件，还可以是 IP 核或者是 LPM 模块等。

元件例化语句的格式为：

标号：元件名　PORT　MAP（信号，……）

PORT MAP 语句是端口映射语句，端口映射的方法有两种：

- 位置映射方法：即在元件例化语句中，实例元件的 PORT MAP( )中的实际信号书写顺序位置应与元件说明语句中的端口说明中的信号书写顺序位置一一对应。
- 名称映射方法：这种方法与信号的书写顺序位置无关。名称映射方法的语法格式为：

```
    PORT  MAP(形参 => 实参);
```

其中，实参是设计中连接到端口的实际信号；形参是指元件的对外接口信号。

【例 2-41】利用元件例化产生如图 2-9 所示的由 3 个相同的与非门连接而成的电路。

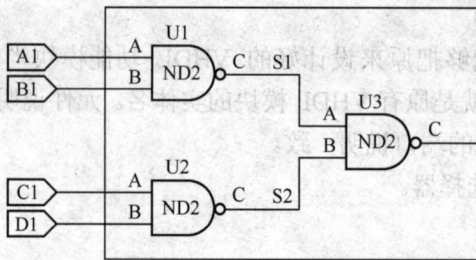

图 2-9 电路图

（1）与非门的 VHDL 描述——元件。

```
ENTITY ND2 IS
   PORT(A, B: IN STD_LOGIC;
              C: OUT STD_LOGIC);
END ND2;
ARCHITECTURE ARTND2 OF ND2 IS
   BEGIN
     c<=A NAND B;
END ARCHITECTURE ARTND2;
```

（2）3 个与非门连接而成的电路。

```
ENTITY ORD41 IS
    PORT(A1, B1, C1, D1: IN STD_LOGIC;
            Z1: OUT STD_LOGIC);
END ORD41;
ARCHITECTURE ARTORD41 OF ORD41 IS
   COMPONENT ND2
    PORT(A, B: IN STD_LOGIC;
            C: OUT STD_LOGIC);
   END COMPONENT;
SIGNAL S1, S2 : STD_LOGIC;
BEGIN
U1: ND2 PORT MAP (A1, B1, S1);              --位置关联方式
U2: ND2 PORT MAP (A=>C1, C=>S2, B=>D1)      --名字关联方式
U3: ND2 PORT MAP (S1, S2, C=>Z1);           --混合关联方式
END ARCHITECTURE ARTORD41;
```

2.5.7　GENERATE 语句

GENERATE 语句用来产生多个相同的结构，适合于生成存储器阵列和寄存器阵列。GENERATE 语句有两种格式：

格式 1：标号名: FOR 变量 IN 范围 GENERATE
　　　　　　　[并发处理语句];
　　　　　　　END GENERATE [标号名];

对于 FOR-GENERATE 语句结构，主要是用来描述设计中的一些有规律的单元结构，其生成参数及其取值范围的含义和运行方式与 LOOP 语句十分相似。

从软件运行的角度上看，FOR 语句格式中生成参数的递增方式具有顺序的性质，但是最后生成的设计结构却是完全并行的，这就是为什么必须用并行语句来作为生成设计单元的缘故。

- FOR-GENERATE 语句是并发处理，LOOP 语句是顺序处理，故 FOR-GENERATE 语句结构中不能使用 EXIT 和 NEXT 语句。
- 在 FOR-GENERATE 语句中，变量 i 不需要事先定义。

格式 2：标号名: IF 条件 GENERATE
　　　　　　　[并发处理语句];
　　　　　　　END GENERATE [标号名];

IF-GENERATE 语句是并发处理的，只有当条件为"真"时才执行结构内的语句。

这两种语句格式都是由如下 4 部分组成。

（1）生成方式：有 FOR 语句结构或 IF 语句结构，用于规定并行语句的复制方式。

（2）说明部分：这部分包括对元件数据类型、子程序和数据对象作一些局部说明。

（3）并行语句：生成语句结构中的并行语句是用来"COPY"的基本单元，主要包括元件、进程语句、块语句、并行过程调用语句、并行信号赋值语句甚至生成语句。这表示生成语句允许存在嵌套结构，因而可用于生成元件的多维阵列结构。

（4）标号：生成语句中的标号并不是必须的，但如果在嵌套生成语句结构中就是很重要的。

【例 2-42】4 位移位寄存器（用 FOR-GENERATE 语句）如图 2-10 所示。

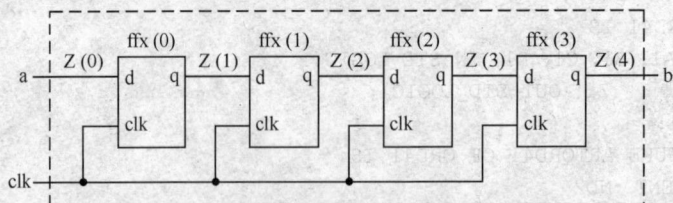

图 2-10　4 位移位寄存器

```
ENTITY shift4 IS
    PORT(a, clk  : INSTD_LOGIC;
        b : OUT   STD_LOGIC);
END shift4;
ARCHITECTURE g_shift4 OF shift4 IS
    COMPONENT dff
        PORT(d, clk : INSTD_LOGIC;
            q   : OUT   STD_LOGIC);
    END COMPONENT;
    SIGNAL z : STD_LOGIC_VECTOR(0 TO 4);
BEGIN
    z(0)<=a;
    g1: FOR i IN 0 TO 3 GENERATE
        ffx: dff PORT MAP(z(i),clk,z(i+1));
    END GENERATE;
    b<=z(4);
END g_shift4;
```

习　　题

1. 什么是 VHDL?
2. 简述 VHDL 程序的基本结构。
3. 十进制值为 216.5 的实数, 分别写出二进制、八进制、十六进制的基表示法。
4. 试比较进程的运行过程与子程序的运行过程有何不同?
5. 什么是 VHDL 顺序语句和并行语句, 它们有什么区别?
6. 回答下列有关 Bit 和 Boolean 数据类型的问题。
(1) 解释 Bit 和 Boolean 类型的区别。
(2) 对于逻辑操作可以使用哪种类型?
(3) 关系操作的结果为哪种类型?
(4) IF 语句测试的表达式是哪种类型?
7. 判断下列各题的正误, 指出错误所在并修改错误。
(1)

```
process(in1, in2)
begin
wait for 10 ns ;
output <= in1 or in2 ;
end process;
```

（2）

```
ENTITY example IS
PORT (a : in bit ;
      b, c, d, e, f : out bit);
END example;
ARCHITECTURE one OF example IS
BEGIN
b <= a;
c <='1';
d <='0';
e <='Z';
f <='X';
END one;
```

（3）

```
ARCHITECTURE one OF test IS
BEGIN
  WITH sel SELECT
c<='0'  WHEN '00' | '11' ;
   '1'  WHEN '01' | '10' ;
END one;
```

8．把例题 2-18 程序中的赋值语句改变顺序，如下所示，则编译之后，查看其 RTL 电路图，和例 2-19 的 RTL 电路图进行比较，结果会怎样？

```
IF CLK'EVENT AND CLK = '1' THEN
Q1 <= B ;  B := A ;  A := D1 ;
END IF;
```

第二部分 软件操作篇

第 3 章 MAX + plus II 使用指南

第 2 章学习了 VHDL 程序设计的基础知识。VHDL 是项目设计的表达手段,它需要借助 EDA 工具来实现软件设计到硬件的转换。MAX + plus II (Multiple Array and Programming Logic User System) 是 Altera 公司推出的第三代 PLD 开发系统,它提供了全面的逻辑设计能力,包括电路图、文本和波形的设计输入以及编译、逻辑综合、仿真和定时分析以及器件编程等诸多功能。MAX + plus II 被公认为是最易使用、人机界面最友好的 PLD 开发软件。本章将介绍 MAX + plus II 的使用方法和技巧。

【教学目的】
➢ 掌握 MAX + plus II 软件安装。
➢ 掌握 MAX + plus II 项目设计流程。
➢ 掌握 MAX + plus II 的使用方法和技巧。

3.1 MAX + plus II 的基本操作

3.1.1 MAX + Plus II 简介

在 MAX + plus II 上可以完成设计输入、元件适配、时序仿真和功能仿真、编程下载整个流程,它提供了一种与结构无关的设计环境,使设计者能方便地进行设计输入、快速处理和器件编程。使用 MAX + plus II 软件,设计者无需精通器件内部的复杂结构,只需熟悉所用的设计输入工具,如硬件描述语言、原理图等进行输入,MAX + plus II 自动将设计转换成目标文件下载到器件中。

MAX + plus II 开发系统的特点如下。

• 开放的界面

MAX + plus II 可与其他工业标准的设计输入、综合和校验工具链接,具有 EDIF,VHDL 和 Verilog HDL 等网表接口,便于与许多公司的 EDA 工具接口,包括 Cadence,Mentor,Synopsys,Synplicity 和 Viewlogic 等公司提供的 EDA 工具的接口。

- 完全集成化

MAX+ plus II 的设计输入，处理以及校验功能都集成在统一的开发环境下，实现动态调试速度的提高和减短开发周期。

- 模块化工具

设计人员可以从各种设计输入、处理和校验选项中进行选择从而使设计环境用户化。

- 丰富的设计库

MAX + plus II 提供丰富的库单元供设计者调用，其中包括 74 系列的全部器件和多种特殊的逻辑功能（Macro-Function）以及新型的参数化的兆功能（Mega-Function）。同时还具有开放性，允许设计人员添加适用的宏函数。

- 硬件描述语言

MAX + plus II 软件支持各种硬件描述语言（HDL）设计输入选项，包括 VHDL，Verilog HDL 和 Altera 自己的硬件描述语言 AHDL。

3.1.2　MAX + plus II 的安装

从 Altera 公司的网站 http://www.altera.com 可以下载 MAX+ plus II 软件包，然后安装该软件，如图 3-1 所示。

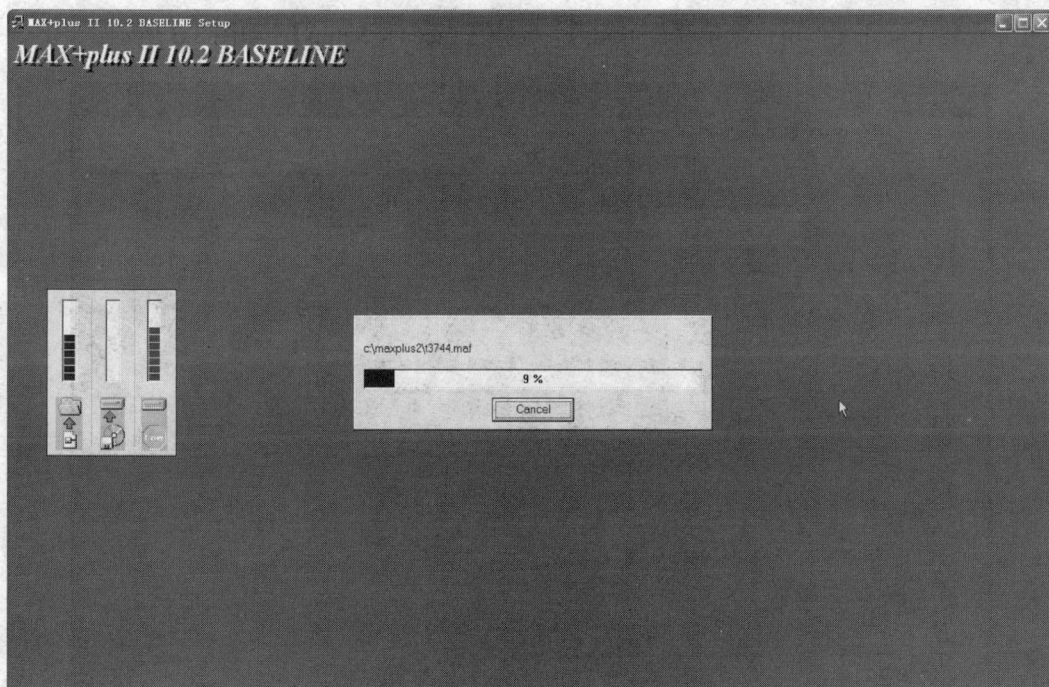

图 3-1　安装软件

软件安装完成后，双击 MAX + plus II 图标或在【开始】菜单内选择 MAX + plus II 项，开始运行 MAX + plus II。MAX+ plus II 要安装软件许可证后才能正常使用。可以从 http://www.altera.com 网站上申请许可证文件，如图 3-2 所示。

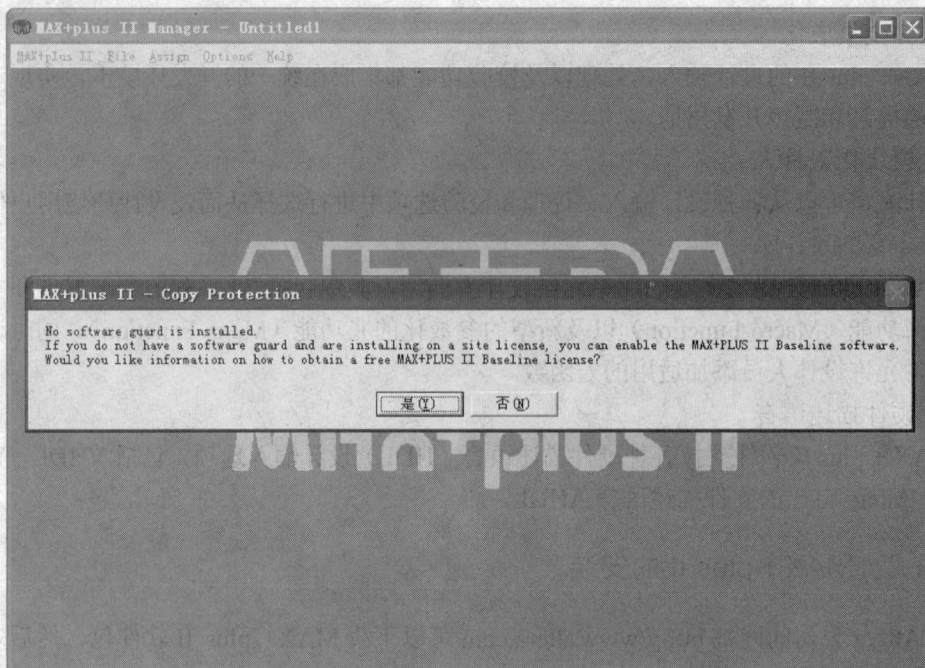

图 3-2 MAX + plus II 启动窗口

要安装许可证文件单击菜单【Options】，选择【License Setup】，如图 3-3 所示。

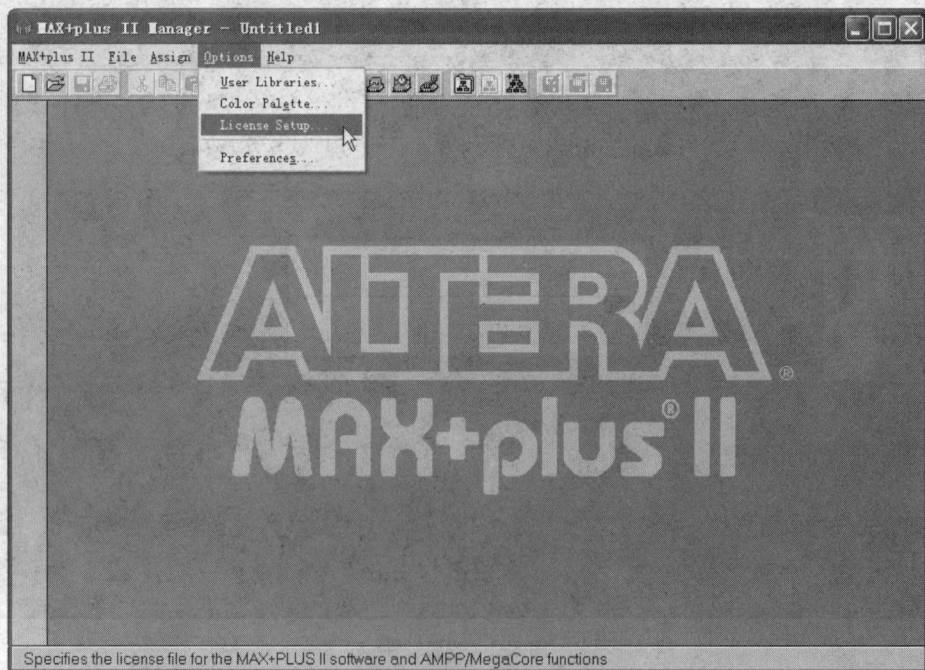

图 3-3 选择【License Setup】

打开【License Setup】对话框，单击【Browse...】按钮选择许可证文件。许可证文件选择成功后，所有未注册的模块会显示在注册区域中，如图 3-4 所示。

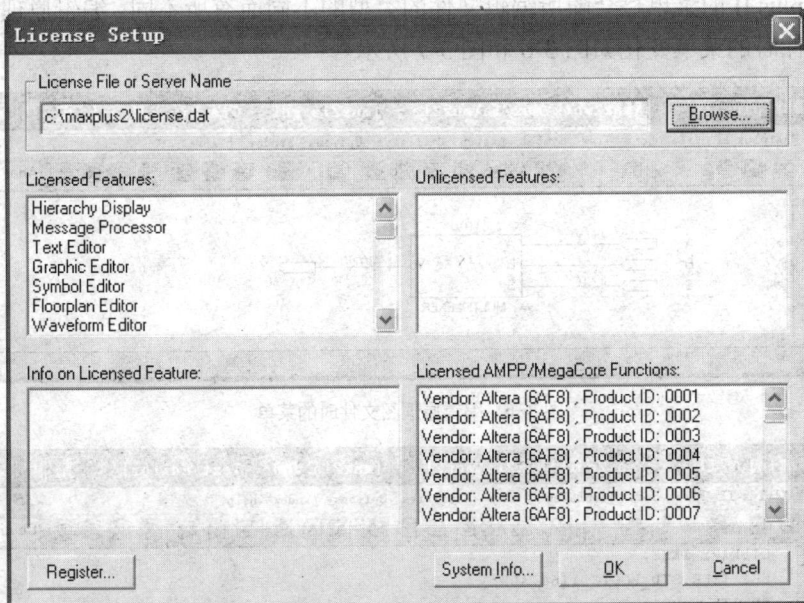

图 3-4　安装许可证

单击【OK】按钮完成安装，即可回到 MAX + plus II 管理器窗口。

3.1.3　MAX + plus II 的常用菜单

MAX + plus II 的管理器界面非常简洁，只显示菜单栏和工具栏。实际使用时，在管理器窗口的标题栏上会显示项目路径和项目名称，如图 3-5 所示。

图 3-5　工作界面

MAX + plus II 的菜单栏会随所编辑文件的类型的不同而有所不同。编辑原理图文件和编辑 VHDL 文件时的菜单变化如图 3-6 和图 3-7 所示。

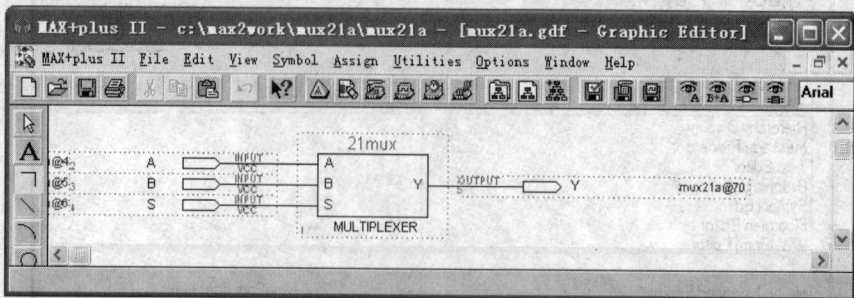

图 3-6 编辑原理图文件时的菜单

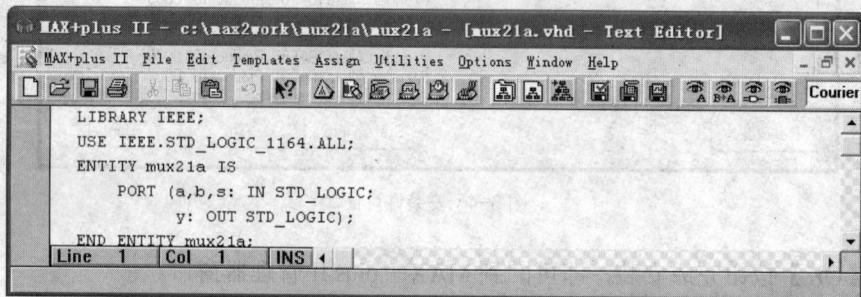

图 3-7 编辑 VHDL 文件时的菜单

工具栏提供的是快捷按钮,这些按钮在菜单栏中都可以找到相同功能的命令。下面将主要介绍 MAX + plus II 的一些常用菜单。

(1) MAX + plus II 菜单

MAX + plus II 菜单如图 3-8 所示。

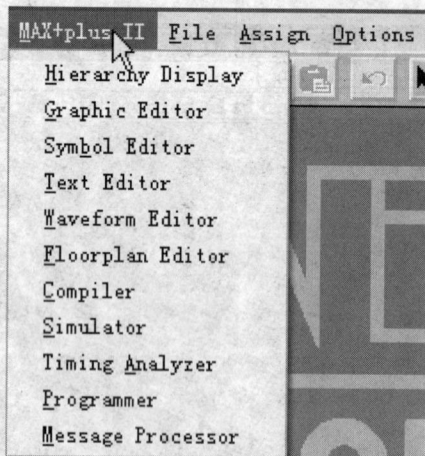

图 3-8 MAX + plus II 菜单

各子菜单的含义如下:

Hierarchy Display —— 层次显示;

Graphic Editor —— 图形编辑器;

Symbol Editor —— 符号编辑器；

Text Editor —— 文本编辑器；

Waveform Editor —— 波形编辑器；

Floorplan Editor —— 管脚编辑器；

Compiler —— 编译器；

Simulator —— 仿真器；

Timing Analyzer —— 时间分析；

Programmer —— 程序下载；

Message Processor —— 信息处理。

（2）File 菜单

File 菜单如图 3-9 所示。

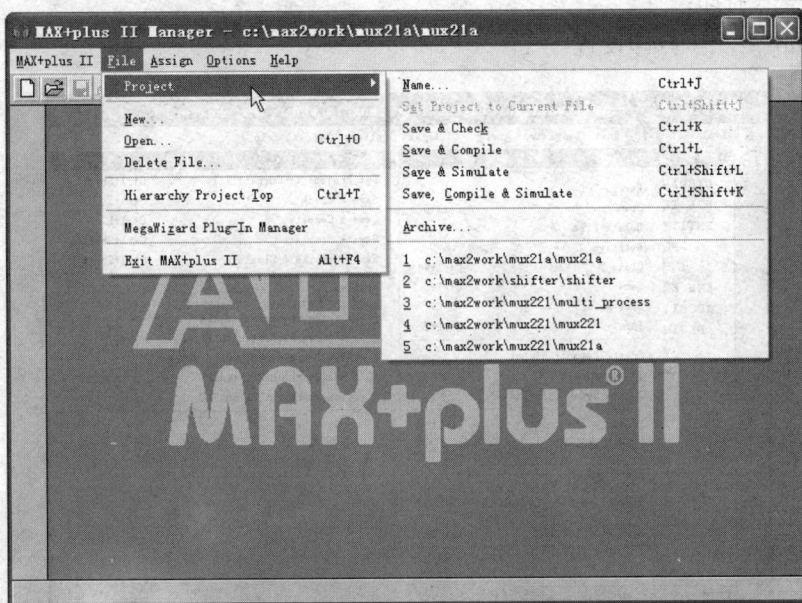

图 3-9 File 菜单

> 注意：File 菜单随所选功能的不同而有所不同。例如，当编辑一个 VHDL 文件时，File 菜单中会增加一些选项，如图 3-10 所示。

常用子菜单的含义如下：

Project：

Name… —— 项目名称；

Set Project to Current File —— 将当前文件设置为项目；

Save & Check —— 保存并检查文件；

Save & Compile —— 保存并编译文件；

Save & Simulator —— 保存并仿真文件；

Save, Compile & Simulator —— 保存、编译、仿真；

New… —— 新建文件；

Open… —— 打开文件；

Delete File… —— 删除文件；

Retrieve… —— 提取文件；

Close —— 关闭文件；

Save —— 保存文件；

Save As… —— 另存文件；

Info… —— 信息；

（图形编辑器中才出现该命令）

Create Default Symbol —— 创建当前模块图形符号；

Edit Symbol —— 编辑当前模块图形符号；

Create Default Include File —— 创建当前包括文件；

Print… —— 打印；

Print Setup… —— 打印设置。

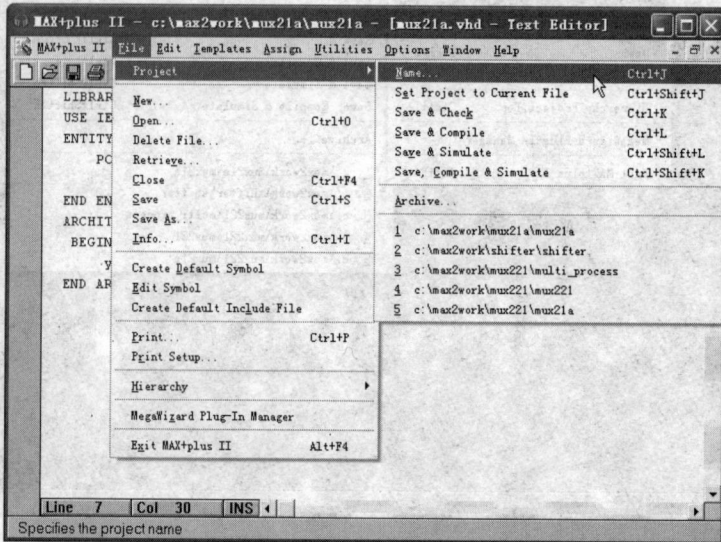

图 3-10　编辑 VHDL 文件时的 File 菜单

（3）Assign 菜单

Assign 菜单如图 3-11 所示。

各子菜单的含义如下：

Device… —— 指定器件；

Pin/Location/Chip… —— 管脚、放置、芯片；

Timing Requirements… —— 时间要求；

Clique… —— 指定一个功能组；

Logic Options… —— 逻辑选项；

Probe… —— 指定探头；

Connected Pins… —— 连接管脚；

Local Routing —— 本地路由；

Global Project Device Options… —— 设定项目中器件的参数；

Global Project Parameters… —— 设置项目参数；

Global Project Timing Requirements… —— 设置时间参数；

Global Project Logic Synthesis… —— 设置逻辑综合；

Ignore Project Assignments… —— 忽略项目指定；

Clear Project Assignments… —— 清除项目指定；

Back Annotate Project… —— 返回项目指定；

Convert Obsolete Assignment Format —— 转换指定格式。

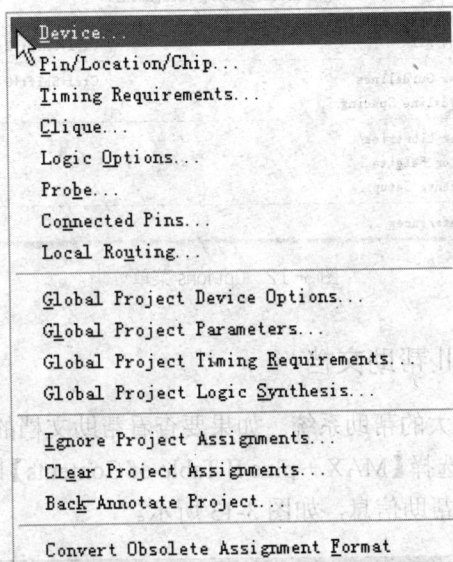

图 3-11 Assign 菜单

（4）Options 菜单

Options 菜单如图 3-13 所示。

各子菜单的含义如下：

Font —— 字型；

Text Size —— 文本尺寸；

Line Style —— 线型；

Rubberbanding —— 橡皮筋；

Show Parameters —— 显示参数；

Show Probe —— 显示探头；

Show/Pins/Locations/Chips —— 显示管脚、位置、芯片；

Show Cliques,Timing&Local Routing Assignments —— 显示功能组、时间需求、本地路由指定；

Show Logic Options —— 显示逻辑设置；

Show All —— 显示全部；

Show Guidelines… —— 显示向导；

User Libraries… —— 用户库；

Color Palette… —— 调色板；

License Setup… —— 许可证安装；

Preferences… —— 设置。

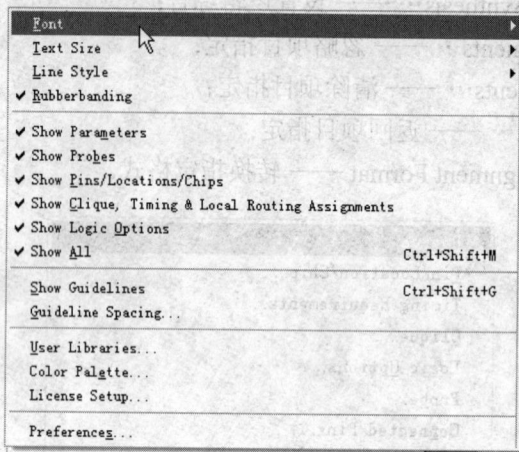

图 3-12　Options 菜单

3.1.4　MAX + plus II 帮助文档

Max + plus II 提供了强大的帮助系统。如果要查看帮助文档的所有内容，单击【Help】菜单，在弹出的下拉菜单中选择【MAX + plus II Table of Contents】即可打开帮助文档的目录，用户可以选择相应条目查看帮助信息，如图 3-13 所示。

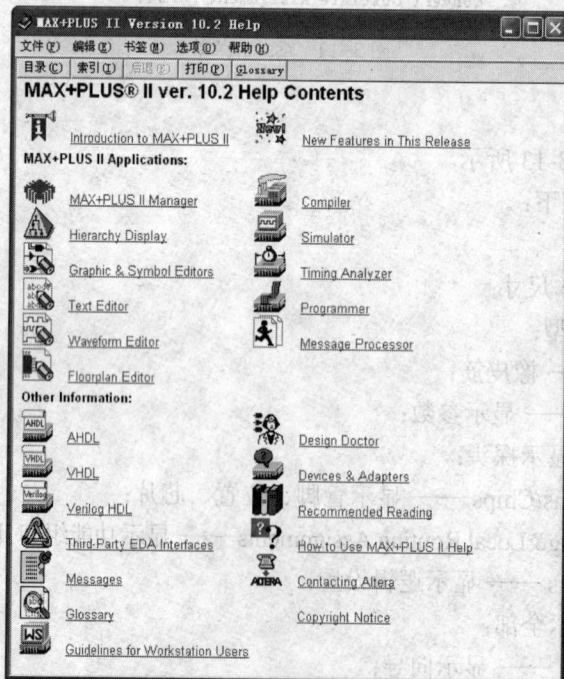

图 3-13　帮助文档的目录

如果需要某个特定项目的帮助信息，如想要了解菜单命令【Enter Symbol】的操作过程，可以选择工具栏上的快速帮助按钮，此时，鼠标变成带问号的箭头，单击【Enter Symbol】命令就可以弹出相应的帮助信息，如图 3-14 所示。

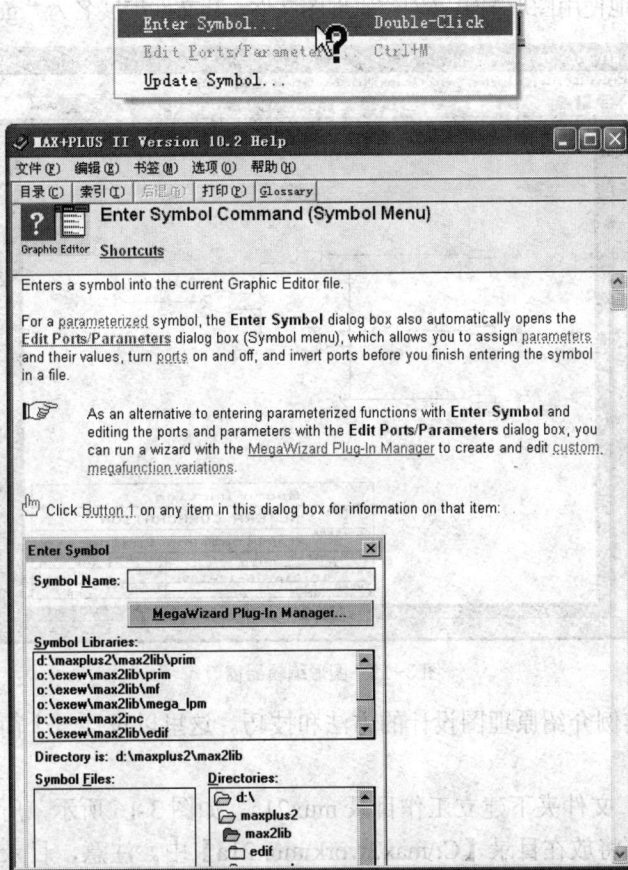

图 3-14 帮助信息

利用帮助文档可以使用户更深入地了解软件的各部分功能，为设计者带来了极大的便利。

3.2 MAX + plus II 的设计输入

设计输入是开发可编程逻辑器件的第一步，可以说，既是起步，又是关键。用户的每个设计项目可以包含一个或者多个设计输入文件，每个输入文件都是一个功能模块。

MAX + plus II 集成开发环境向用户提供了多种设计输入方式，其中包括原理图输入，文本设计输入，波形设计输入、层次设计输入等。具体来说，有以下 3 种主要的设计输入编辑器。

- 图形编辑器：可以进行电路原理图编辑和输入。
- 文本编辑器：可以进行硬件描述语言输入，如 VHDL。
- 波形编辑器：可以进行波形输入，建立仿真文件。

用户可以选择不同的输入方式，尽可能高效地完成设计。本章将以举例的方式详细介绍原理图输入、文本输入、波形输入以及层次化输入。

3.2.1 原理图设计输入

原理图输入是指用 MAX+ plus II 提供的各种原理图库进行设计输入，是一种最直观的输入方式。用户可以很方便地使用图形编辑器创建原理图文件，其文件扩展名为 ".gdf"，如图 3-15 所示。

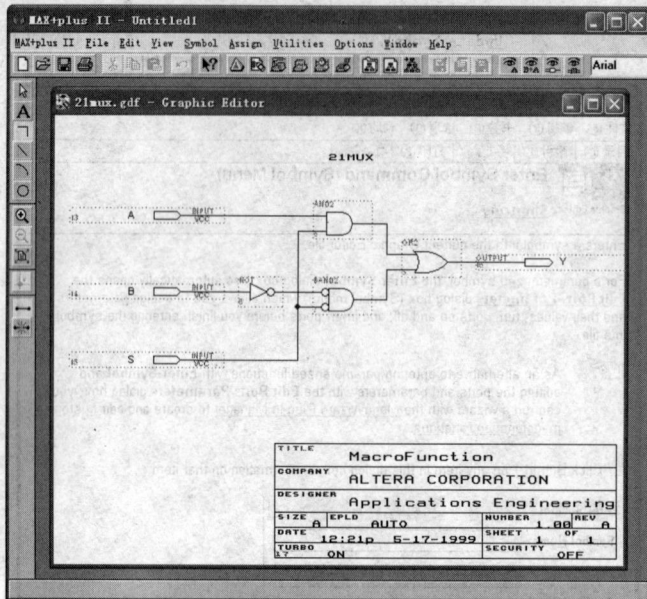

图 3-15　图形编辑器窗口

下面通过一个实例介绍原理图设计的方法和技巧。这里以设计一个简单的二选一数据选择器为例。

在 "max2work" 文件夹下建立工作目录 mux21a，如图 3-16 所示，所有关于二选一数据选择器的设计文件都将放在目录【C:\max2work\mux21a】中。注意，目录不能用中文。

图 3-16　新建工作文件夹

启动 MAX + plus II 可以打开 MAX + plus II 的管理窗口。选择菜单栏【File】|【Project】|
【Name】命令，打开新建项目对话框，如图 3-17 所示。

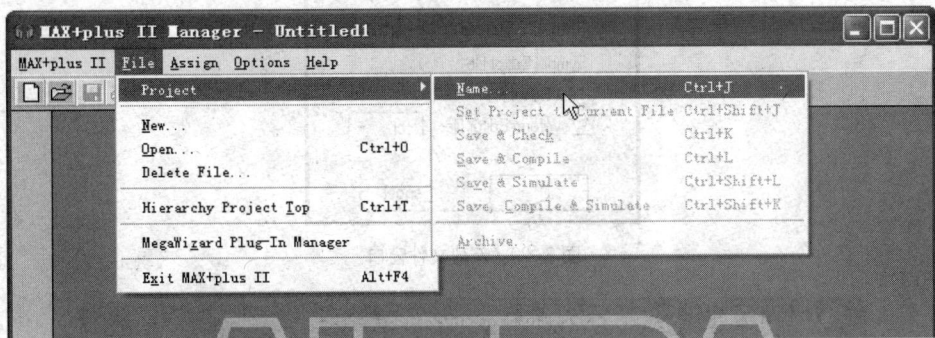

图 3-17　新建项目

在【Project Name】项目名称中输入"mux21a"，项目路径【Directories】选择
【C:\max2work\mux21a】，如图 3-18 所示。

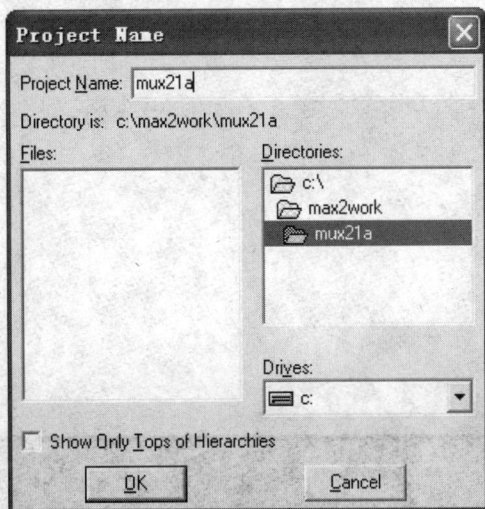

图 3-18　建立项目名

单击 OK 按钮，管理器窗口的标题立刻变成项目路径，如图 3-19 所示。

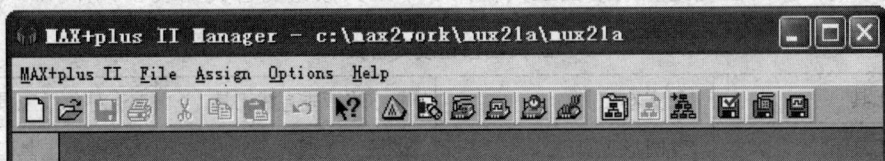

图 3-19　管理器标题栏

选择菜单命令【MAX + plus II】|【Graphic Editor】可以打开图形编辑器，或者是单击工
具栏上的 按钮，弹出【New】对话框，选择"Graphic Editor file"选项，就会弹出图形编
辑器窗口，如图 3-20 和图 3-21 所示。

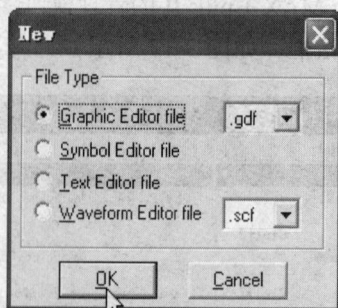

图 3-20　新建文件窗口

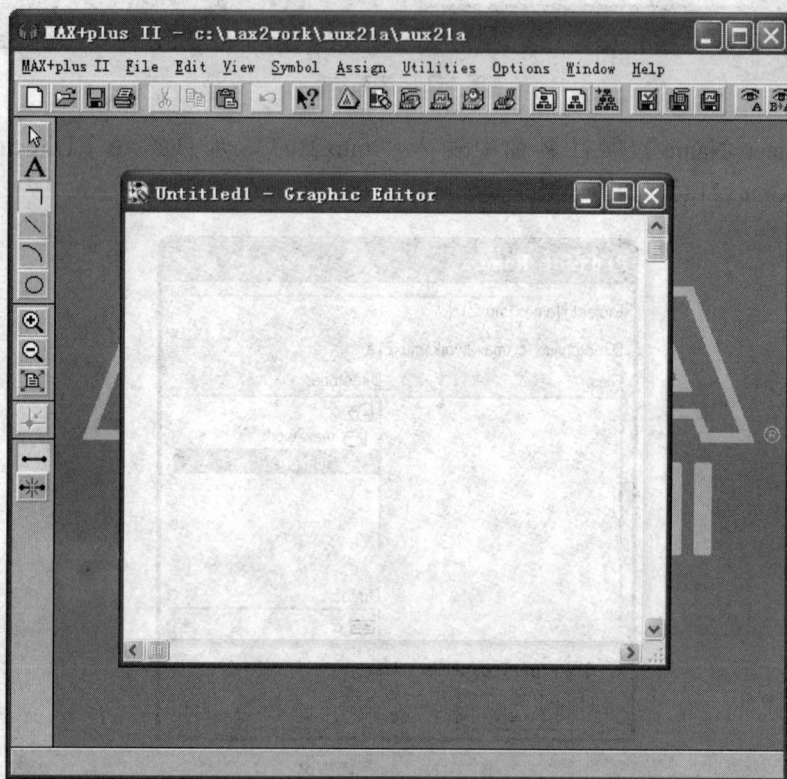

图 3-21　图形编辑器窗口

在图形编辑器的左边是竖式绘图工具栏，各个工具按钮的含义如表 3-1 所示。

表 3-1　　　　　　　　　　　　　　　　　工具栏按钮及其含义

选择工具	文本工具	水平或垂直线工具	对角线工具
弧形工具	圆形工具	放大工具	缩小工具
改变显示尺寸使适配窗口大小		输入或删除交叉节点	
打开橡皮筋连接功能		关闭橡皮筋连接功能	

单击工具栏上的■按钮，就会出现如图 3-22 所示的窗口。因为前面已经建立好项目，

所以系统将文件名默认为项目名,直接单击 OK 按钮即可。

用图形编辑器设计二选一数据选择器原理图的方法有很多。原理图设计输入一般都需要调用库元件,MAX + plus II 有丰富的库单元供设计者调用,大大提高了设计效率。

要调用库元件,首先要打开 MAX + plus II 元件库,根据需要选择相应的元器件。

在图形编辑器要插入元件的地方单击鼠标左键,会出现小黑点,称为插入点。然后双击鼠标左键,弹出【Enter Symbol】(插入元件)对话框,如图 3-23 所示。

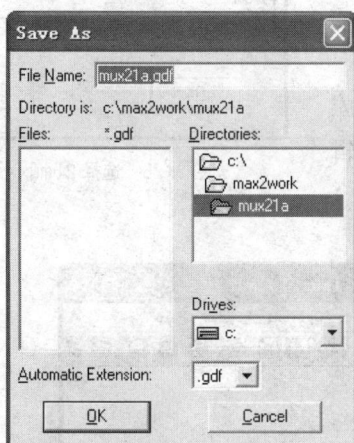

图 3-22　保存 mux21a.gdf 文件　　　　　图 3-23　加入库元件对话框

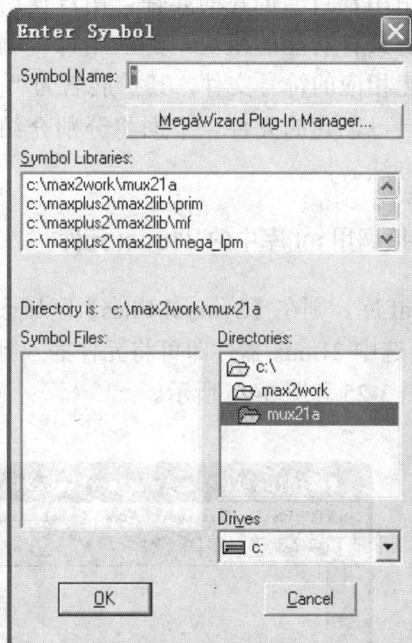

也可以使用菜单命令【Symbol】|【Enter Symbol】来打开【Enter Symbol】对话框。使用这种方式插入元件必须定义插入点,否则会出现如图 3-24 所示的错误。

在【Enter Symbol】对话框上的【Symbol Libraries】区域列出了 MAX + plus II 的元件库和用户库,如表 3-2 所示。

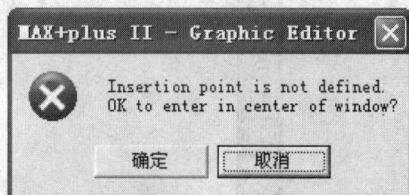

图 3-24　错误提示

表 3-2　　　　　　　　　　　　　　　MAX + plus II 的元件库

库　名	包 含 元 件
用户库	用户创建的元件
Prim(原始库)	基本的逻辑单元器件
mf(宏功能库)	包括所有的 74 系列逻辑元件,如 74160,7400
mega_lpm(可调参数库)	参数化模块具有复杂的功能,如 FIFO
Edif(和 mf 类似的库)	与 mf 库的内容同类

在表 3-2 中，除了用户库以外，其他库的元件都是成功编译的。用户可根据需要直接调用常用的标准设计单元。

对于本例中的二选一数据选择器，可以直接调用 mf 库中的 21mux 元件；也可以调用 Prim 原始库中的基本逻辑单元，即门电路来组成二选一电路。此外，还可以调用用户自己创建的元件。用户使用基本单元设计出具有某种功能的模块，然后用符号编辑器为电路模块创建相应的符号文件，其扩展名为 ".sym"，这就是用户自己创建的元件。下面将分别介绍这几种原理图设计方法。

1. 直接调用 mf 库中的 21mux 元件

选中 mf 库，则在【Symbol Files】区域会列出该库中的元件，选中 21mux 器件即可将元件插入到图形编辑器中，如图 3-25 和图 3-26 所示。

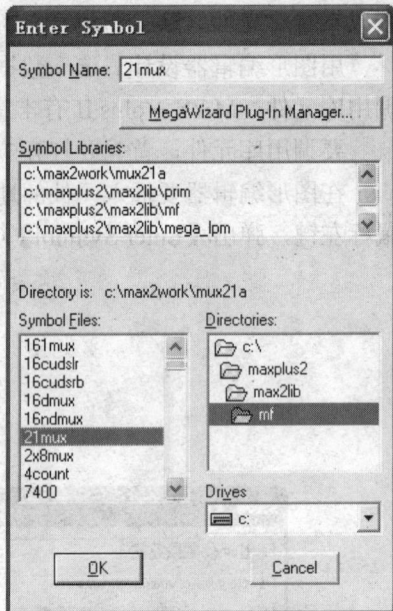

图 3-25　选择 21mux 器件

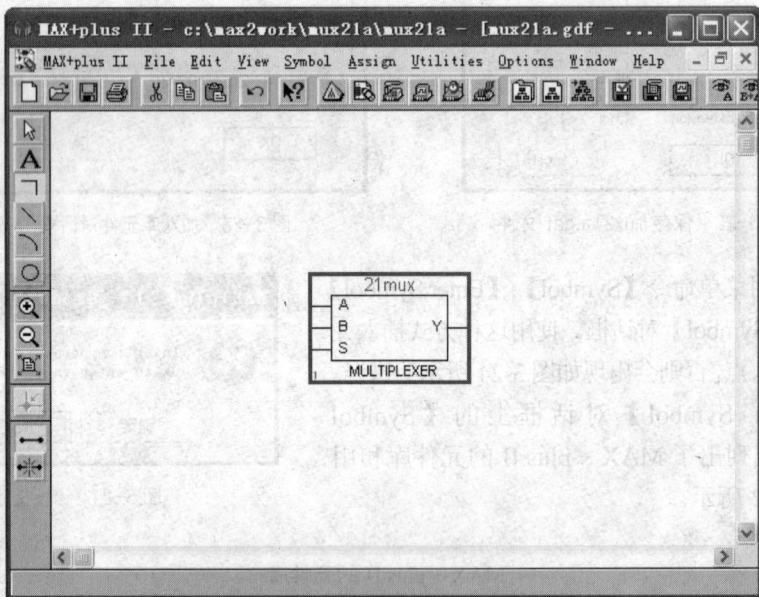

图 3-26　调入库元件后的图形编辑器

如果要查看关于 21mux 的一些功能信息，可以选中此元件，然后单击鼠标右键，选中【Edit Ports/Parameters】选项，弹出如图 3-27 所示窗口。

单击 ▢▢▢▢Help on 21mux▢▢▢▢ 按钮，可以查看 21mux 器件的逻辑功能，如图 3-28 所示。

继续调用库元件，本例还需要 3 个输入引脚和一个输出引脚。输入/输出引脚是基本元件，在 prim 库里直接调用 input 和 output 元件，如图 3-29 所示。

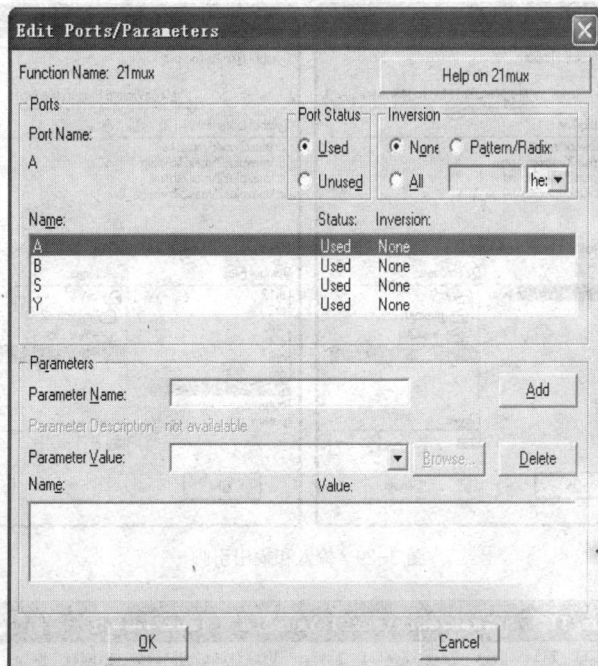

图 3-27 编辑端口和参数窗口

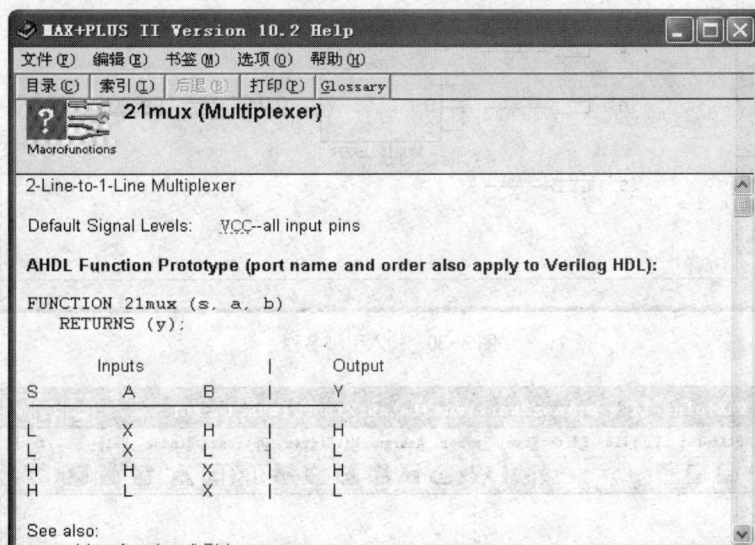

图 3-28 21mux 帮助窗口

输入/输出引脚插入到图形编辑器之后,双击输入端口的 "PIN_NAME",当其变成黑色时,即可输入引脚名称并回车确认,输出端口标记方法类似。本例中选择器的三输入端分别标记为 A,B 和 S,其输出端为 Y,如图 3-30 所示。

把鼠标指针移到元件引脚附近,则鼠标指针自动由箭头变为十字连线状态,按住鼠标左键拖动,即可画出连线,松开鼠标左键则完成了一条连线。根据所对应的输入输出关系进行线路连接,如图 3-31 所示。

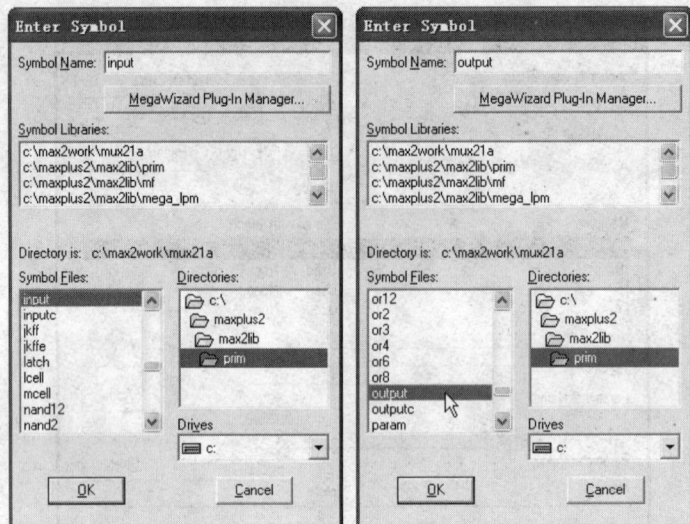

图 3-29　输入和输出引脚

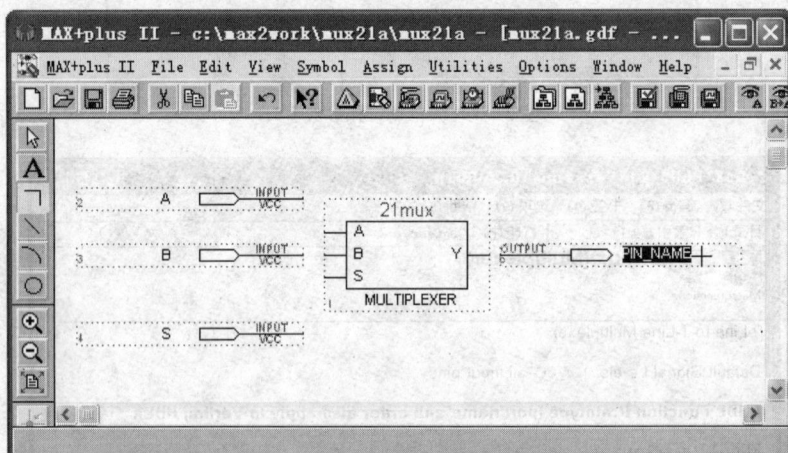

图 3-30　输入引脚名称

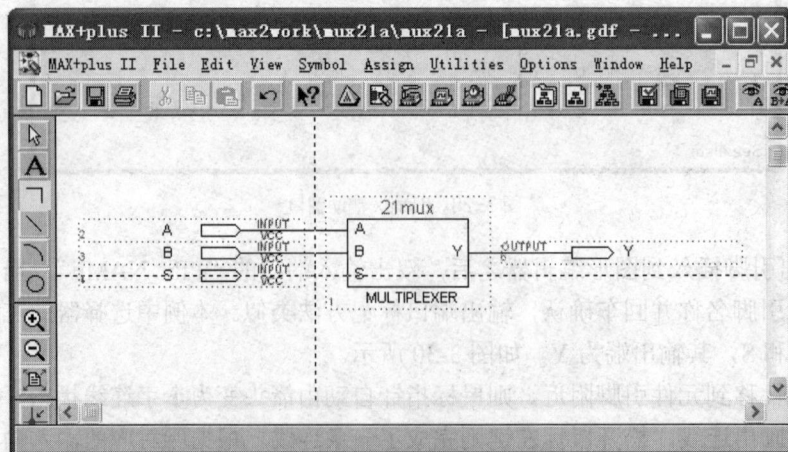

图 3-31　用鼠标进行连线

　　输入输出线路连接完成后，选择菜单命令【File】|【Save】保存当前文件，这样就完成了二选一电路的原理图设计，如图 3-32 所示。

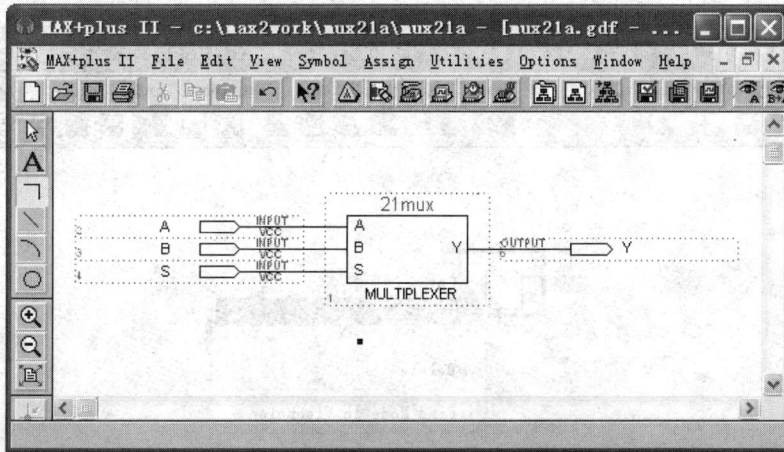

图 3-32　二选一电路的原理图

2. 调用 Prim 库中的门电路来组成二选一电路

　　已知二选一数据选择器的逻辑表达式如下：

$$Y = a \bullet s + b \bullet \overline{s}$$

　　二选一数据选择器的逻辑功能可以用门电路表达出来，上述表达式可以由 2 个与门，一个非门和一个或门组成。

　　选中 Prim 库，则在【Symbol Files】区域会列出该库中的元件，选中与门 and2 即可将元件插入到图形编辑器中，如图 3-33 所示。

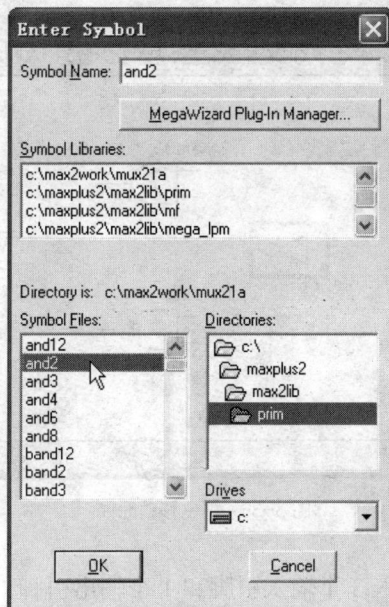

图 3-33　选中与门元件 and2

在图形编辑器中插入一个与门之后，可以通过拷贝粘贴的方式再插入一个与门。或者按住 Ctrl 键，用鼠标拖动所选中的元件复制到指定位置即可，如图 3-34 所示。

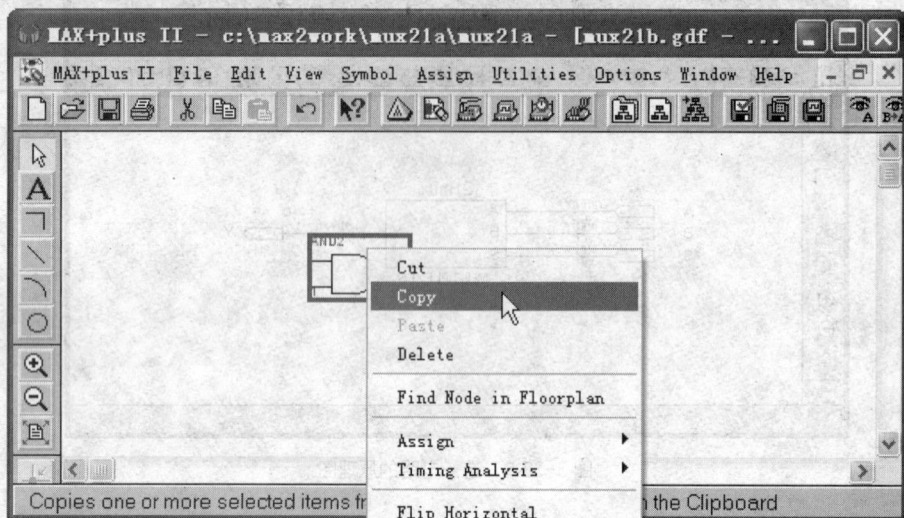

图 3-34 复制元件

用相同的方法可以插入或门和非门。分别在【Symbol Files】区域选中或门 or2、非门 not 即可将元件插入到图形编辑器中。

按下鼠标左键选择图形编辑器上的元件，通过拖曳可以移动元件将其放置在合适的位置，如图 3-35 所示。

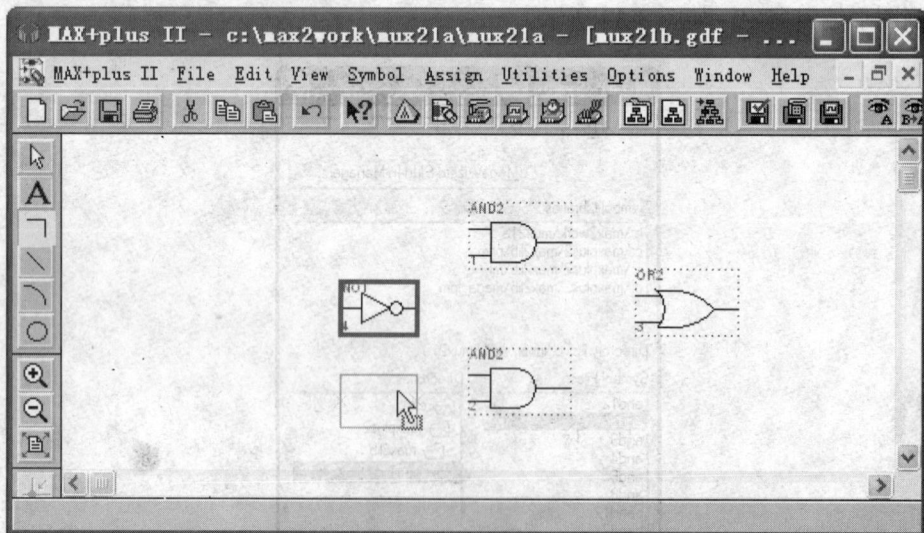

图 3-35 拖曳移动元件

与方法一相同，还需要加入 3 个输入引脚和 1 个输出引脚。最后用 ⌐ 工具进行线路连接即可完成本设计，如图 3-36 所示。

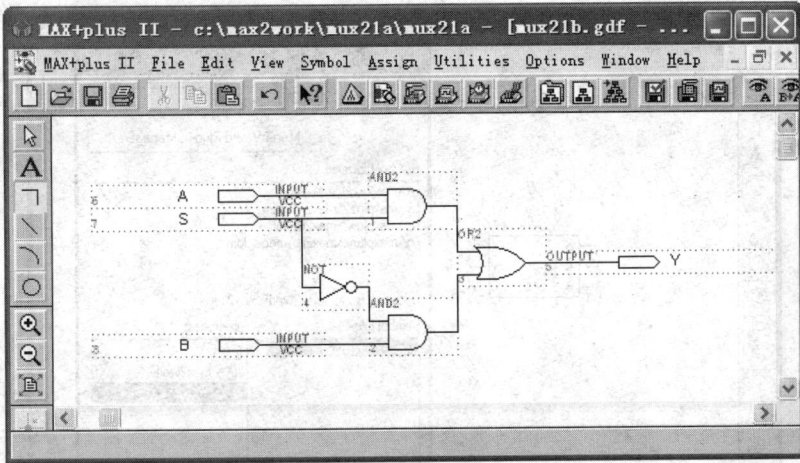

图 3-36　原理图文件

3．用符号编辑器为电路模块创建相应的符号文件

上面两种方式创建的原理图文件都可以用符号编辑器创建相应的符号文件，以供其他图形设计文件所调用。

选择菜单命令【File】|【Create Default Symbol】，就可以把当前图形设计文件 mux21b.gdf 创建成一个同名的符号文件"mux21b.Sym"，并保存在工作目录下，如图 3-37 所示。

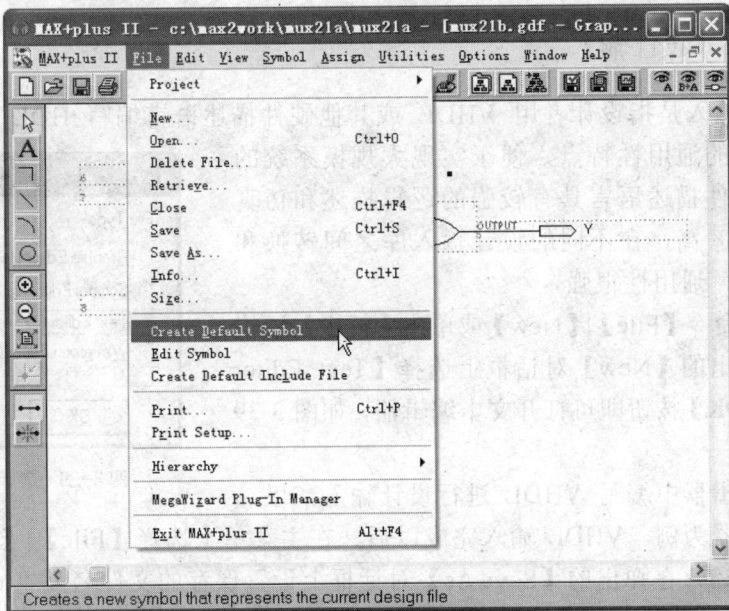

图 3-37　创建符号文件

符号文件创建成功后，再次打开【Enter Symbol】对话框，在用户库 C:\max2work\mux21a 中可以看到刚刚创建的符号文件"mux21b"。选中这个元件即可插入到图形编辑器中，如图 3-38 所示。

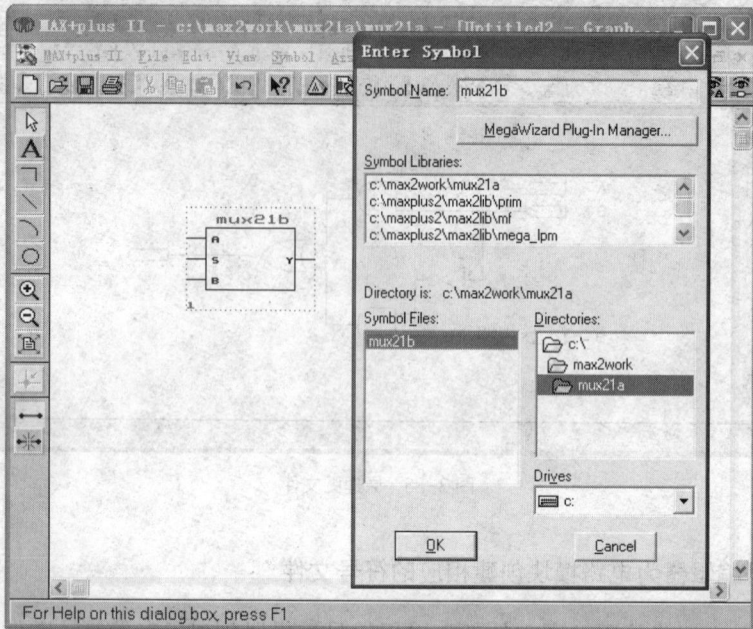

图 3-38　元件 mux21b

双击元件"mux21b"则会打开原理图文件 mux21b.gdf，因此，相当于用符号编辑器为功能模块 mux21b.gdf 创建了一个电路图符号。

3.2.2　文本设计输入

文本设计输入是指设计者用 VHDL 或其他硬件描述语言编写 HDL 源程序进行输入。由于语言的通用性特点，便于实现大规模系统的设计。同时硬件描述语言具有较强的逻辑描述和仿真功能，输入效率高，在不同的设计输入库之间转换和移植非常方便，通用性很强。

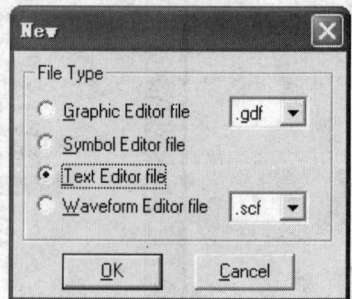

图 3-39　选择文本编辑器

选择菜单命令【File】|【New】或单击【新建】 ⬜ 快捷按钮，在弹出的【New】对话框上选择【Text Editor File】，单击【OK】按钮即可打开文本编辑器，如图 3-39 所示。

在文本编辑器中编写 VHDL 进行设计输入，以二选一数据选择器为例。VHDL 输入完成以后，在主菜单上选择【File】|【Save】或单击保存文件按钮 💾，在弹出的【Save As】对话框上设置保存的文件名为"mux21a.vhd"，如图 3-40 所示。

MAX+ plus II 要求源程序保存的文件名要与实体名一致。文件的后缀将决定使用的语言形式，后缀为.VHD 表示 VHDL 文件；后缀为.TDF 表示 AHDL 文件；后缀为.V 表示 Verilog 文件。如果后缀正确，文件保存后，VHDL 的关键词将改变颜色，如图 3-41 所示。

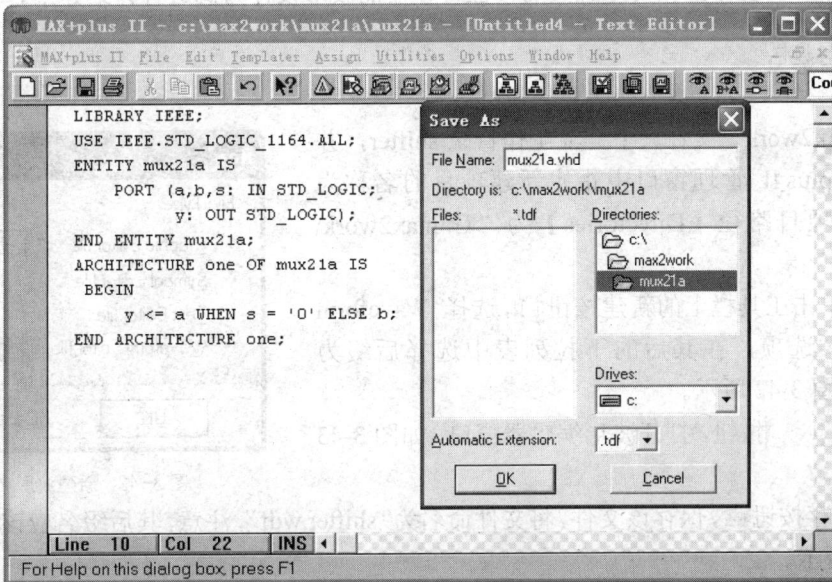

图 3-40 文件保存对话框

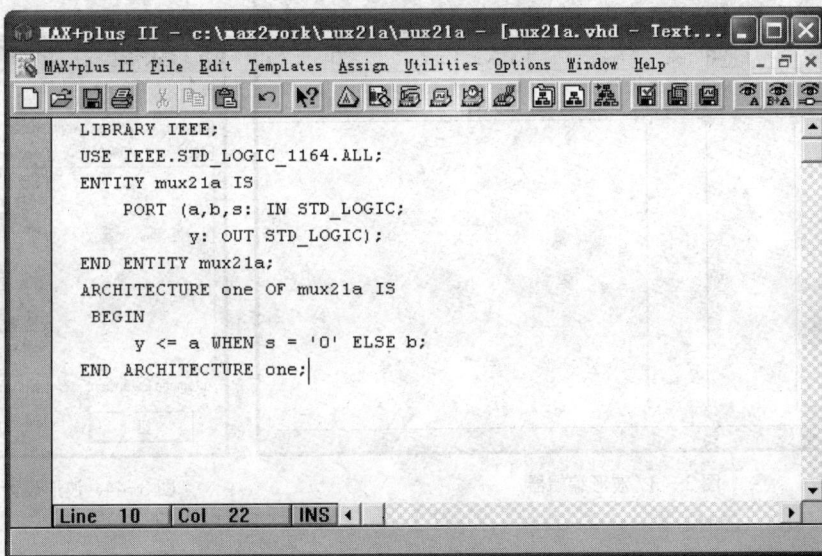

图 3-41 关键字变为蓝色突出显示

3.2.3 波形设计输入

波形输入法是一种比较直观的输入方式，能够使设计者方便地了解器件的逻辑功能。波形编辑功能允许设计者对波形进行拷贝、剪切、粘贴等操作，并可以用内部节点、触发器和状态机建立设计文件，将波形进行组合以及显示各种进制的状态值，还可以对仿真结果进行比较。波形输入文件适合于已完全确定了输入和输出之间的时序关系的数字逻辑设计。

下面以 CPU 设计中有实际意义的移位寄存器的波形设计为例进行详细介绍。

1. 项目建立

在"max2work"文件夹下建立工作目录 shifter，并在 MAX + plus II 管理窗口中指定新建项目的名称为"shifter"，项目路径【Directories】为"C:\max2work\shifter"。

然后，单击工具栏上的新建按钮 □，选择"Waveform Editor file"选项，在其后的下拉列表中选择后缀为".wdf"，如图 3-42 所示。

单击 ＯＫ 按钮，打开波形编辑器窗口，如图 3-43 所示。

图 3-42　新建波形文件

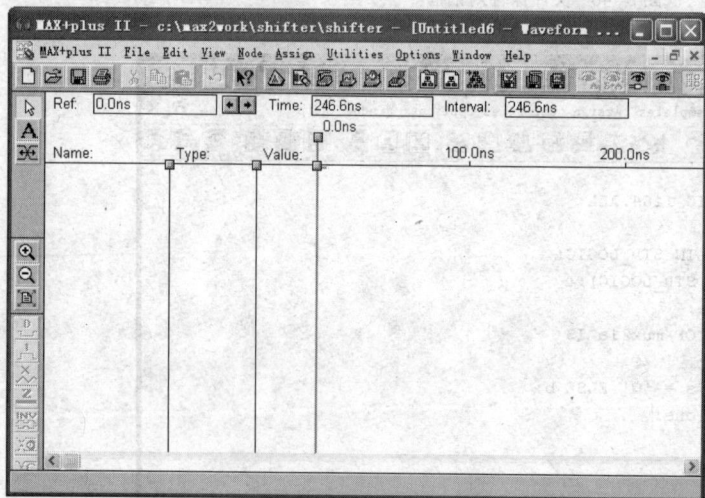

单击保存按钮 ▣，保存该文件，将文件命名为"shifter.wdf"，注意，其后缀名应该为".wdf"，如图 3-44 所示。

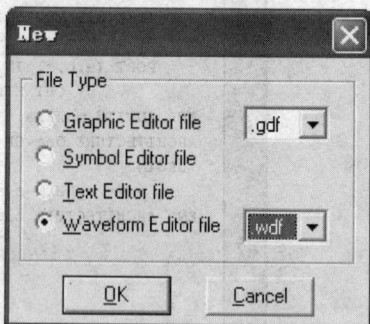

图 3-43　波形编辑器

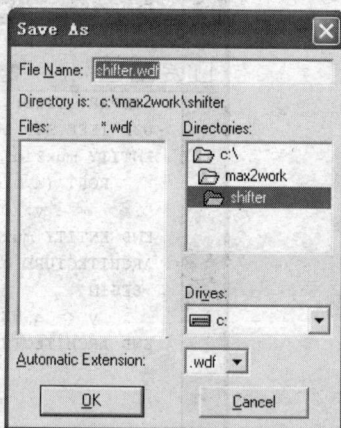

图 3-44　波形设计文件

2. 创建输入、输出和隐埋节点

根据移位寄存器的逻辑功能，可以定义输入节点 CLK 和 LOAD，隐埋节点 DIN 和 REG8，以及输出节点 QB。具体操作方法如下。

选择菜单命令【Node】|【Insert Node】，可以打开插入节点对话框，如图 3-45 所示。

或者在波形编辑器【Name】区域中要插入节点的位置双击鼠标左键，也可以打开【Insert Node】（插入节点）对话框。在【Node Name】（节点名称）文本框中输入 CLK，I/O 类型选择输入引脚，单击 ＯＫ 按钮确认，如图 3-46 所示。

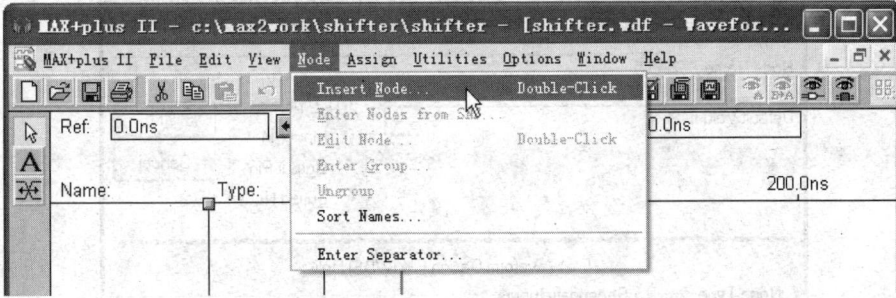

图 3-45　选择菜单命令【 Node 】|【 Insert Node 】

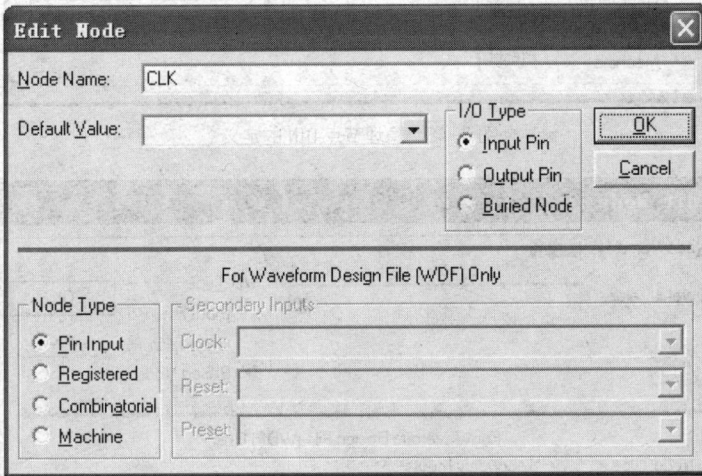

图 3-46　节点插入窗口

同样的方法定义输入引脚 LOAD、输出引脚 QB 以及隐埋节点 DIN 和 REG8，如图 3-47、图 3-48 和图 3-49 所示。

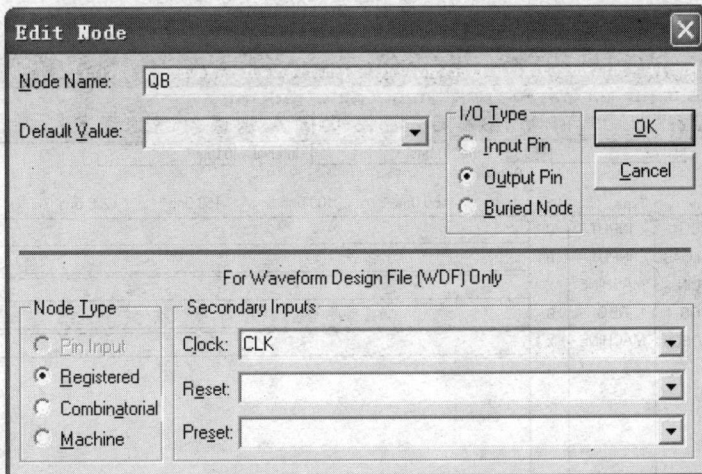

图 3-47　输出节点 QB 的定义

全部节点加入后如图 3-50 所示。

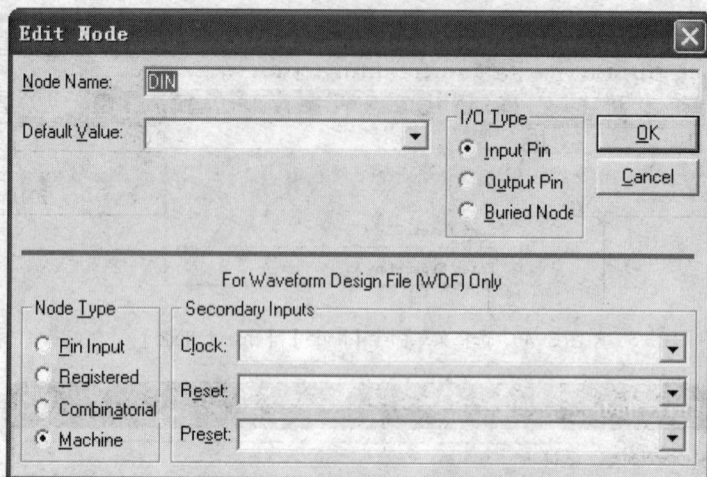

图 3-48 隐埋节点 DIN 的定义

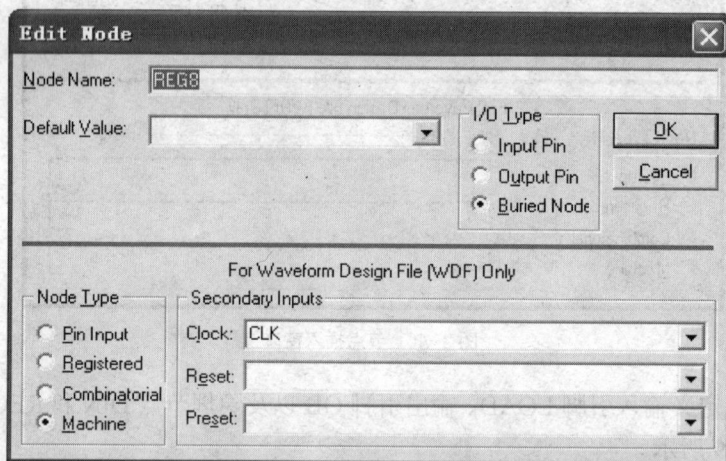

图 3-49 隐埋节点 REG8 的定义

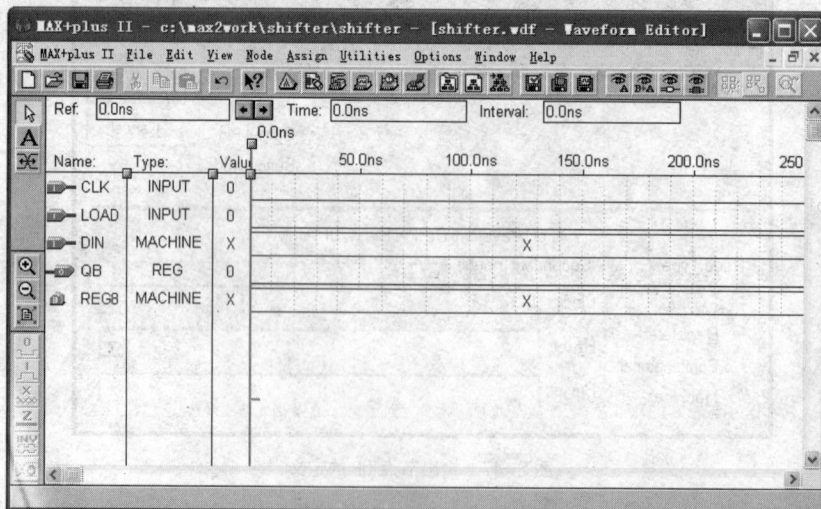

图 3-50 加入全部节点

3. 设计输入节点的波形

当选中某一输入或输出引脚时，波形编辑器左边的波形编辑工具栏将被激活，此时可根据移位寄存器的逻辑功能分别设置各个节点的波形和状态。

首先要设计两个基本的参数：结束时间和栅格尺寸。选择菜单命令【File】|【End Time】，在对话框中输入结束时间 250.0ns，如图 3-51 所示。

选择【Options】|【Grid Size】，设置栅格尺寸为 10.0ns，如图 3-52 所示。

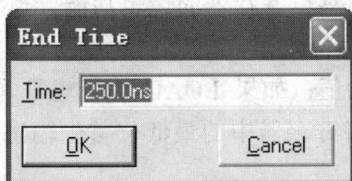

图 3-51　设置结束时间　　　　　　图 3-52　栅格尺寸对话框

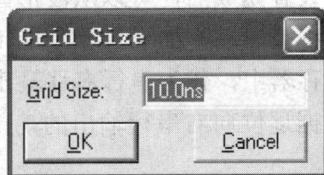

CLK 是时钟信号，MAX + plus II 波形编辑器提供了专门的时钟波形设计功能。用鼠标选中输入引脚 CLK，选择菜单命令【Edit】|【Overwrite】|【Clock】，则弹出如图 3.3-39 所示的对话框。因为栅格尺寸是 10ns，所以时钟周期应为 20ns；起始值可以选择 0 或 1；Multiplied By 是时钟周期系数，如果是 1，则周期是 20ns，如图 3-53 所示。

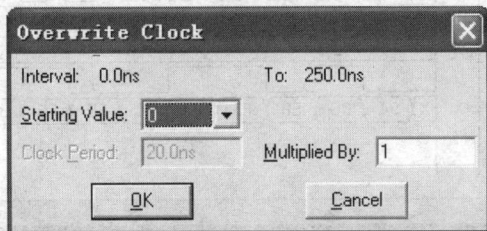

图 3-53　时钟信号

注意：单击波形编辑工具栏上的 按钮，也可以打开【Overwrite Clock】对话框。

CLK 节点的波形输入完成之后如图 3-54 所示。

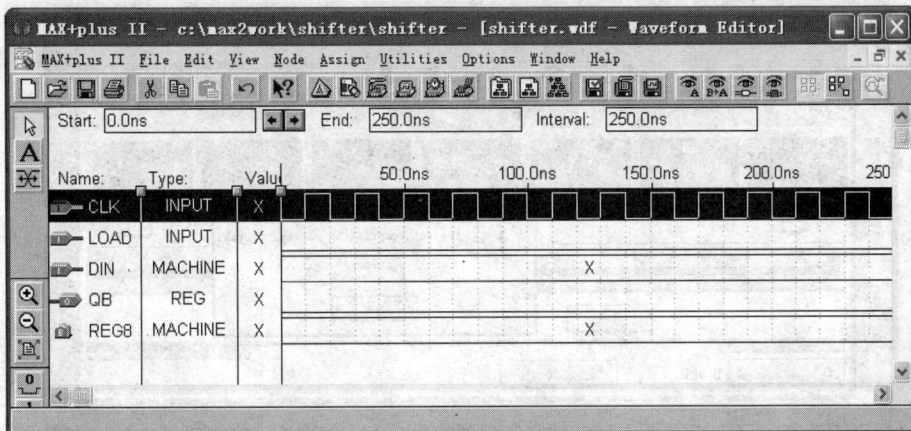

图 3-54　CLK 节点的波形

接下来设置 LOAD 节点的波形。要设计 LOAD 从 0ns～20ns 为高电平，首先要选中 0ns～20ns，然后单击波形编辑器左侧工具栏中的 ⊓ 按钮，则这一段变为高电平。输出节点 QB 的波形图也可以参考节点 LOAD 波形图的设计方法。

对于隐埋节点，选中 10ns～20ns 的一段单击左侧工具栏 XS 按钮，弹出如图 3-40 所示的窗口，为此段状态输入值，如 "9A"，如图 3-55 所示。

图 3-55　写状态名

整个波形设置完成后，可以从波形图上看出移位寄存器的逻辑功能：当 CLK 的上升沿来到时，进程被启动，如果预置使能 LOAD 为高电平，则将输入口的 8 位二进制数并行置入移位寄存器中，作为串行右移输出的初始值；如果 LOAD 为低电平，即完成并行预置输入的数据逐位向右串行输出的功能，即将寄存器中的最低位首先输出，如图 3-56 所示。

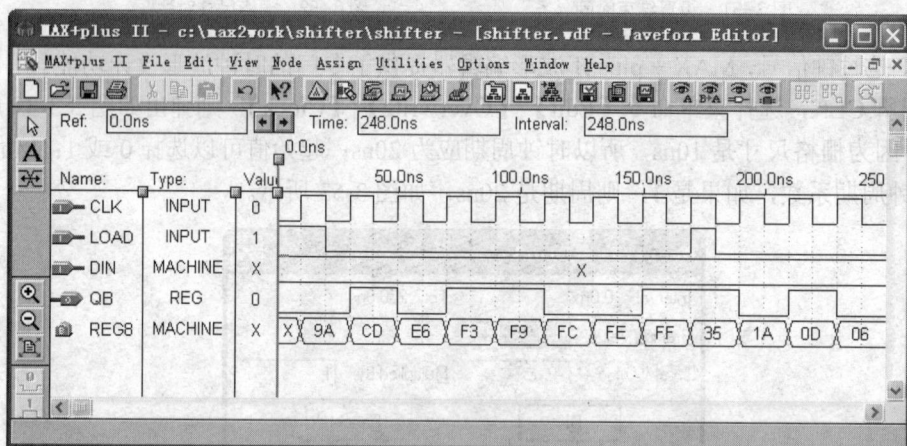

图 3-56　完成设计后的波形

波形设计完成后，选择菜单命令【MAX+plus II】|【Compiler】对文件进行编译，检查是否有错误和警告，如图 3-57 所示。

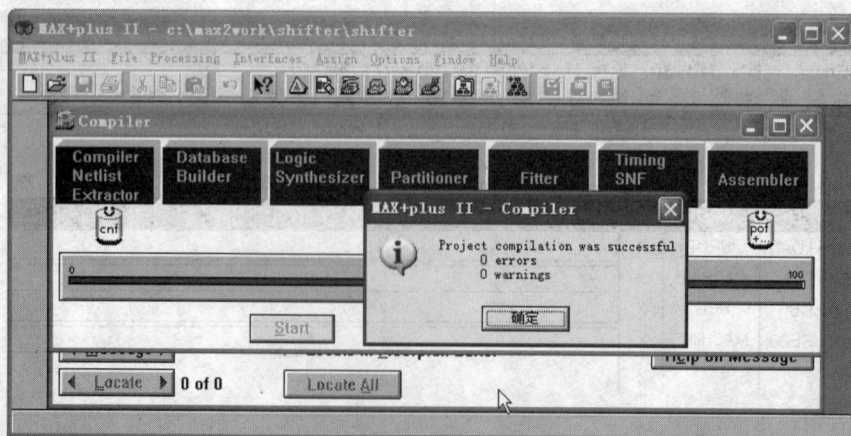

图 3-57　对文件进行编译

如果设计文件能正确编译，可以把它创建成一个元件符号，以供其他图形设计文件所用。这是做层次化设计常用的方法。对于波形设计输入，具体方法是选择菜单命令【File】|【Create Default Symbol】，就可以把当前设计文件创建成一个同名的功能模块"shifter.Sym"，如图 3-58 所示。

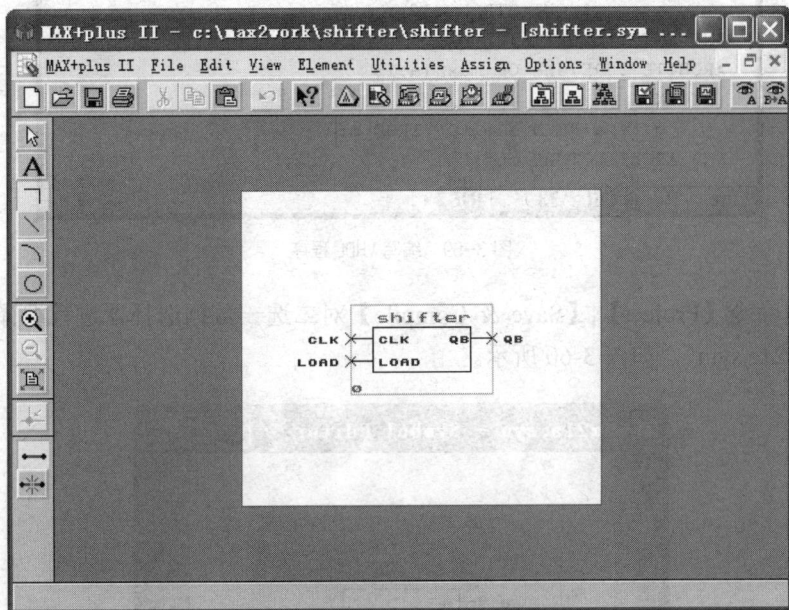

图 3-58　元件符号编辑器

3.2.4　层次化设计输入

当设计一个结构较复杂的系统时，通常采用层次化的设计方法，使系统设计变得简洁和方便。层次化设计是分层次、分模块进行设计描述，描述器件总功能的模块放在最上层称为顶层设计，描述器件的某一部分功能的模块放在下层称为底层设计，这种层次关系类似于软件设计中主程序和子程序的关系。

层次化设计的主要优点如下：

* 支持模块化，底层模块可反复被调用，多个底层模块可由不同的设计者同时设计，提高了设计效率；
* 设计方法较自由，可以采用自上而下或自下而上的设计方法；
* 同一个设计项目的各个模块可以用不同的设计输入法来实现，团队之间的合作更加方便灵活，从而避免了相互之间的约束。

下面以一个双二选一数据选择器的设计为例，简单介绍层次化设计输入方法。

双二选一数据选择器的设计过程包括两个模块：底层二选一数据选择器模块（mux21a.vhd）和顶层双二选一数据选择器模块（mux221.gdf），这两个模块分别由 VHDL 语言和原理图两种方法来设计的。

首先，在文本编辑器中编写底层二选一数据选择器模块 mux21a.vhd，如图 3-59 所示。

图 3-59 编写 VHDL 程序

选择菜单命令【Project】|【Save & Compile】对二选一数据选择器进行编译，并创建符号文件"mux21a.sym"，如图 3-60 所示。

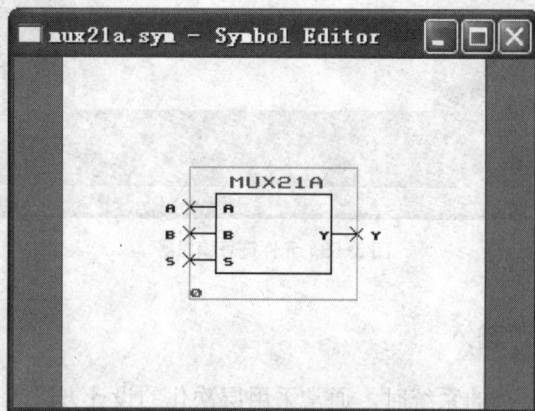

图 3-60 建符号文件

然后，采用图形输入法输入顶层双二选一数据选择器模块 mux221.gdf，它调用了前面创建的符号 mux21a.sym，双二选一数据选择器顶层设计原理图如图 3-61 所示。

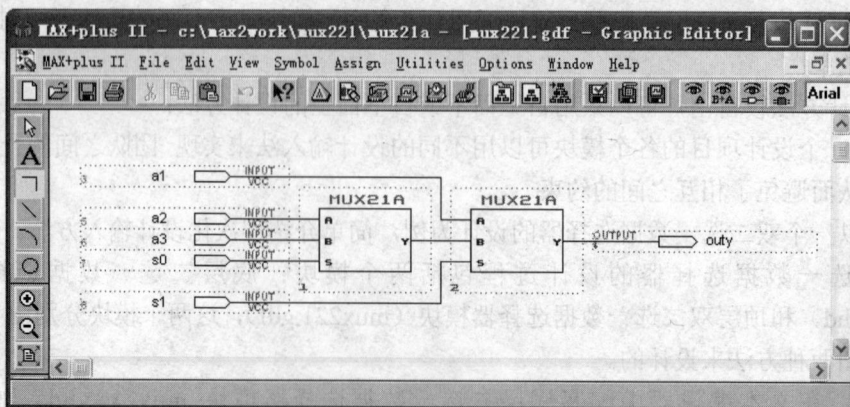

图 3-61 双二选一数据选择器顶层设计原理图

原理图绘制完成后，可在项目的层次显示窗口中观察 mux221 的层次结构。在显示层次结构之前，选择菜单命令【File】|【Project】|【Set Project to Current File】，使得工程项目指向当前设定的顶层文件 mux221.gdf。

选择菜单命令【MAX + plus II】|【Hierarchy Display】（层次显示），打开层次显示窗口，显示出 mux221 设计项目的层次树形结构，如图 3-62 所示。

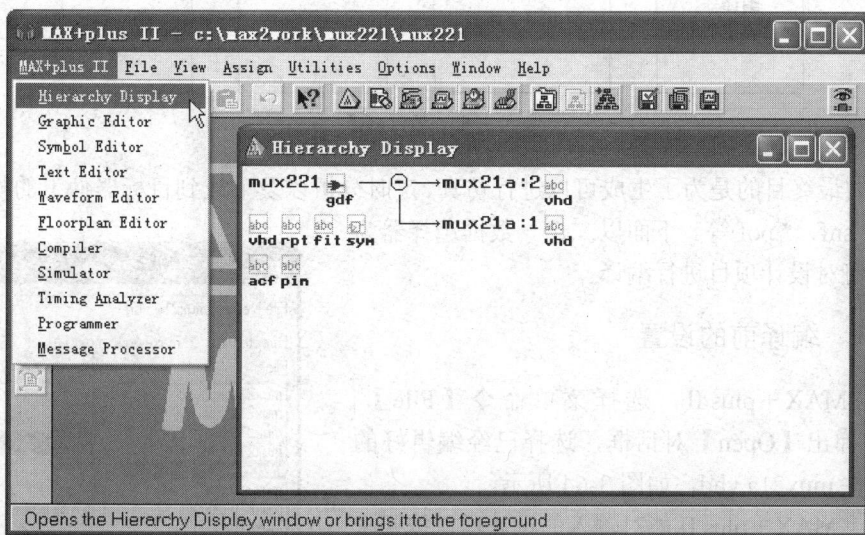

图 3-62 层次显示窗口

在层次显示窗口中可以看出双二选一数据选择器的顶层设计是一个 .gdf 的图形文件，底层是两个用 VHDL 编写的文本文件，双击模块就可以看到底层设计的程序清单。

3.3 项目的编译

在 MAX + plus II 中对项目进行设计输入后，就可以对该项目进行编译了。MAX + plus II 的编译过程大致分为以下几个步骤。

（1）自动错误定位

Message Processor 可以给出错误信息和警告。设计者可以利用它打开有错误的文件，并以高亮度显示。

（2）逻辑综合与适配

编译器的 Logic Synthesize（逻辑综合）模块对设计方案进行逻辑综合并能看到真正的结果。Fitter（适配器）模块应用试探法可把经过综合的设计最恰当地用一个或多个器件实现，使设计者得以从冗长的布局布线工作中解脱出来，生成报告文件（*.rpf）。

（3）设计规则检查

编译器中的 Design Doctor 程序能检查每一个设计文件。用户可以选择预先定义好的三组检查规则中的一种，也可以建立自己的规则。

（4）编译文件的产生

Assemble（装配程序）模块为已编译的设计创建烧写文件。如果选择 CPLD 芯片，将生成.pof 文件，如果选择 FPGA 芯片，则生成.sof 文件。

项目编译时使用了编译器、网表提取器、数据库建库器、逻辑综合器、适配器等，如图 3-63 所示。

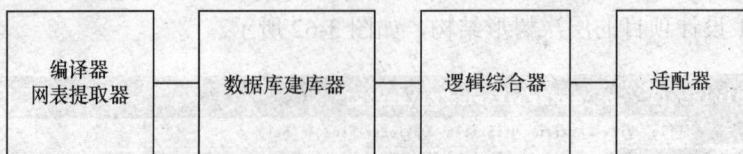

```
┌──────────┐   ┌──────────┐   ┌──────────┐   ┌──────────┐
│  编译器   │   │          │   │          │   │          │
│          │───│ 数据库建库器 │───│ 逻辑综合器 │───│  适配器   │
│ 网表提取器 │   │          │   │          │   │          │
└──────────┘   └──────────┘   └──────────┘   └──────────┘
```

图 3-63 项目编译

编译的最终目的是为了生成可以进行仿真、定时分析以及下载到目标器件上的相关文件，如*.rpt，*.snf，*.pof 等。下面以二选一数据选择器为例介绍如何对设计项目进行编译。

3.3.1 编译前的设置

启动 MAX + plus II，选择菜单命令【File】|【Open】，弹出【Open】对话框，选择已经编辑好的 VHDL 文件 mux21a.vhd，如图 3-64 所示。

为了使 MAX + plus II 能对输入的设计项目按要求进行各项处理，在编译综合之前，需要设置此文件为顶层文件（最上层文件），即将此文件设置成工程文件。

可以选择菜单命令【File】|【Project】|【Set Project to Current File】，使编译器指向当前设定的工程文件 mux21a.vhd。也可以通过选择菜单栏【File】|【Project】|【Name】命令，在弹出的【Project Name】对话框上指定 C:\max2work\mux21a 文件夹中的 mux21a.vhd 为当前的工程。设定后管理器窗口的标题立刻变成项目路径，如图 3-65 所示。

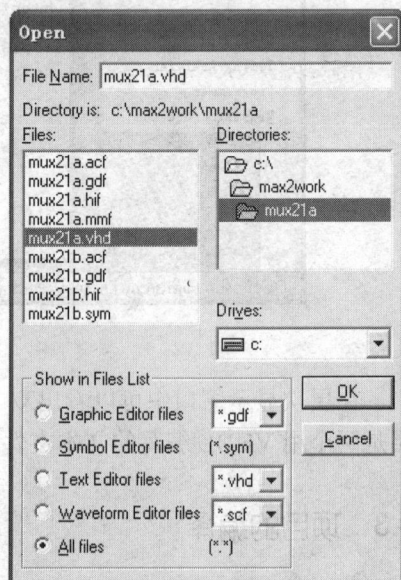

图 3-64 Open 对话框

> **注意：** 如果设计项目由多个设计文件组成，则应该将它们的顶层文件设置成 Project。如果要对其中某一底层文件进行单独编译、仿真和测试，也必须首先将其设置成 Project。

由于编译和综合的结果要生成适用于可编程器件的文件，所以在编译之前应选定目标芯片。根据所设计的逻辑电路的规模，用户可自由地选择。

选择菜单栏上的【Assign】|【Device】命令，在弹出的【Device】对话框中的"Device Family"下拉列表中选择器件系列，如选择 MAX7000S，Device Family 是器件系列，首先应该在此栏中选定目标器件对应的系列，如 EPM7128S 对应的是 MAX7000S 系列；ACEX1K 对应的是 ACEX 系列等。为了选择 EPM7128SLC84-10 器件，应去掉对话框下方的"Show only Fastest Speed Grades"的选择，以便显示出所有速度级别的器件。单击【OK】按钮完成器件选择，如图 3-66 所示。

图 3-65　设定当前文件为工程文件

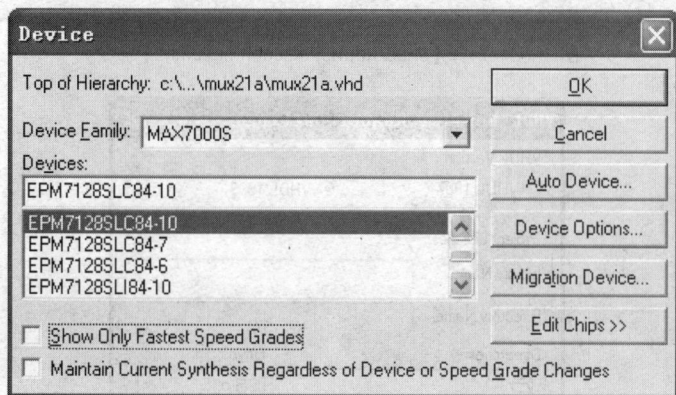

图 3-66　选择器件

单击菜单栏上的【MAX + plus II】|【Compiler】命令，会打开编译器窗口。也可以选择菜单栏上的【File】|【Project】|【Save & Compile】命令直接打开编译器对设计文件进行编译，如图 3-67 所示。

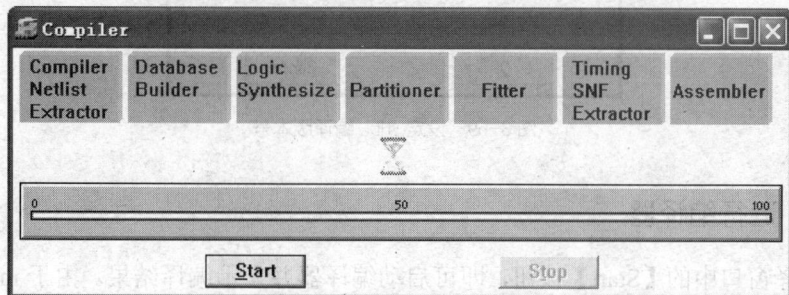

图 3-67　编译对话框

在编译之前需要根据用户输入的 VHDL 文本格式选择 VHDL 文本编译版本号。选择菜单栏上的【Interfaces】|【VHDL Netlist Reader Settings】命令，在弹出的对话框上选择"VHDL 1987"或"VHDL 1993"，设置编译器支持的 VHDL 语言版本。由于综合器的 VHDL'1993 版本兼 VHDL'1987 版本的表述，所以如果设计文件含有 VHDL'1987 或混合表述，都应该选择"VHDL'1993"，如图 3-68 和图 3-69 所示。

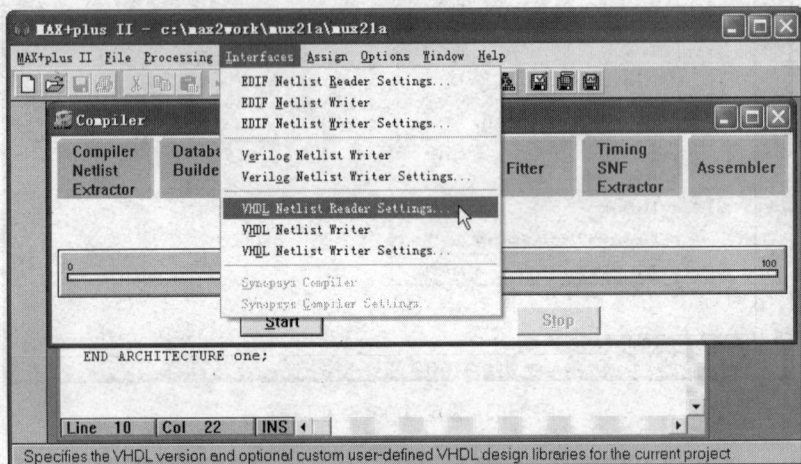

图 3-68　选择【VHDL Netlist Reader Settings】命令

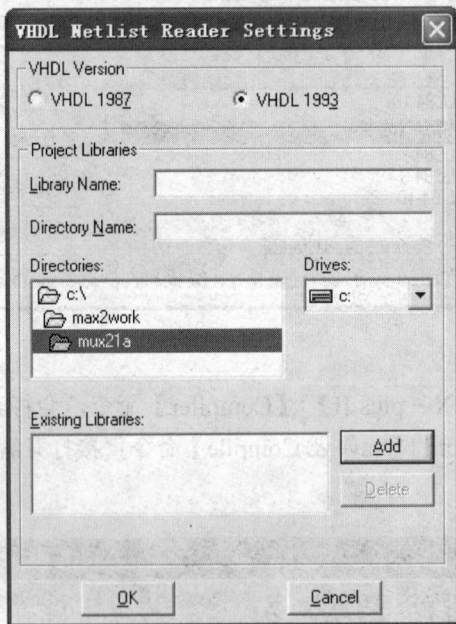

图 3-69　设定 VHDL 编译版本号

3.3.2　运行编译器

单击编译窗口中的【Start】按钮，即可启动编译器并显示编译结果。由于 mux21a.vhd 文件中的实体结束语句没有加分号"；"，所以在编译时出现了如图 3-70 所示的错误信息提示。

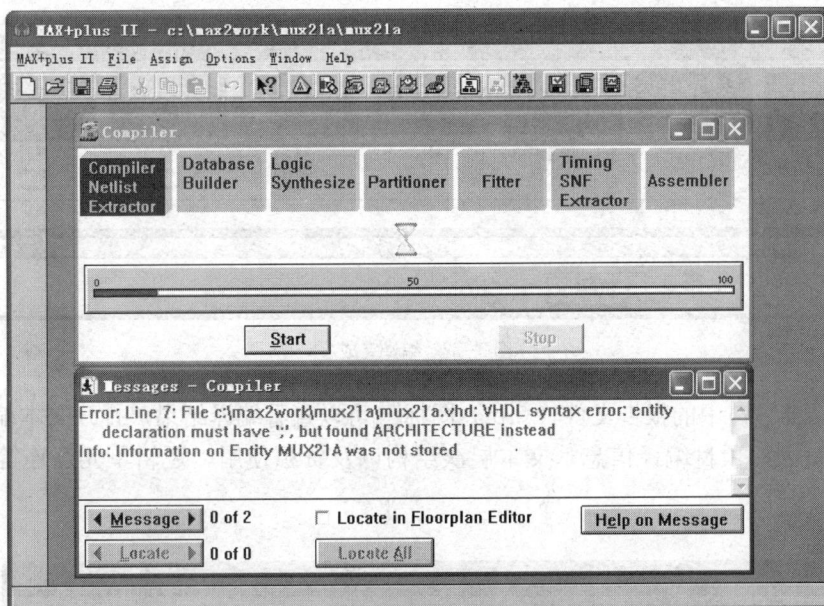

图 3-70　编译有错 Compiler 信息窗提示

要确定错误的位置，首先选中错误提示，然后单击窗口左下方的【Locate】错误定位按钮，就能在文本编辑器中找到错误所在的行。纠正后再次编译，直至排除所有错误，如图 3-71 所示。

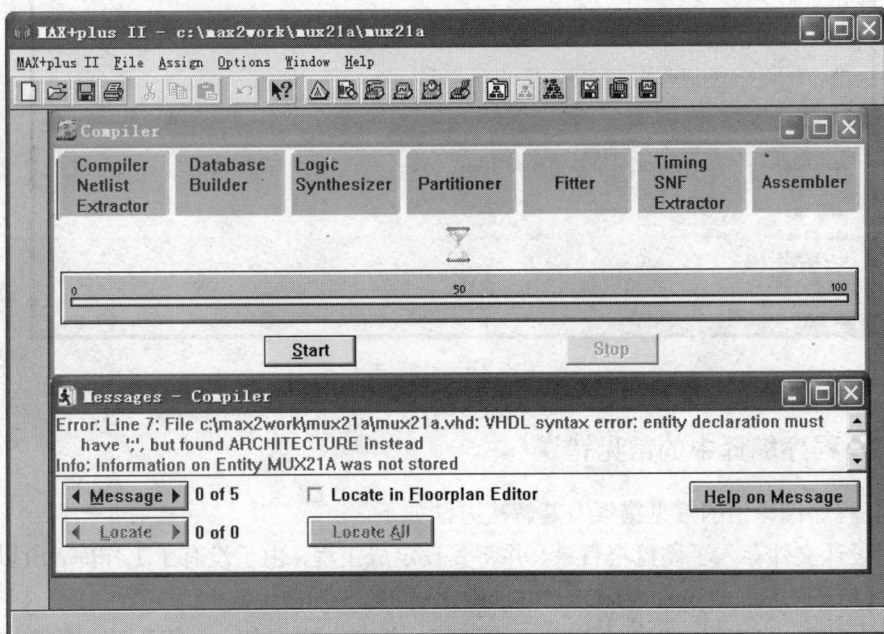

图 3-71　编译时错误信息提示

编译完成后，将生成*.rpt 报告文件，*.snf 仿真输出文件和*.pof 编程文件等，如图 3-72所示。

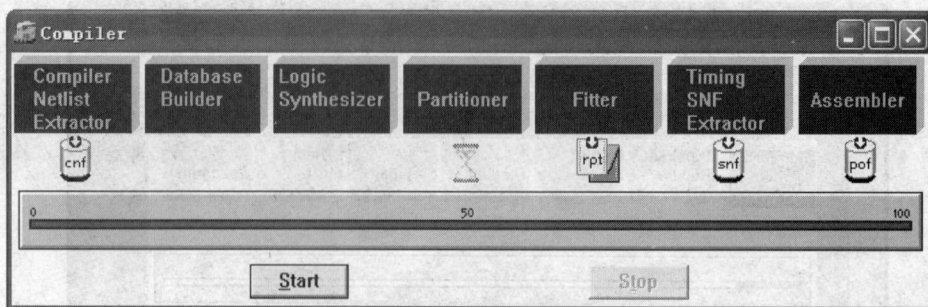

图 3-72　编译完成

双击编译器窗口中的报告文件（*.rpt）图标 📝 可以查看编译结果，打开文本编辑器，可看到器件一览表、项目编译信息、文本层次结构以及资源使用、逻辑单元互连等情况，如图 3-73 所示。

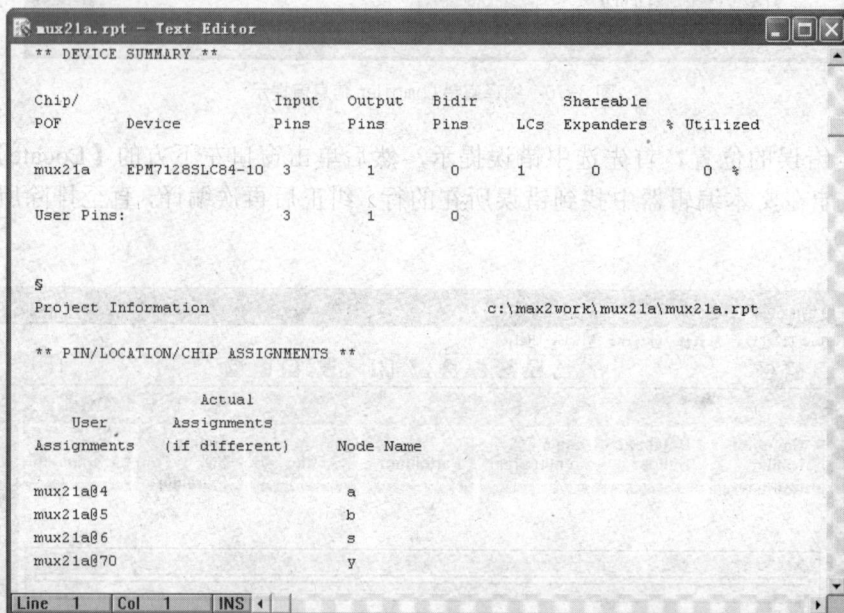

图 3-73　编译报告

3.3.3　程序编译中的常见错误

VHDL 程序编译中的常见错误及其解决办法如下。

① 将设计文件存入了硬盘根目录，并将其设定成工程，由于没有了工作库，所以会提示错误信息【Error ： Can't open VHDL "WORK"】，如图 3-74 所示。

【解决办法】：将工程文件放入文件夹中即可。推荐大家把某一个工程统一放置在一个文件夹中。

② 错将设计文件的后缀写成.tdf 而不是.vhd，后缀为.TDF 表示 AHDL 文件，在设定工程进行编译时，报错信息如图 3-75 所示。

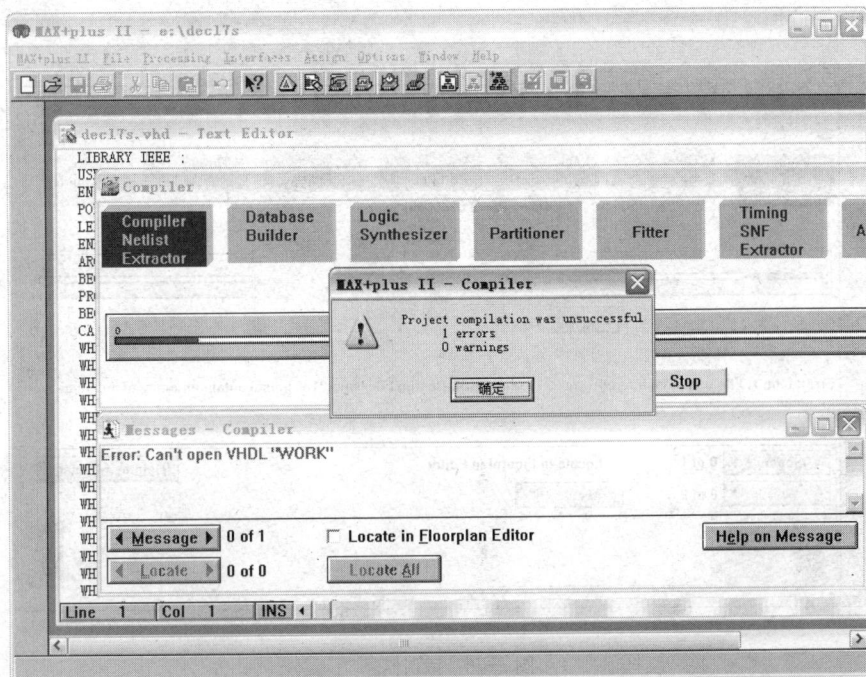

图 3-74　错误信息

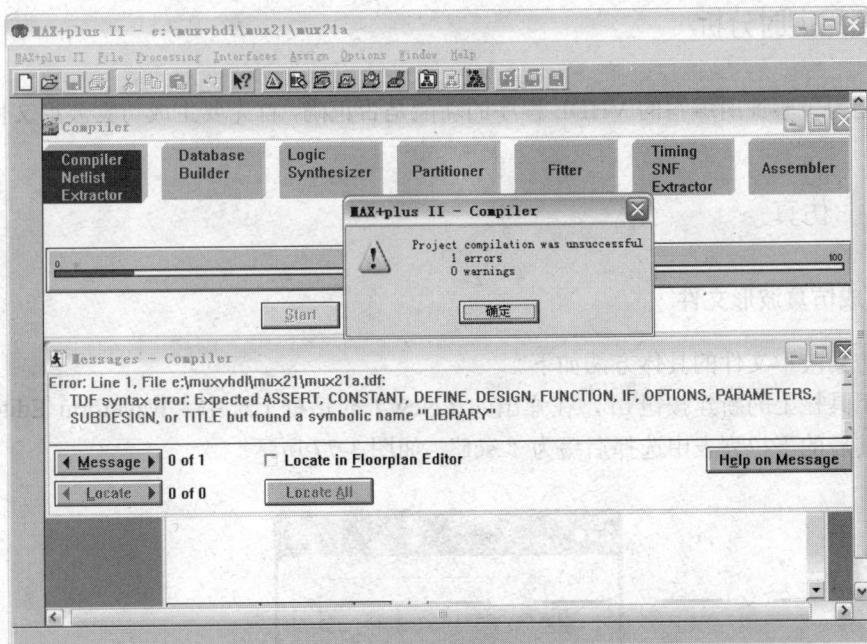

图 3-75　错误信息

【解决办法】：重新保存文件，将后缀名改为 vhd。

③ 实体名称和保存的文件名称不一致，编译时，报告错误信息如图 3-76 所示。

【解决办法】：重新保存文件，使文件名称与实体名称一致。

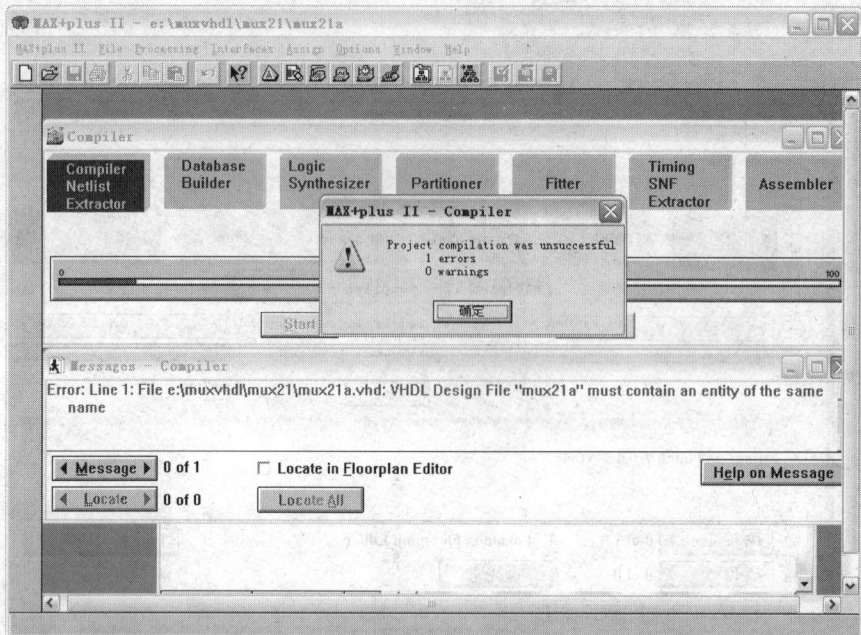

图 3-76　错误信息

3.4　仿真和定时分析

仿真是为了验证所编写的 VHDL 程序的功能是否正确,首先要生成仿真波形文件才能运行仿真器。

3.4.1　仿真

1. 生成仿真波形文件

生成仿真波形文件的具体方法如下。

单击工具栏上的新建按钮□,在弹出的【New】对话框上选中"Waveform Editor file"选项,在其后的下拉列表中选择后缀为".scf",如图 3-77 所示。

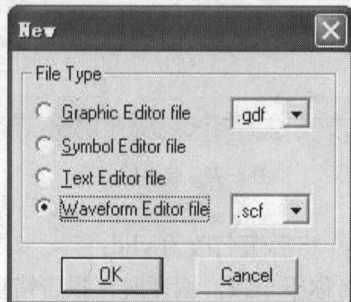

图 3-77　New 对话框

单击【OK】按钮即可打开波形编辑窗口。单击保存按钮 💾 保存该文件，将文件命名为"mux21a.scf"。选择菜单命令【File】|【End Time】，在对话框中设置信号波形的持续时间为10μs。选择【Options】|【Grid Size】，设置栅格尺寸为100.0ns。

选择菜单栏上的【Node】|【Enter Node form SNF】命令，在弹出的【Enter Node form SNF】对话框上单击【List】按钮，信号端口会自动显示左栏中，利用中间的 ⇒ 按钮可以将需要观察的信号加入到右栏中，如图3-78所示。

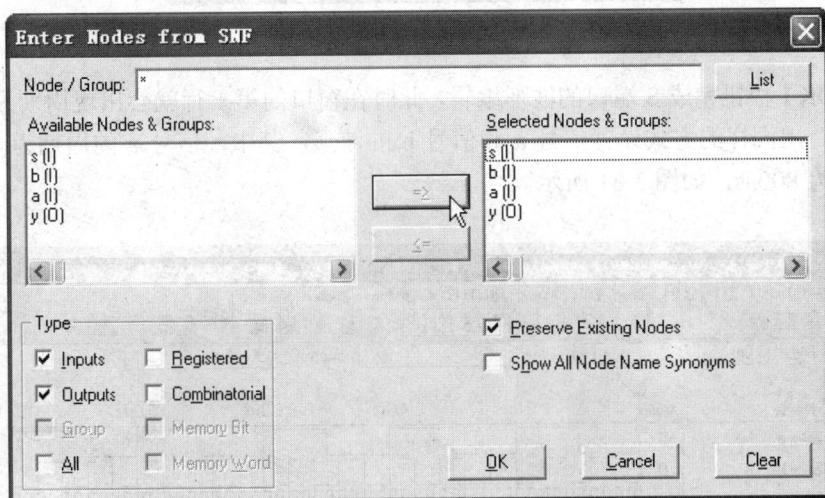

图 3-78　Enter Node form SNF 对话框

单击【OK】按钮，端口信号就会显示在波形编辑器中，如图3-79所示。输出信号 y 为网格状，表示未仿真前其输出是未知的。为符合常规习惯，可以调整信号顺序，调整时只需选中某一信号并按住鼠标左键拖至相应位置即可。

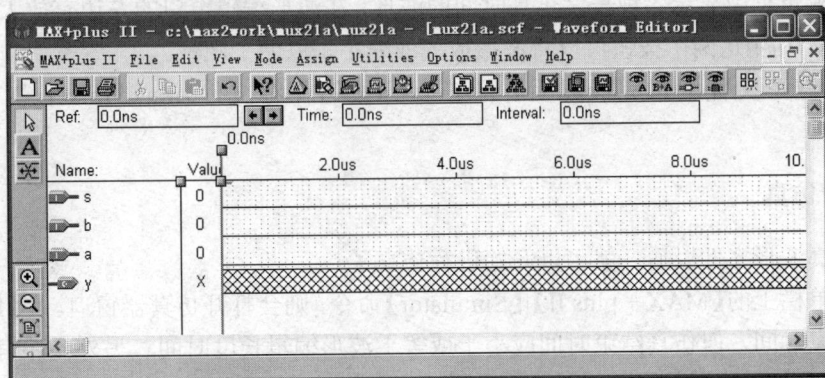

图 3-79　波形编辑窗口

选中输入端口 S，选择菜单命令【Edit】|【Overwrite】|【Clock】，在弹出的【Overwrite Clock】对话框上设置输入端口 S 的波形。如图3-80所示，图中提示的基本周期是200.0ns。如果需要增加周期长度，则可在【Multiplied By】框中填入被乘的数字，如图中填为10，那么设定的周期为2000.0ns，即2μs。

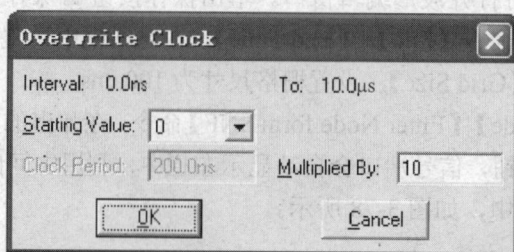

图 3-80 Overwrite Clock 对话框

单击【OK】按钮完成 S 端口的波形编辑，此时在窗口的第 1 行就会出现周期为 2μs 的时钟脉冲波形。用同样的方式设置信号 a 和信号 b 的波形，其中，信号 a 的周期为 200ns，信号 b 的周期为 800ns，如图 3-81 所示。

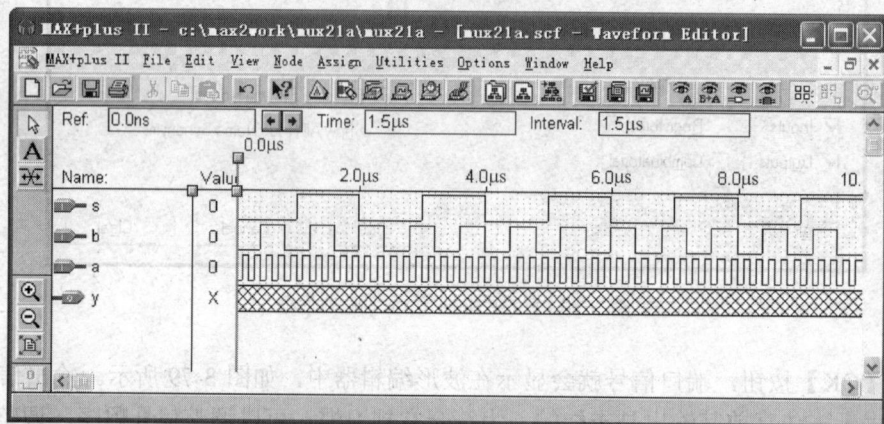

图 3-81 设置的 s、a 和 b 信号波形

为了在编辑框中显示各种长度仿真时间的波形，在波形编辑窗口的左边有放大 🔍 和缩小 🔍 两个按钮，利用这两个按钮可以将波形放大或缩小，以便于观察。

将仿真波形文件编辑完成以后，单击保存按钮保存文件 mux21a.scf 以备仿真时使用。

2．运行仿真

生成仿真波形文件以后，就可以开始进行仿真了。

单击菜单栏上的【MAX + plus II】|【Simulator】命令，则会打开仿真器窗口。在【End Time】处可设置结束时间，但仿真结束时间应小于或等于波形编辑长度时间。另外，还有几个仿真检查选项可根据需要进行选择，如图 3-82 所示。

设置完毕后，单击【Start】按钮，仿真开始进行。在仿真结束后会弹出一个信息框，说明有无错误信息，如图 3-83 所示。

单击【确定】按钮回到【Simulator】对话框。单击【Open SCF】按钮即可显示仿真结果，如图 3-84 所示。

从仿真结果可以看出，VHDL 程序实现了二选一数据选择器的功能。

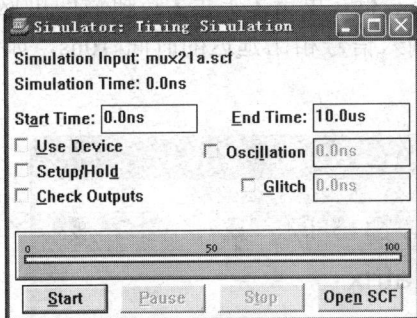

图 3-82 Simulator 对话框

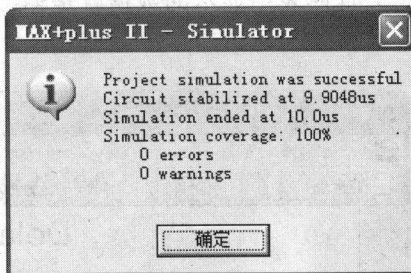

图 3-83 仿真成功

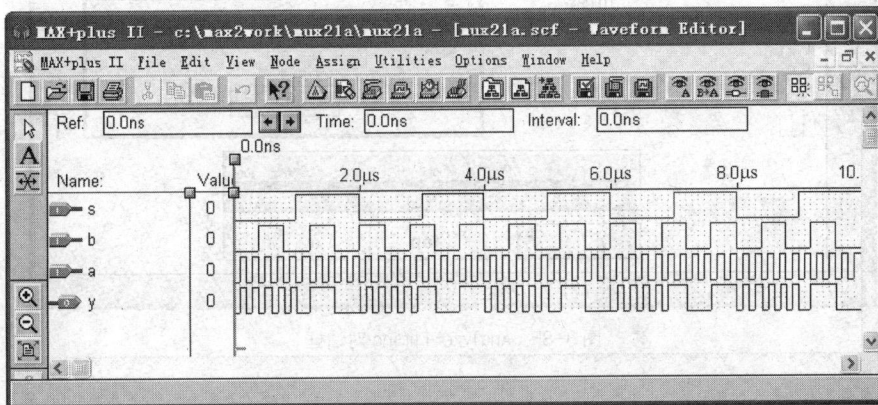

图 3-84 仿真波形图

3.4.2 定时分析

仿真完成后，从仿真波形上很难看出输入信号与输出信号的延迟关系，定时分析能直观地用表来显示，它可以计算点到点的器件延时，确定器件引脚上的建立时间与保持时间，还可以计算最高时钟频率。利用定时分析器可以分析项目的性能，它提供了 3 种分析模式，如表 3-3 所示。

表 3-3   定时分析器的 3 种分析模式

分 析 模 式	说 明
延迟矩阵	分析多个源节点和目标节点之间的传播延迟路径
时序逻辑 电路性能	分析时序电路的性能，包括限制性能的延迟，最小的时钟周期和最高的电路工作频率
建立/保持矩阵	计算从输入引脚到触发器、锁存器和异步 RAM 的信号输入所需的最少的建立时间和保持时间

1. 延迟时间分析

在 MAX + plus II 菜单中选择【Timing Analyzer】项，即可打开定时分析器窗口。单击【Start】按钮，定时分析器立即开始分析项目并计算项目中每对连接节点之间的最大和最小传播延迟。定时分析结束后弹出一个结束提示框，单击【确定】按钮后即可返回定时分析对话框。此时表中显示的数据就是输出与输入信号相比延迟的时间 10ns，如图 3-85 所示。

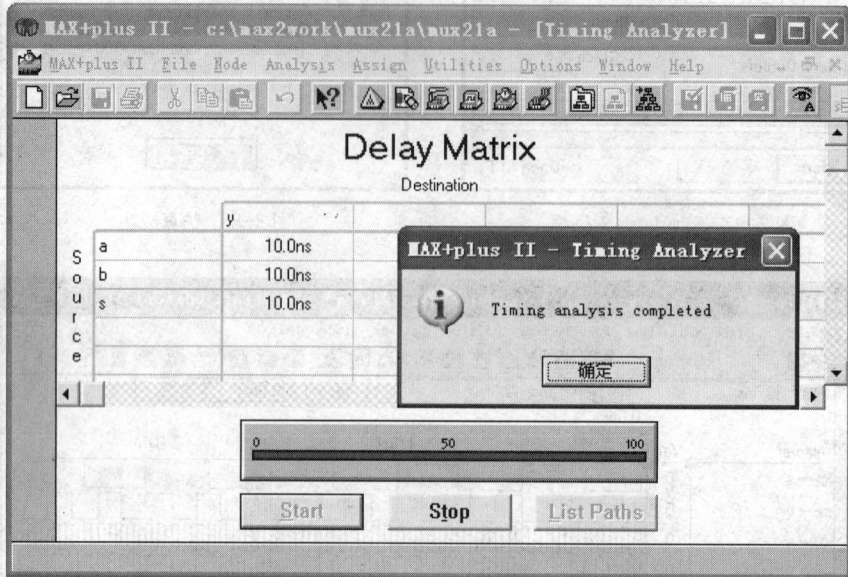

图 3-85 Analyze Timing 对话框

2. 时序逻辑电路性能分析

定时分析器还可以分析时序逻辑电路的性能。选择【Analysis】菜单内的【Register Performance】选项，然后单击【Start】就开始进行时序逻辑电路性能分析。图 3-86 所示为对一个时序电路计数器进行性能分析的结果。

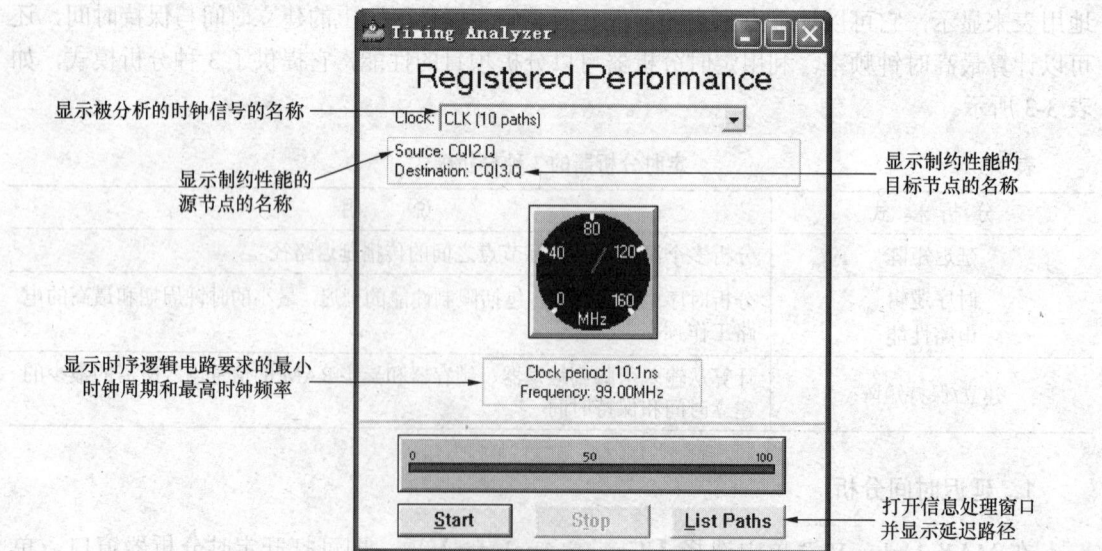

图 3-86 分析时序逻辑电路的性能

3．建立和保持时间分析

选择【Analysis】菜单内的【Set/Hold Matrix】选项，然后单击【Start】就开始进行建立和保持时间分析，如图 3-87 所示。

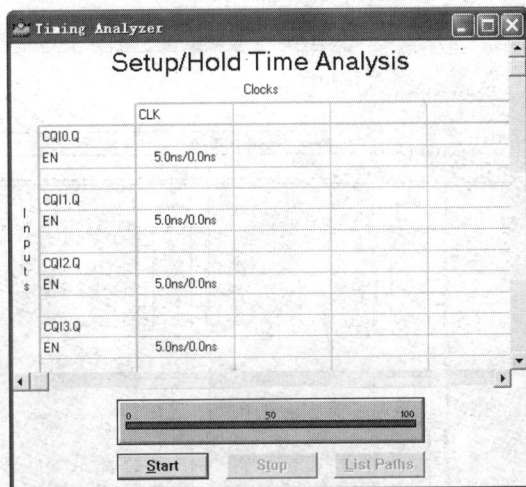

图 3-87　建立和保持时间分析

至此，经过 VHDL 的文本编辑、编译、仿真波形编辑、仿真和定时分析的一系列设计步骤，设计出符合要求的逻辑电路。这几个步骤有时需要反复循环多次才能达到设计要求。

3.5　管脚的重新分配

项目工程文件经过正确编译和仿真之后，最终要下载到目标芯片中，因此要进行管脚分配，即将输入 / 输出信号安排在器件的指定管脚上。

选择菜单栏上的【MAX + plus II】|【Floorplan Editor】命令（或单击""快捷按钮），弹出如图 3-88 所示的芯片管脚自动分配窗口，目标芯片是 EPM7128SLC84-10。

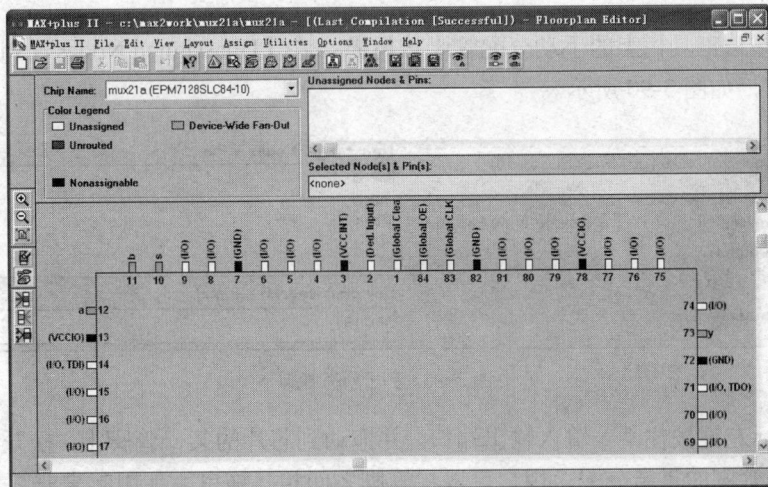

图 3-88　芯片管脚自动分配窗口

在芯片的空白处双击鼠标左键，可在芯片和芯片内部逻辑块之间进行切换，如图 3-89 所示。

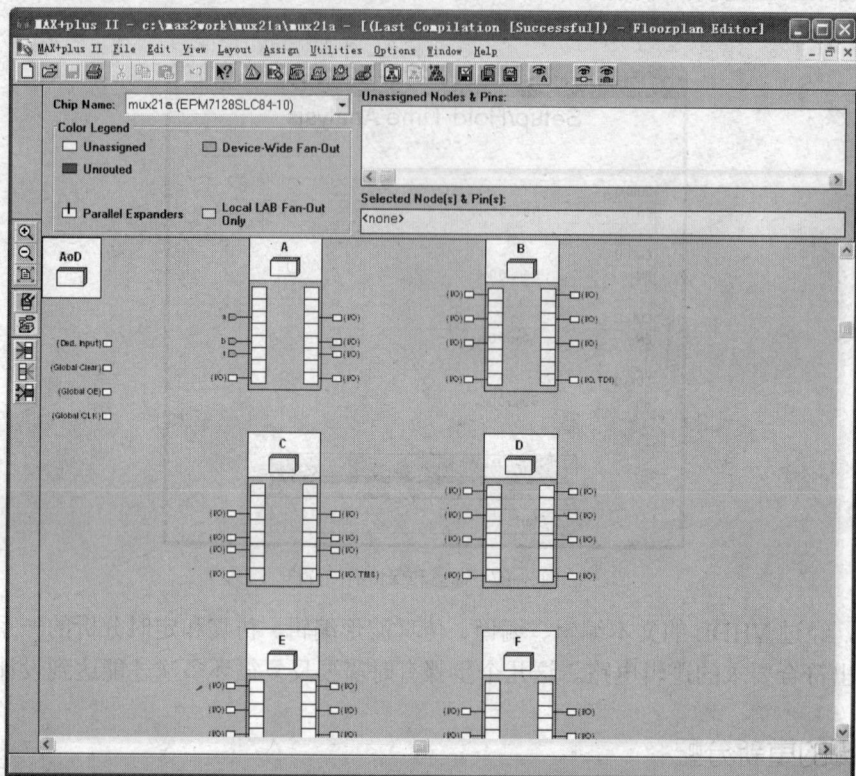

图 3-89　芯片内部逻辑块

【Floorplan Editor】显示的是该设计项目的管脚分配图。这是由软件自动分配的。用户可随意改变管脚分配状态，以方便与外设电路进行匹配。管脚分配的方法有如下两种。

3.5.1　方法一

① 单击左边工具栏上的手动分配管脚按钮 ，在【Unassigned Nodes & Pins】区域中会列出所有管脚，如图 3-90 所示。

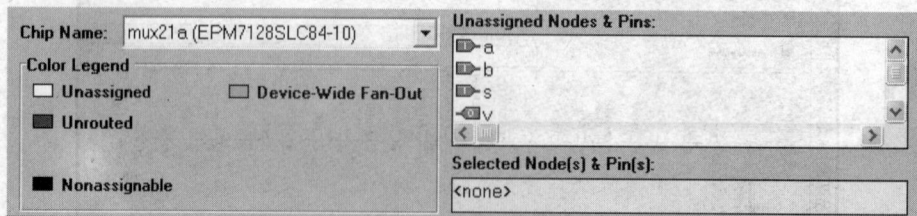

图 3-90　列出所有管脚

② 用鼠标左键按住某一输入输出端口，并拖动到芯片的某一管脚上，松开鼠标左键，就可以完成一个管脚的重新分配。用户可以在管脚之间相互拖曳，使用起来非常方便。注意，芯片上有一些特定的管脚不能被占用，如图 3-91 所示。

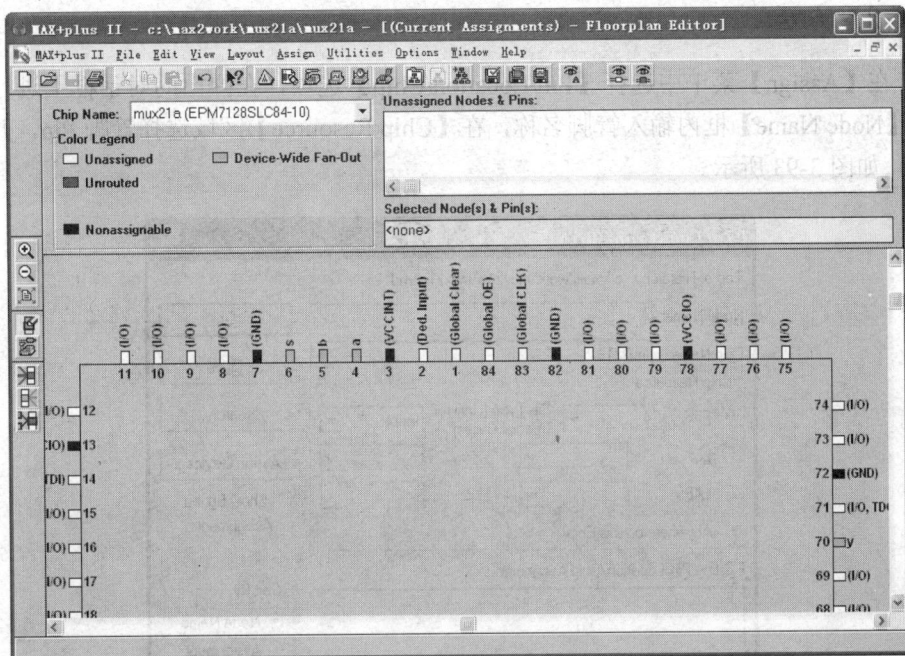

图 3-91 管脚分配

另外，在芯片器件选择时，如果选择的是 Auto，则不允许对管脚进行再分配。此时，如果要显示芯片的管脚位置，则会弹出"Can't display a floorplan: the current chip is assigned to an AUTO device"的提示，如图 3-92 所示。

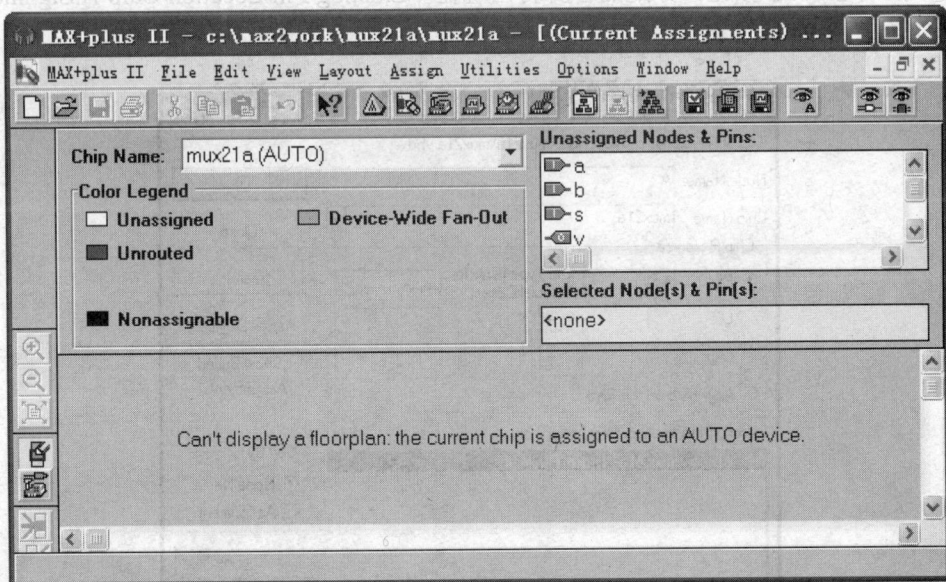

图 3-92 提示信息

当用户对管脚进行调整以后，一定要再次进行编译，否则程序下载以后，其管脚分配还是当初的自动分配状态。

3.5.2 方法二

① 在【Assign】菜单中选择【Pin/Location/Chip】选项，在弹出的对话框上进行管脚分配。在【Node Name】框内输入管脚名称，在【Chip Resource】区域选择管脚 Pin，并输入管脚序数，如图 3-93 所示。

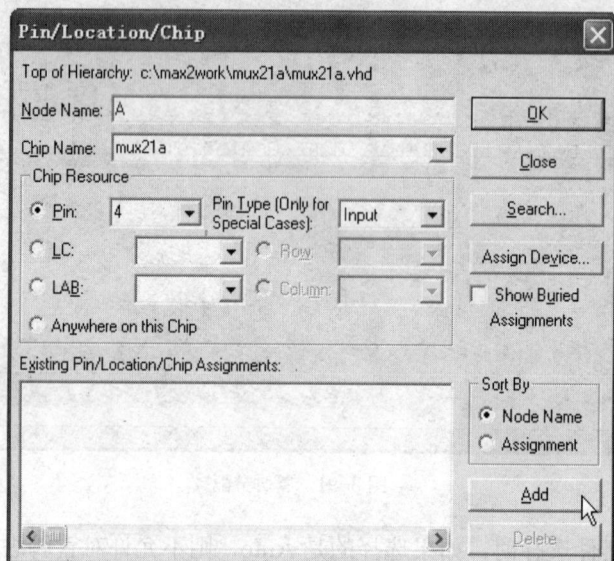

图 3-93　进行管脚分配

② 按下【Add】按钮，分配的管脚将出现在 "Existing Pin/Location/Chip Assignments:" 区域中，如图 3-94 所示。

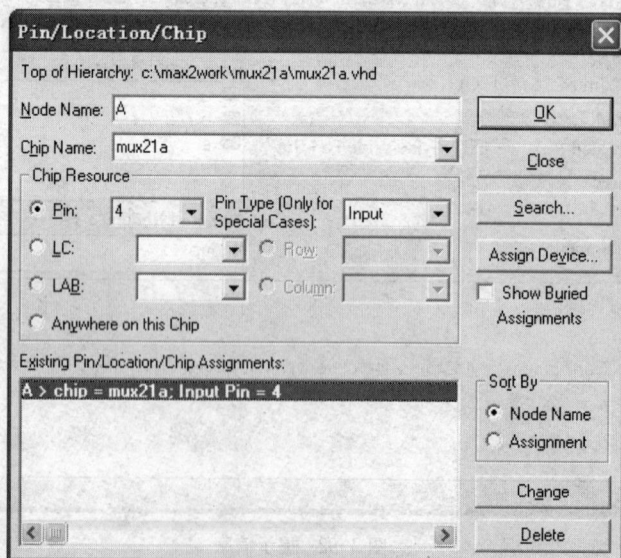

图 3-94　分配的管脚信息

按照同样的方法继续添加其他管脚分配信息。

3.6　器件的编程下载

3.6.1　编程器的设置

VHDL 设计项目经过编译、仿真和定时分析等一系列步骤之后，如果完全满足设计要求，就可以对目标芯片进行编程下载了。

首先，确认编程器硬件已安装好。对器件进行编程需要用到下载电缆，下载电缆是用于连接计算机接口和器件编程接口的。选择 ByteBlaster 编程电缆，将其 25 针的接插头连接到计算机的并行口上，另一端 10 针插头接到实验板的 JTAG 插座上，如图 3-95 所示。

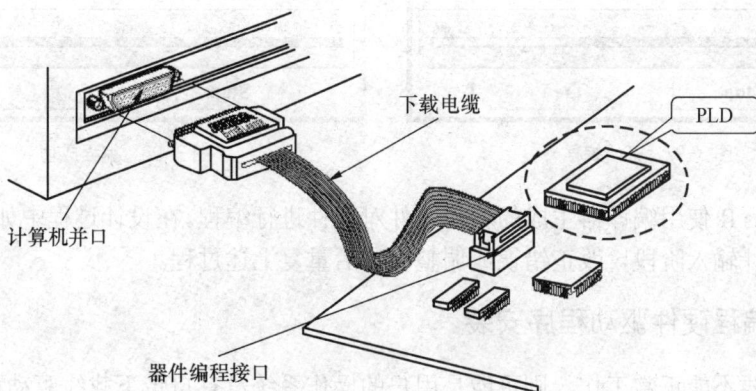

图 3-95　编程下载连接图

在【MAX + plus II】菜单中选择【Programmer】命令，会同时打开编程器窗口和【Hardware Setup】窗口。在【Hardware Type】下拉列表中选择 ByteBlaster，并指定使用并行口（LPT1）。Altera 公司的器件一般采用 ByteBlaster 并行下载方式，这种方式既方便，速度又快。"MV"是混合电压的意思，主要指对 ALTERA 的各类芯核电压（如 5V、3.3V、2.5V、1.8V 等）的 FPGA/CPLD 都能由此下载。最后按下【OK】按钮，如图 3-96 所示。

在编程器窗口中，检查选择的编程文件和器件是否正确。在对 MAX 和 EPROM 器件进行编程时，要用后缀名是.pof 的文件。如果选择的编程文件不正确，可在【File】菜单中选择【Select Programming File】命令选择编程文件。

图 3-96　设置下载线类型

打开电源，电源指示灯亮，此时即可进行器件的编程下载。按下【Program】按钮。编程器将检查器件，并将项目编程到器件中，而且还将检查器件中的内容是否正确，如图 3-97 所示。

编程完成之后，软件会给出 "Programming complete" 的提示信息，表明编程成功，如

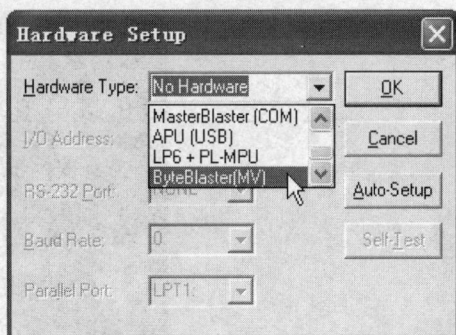

图 3-98 所示。

图 3-97 开始编程

图 3-98 编程成功

MAX+ plus II 使用编译器生成的编程文件对器件进行编程。在设计过程中如果出现错误，则重新回到设计输入阶段，改正错误或调整电路后重复上述过程。

3.6.2 编程硬件驱动程序安装

如果下载线不能正常工作，则可能是用户的操作系统没有自带下载线驱动程序。这时，需要手动安装下载线的驱动程序，才能正常工作。具体步骤如下。

① 将下载线连接到计算机的打印口（并口），在控制面板上选择【打印机和其他硬件】，如图 3-99 所示。

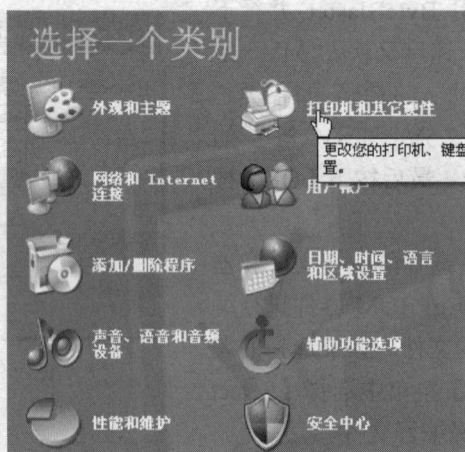

图 3-99 选择【打印机和其他硬件】

② 选择窗口左边列表中的"添加硬件"选项，这时会弹出添加硬件向导，如图 3-100 所示。

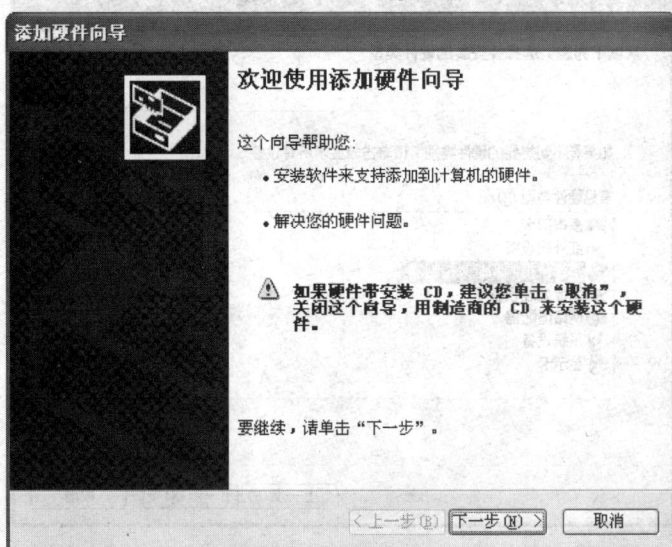

图 3-100 添加硬件向导

③ 选择"是，我已经连接了此硬件"，然后选择"添加新的硬件设备"，如图 3-101 所示。

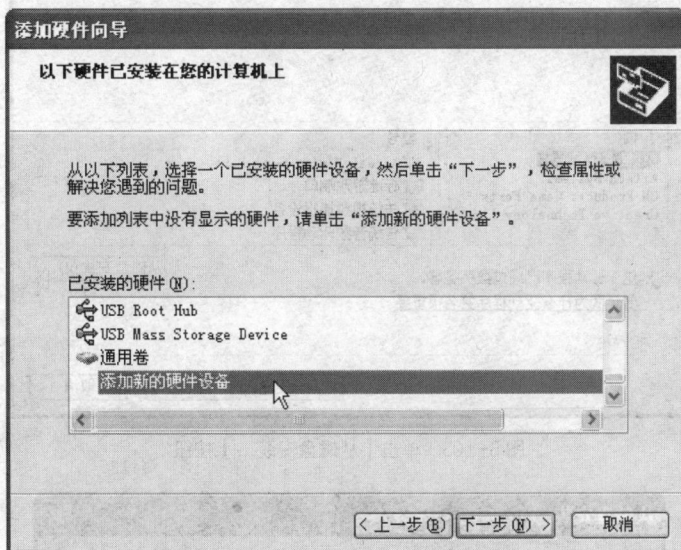

图 3-101 选择"添加新的硬件设备"

④ 选择"安装我手动从列表选择的硬件（高级）"，然后选择"声音、视频和游戏控制器"，如图 3-102 所示。

⑤ 单击【从磁盘安装…】按钮，在打开的对话框上单击【浏览】按钮，选择软件安装目录下的【…\maxplus2\Drivers\win2000\Win2000.inf】，如图 3-103 和图 3-104 所示。

⑥ 单击【确定】按钮，在弹出的对话框上选择"Altera ByteBlaster"，如图 3-105 所示。

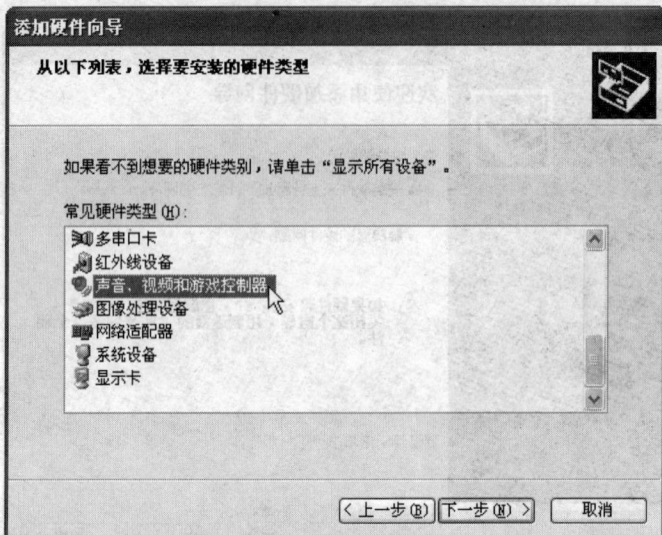

图 3-102 选择"声音、视频和游戏控制器"

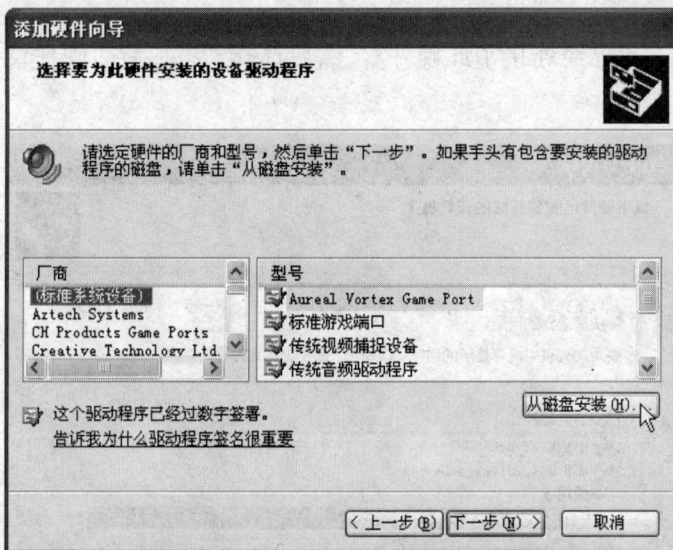

图 3-103 单击【从磁盘安装...】按钮

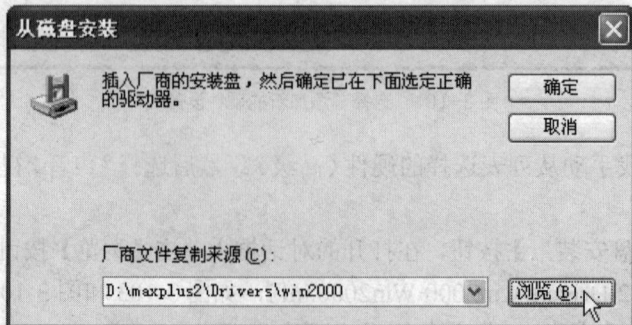

图 3-104 选择复制文件来源

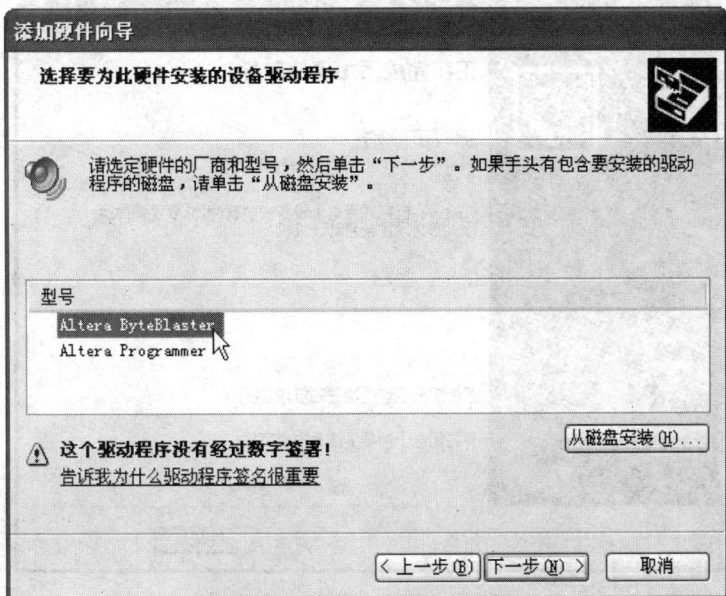

图 3-105 选择 "Altera ByteBlaster"

⑦ 单击【下一步】按钮，开始安装驱动程序，如图 3-106 所示。

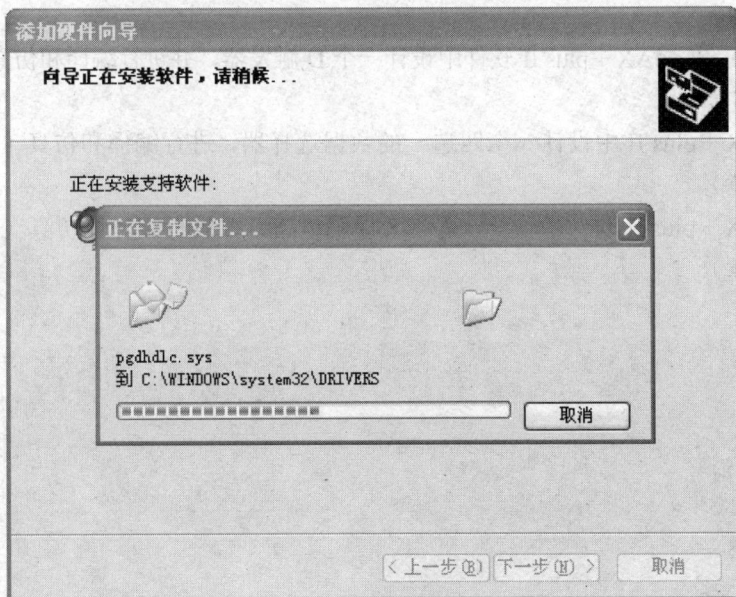

图 3-106 复制文件

⑧ 单击【下一步】按钮，完成硬件驱动安装，如图 3-107 所示。重新启动计算机即可。

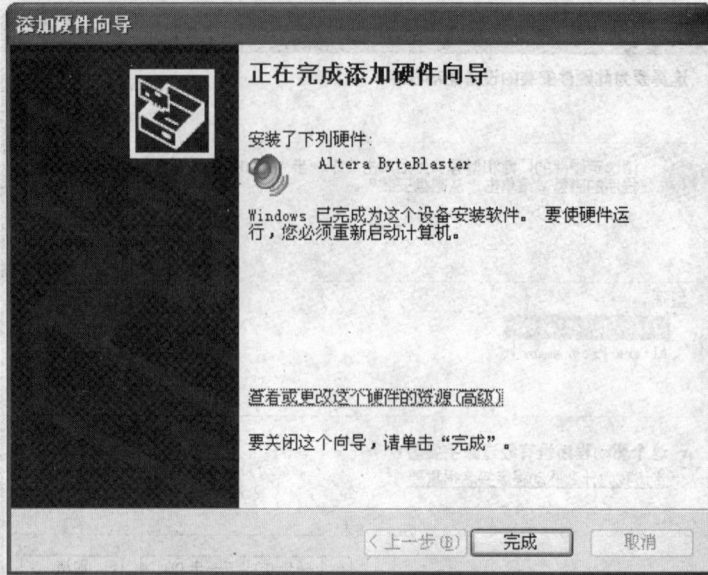

图 3-107　完成硬件驱动安装

习　题

1. 用 VHDL 在 MAX + plus II 软件中设计一个 D 触发器，并进行编译和仿真（有关 VHDL 描述可参考第 5 章）。

2. 在 MAX + plus II 中设计一个四选一的数据选择器，进行编译和仿真（有关 VHDL 描述可参考第 5 章）。

3. 在 MAX + plus II 软件中设计一个 3-8 译码电路，并进行编译和仿真（有关 VHDL 描述可参考第 5 章）。

第 **4** 章   **Quartus Ⅱ 使用指南**

第 3 章学习了入门级设计软件 MAX+plus Ⅱ，本章将介绍功能强大的 Quartus Ⅱ 软件的使用。对于一些复杂数字系统的设计，需要借助 Quartus Ⅱ 这个优秀的开发平台来完成。

【教学目的】
➤ 掌握 Quartus Ⅱ 软件的各种编辑器的使用方法。
➤ 熟练掌握 Quartus Ⅱ 项目开发流程的各个环节，特别是程序编译和仿真。

4.1   Quartus Ⅱ 软件简介

4.1.1   Quartus Ⅱ 概述

Altera 公司的 CPLD/FPGA 设计软件 Quartus Ⅱ 是适合可编程片上系统（SOPC）的最全面的设计环境。Quartus Ⅱ 提供了方便的设计输入方式、快速的编译和直接易懂的器件编程。能够支持逻辑门数在百万门以上的逻辑器件的开发，并且为第三方工具提供了无缝接口。Quartus Ⅱ 提供了全面的逻辑设计能力，包括电路图、文本和波形的设计输入以及编译、逻辑综合、仿真和定时分析以及器件编程等诸多功能。特别是在原理图输入等方面，Quartus Ⅱ 被公认为是最易使用、人机界面最友好的 PLD 开发软件。

Quartus Ⅱ 软件具有以下很多突出的特点。

（1）开放式的多平台设计环境

Quartus Ⅱ 提供了完整的多平台设计环境，能满足各种特定设计的需要，也是可编程片上系统（SOPC）设计的综合性环境和 SOPC 开发的基本设计工具，并为 Altera DSP 开发包进行系统模型设计提供了集成综合环境。Quartus Ⅱ 设计工具完全支持 VHDL、Verilog 的设计流程，其内部嵌有 VHDL、Verilog 逻辑综合器。Quartus Ⅱ 也可以利用第三方的综合工具，如 Leonardo Spectrum，Synplify Pro 及 FPGA Compiler Ⅱ 等，并能直接调用这些工具。同样，Quartus Ⅱ 具备仿真功能，同时也支持第三方的仿真工具，如 ModelSim。此外，Quartus Ⅱ 与 MATLAB 和 DSP Builder 结合，可以进行基于 FPGA 的 DSP 系统开发，是 DSP 硬件系统实现的关键 EDA 工具。Quartus Ⅱ 允许来自第三方的 EDIF 文件输入，并提供了很多 EDA 软件的接口。

（2）设计与结构无关

QuartusⅡ支持 Cyclone™Ⅱ, Cyclone, MAX®Ⅱ, Stratix®Ⅱ, Stratix, Excalibur™, APEX™Ⅱ, APEX20KE, FLEX®10KE, FLEX10KA, FLEX10K®, ACEX®1K, FLEX6000, MAX7000B,

MAX7000AE，MAX7000S 和 MAX3000A 等系列可编程逻辑器件，门数为 6000～250000 门，提供了业界真正与结构无关的可编程逻辑设计环境。Quartus II 的编译器还提供了强大的逻辑综合与优化功能以减轻用户的设计负担。

（3）可在多种平台运行

Quartus II 软件可在基于 PC 的 WindowsNT 4.0，Windows 98，Windows 2000 等操作系统下运行，也可在 Sun SPARCstations，HP 9000 Series 700/800，IBM RISC System/6000 等工作站上运行。

（4）层次化设计

Quartus II 支持层次化设计，可以在一个新的编辑输入环境中对使用不同输入设计方式完成的模块（元件）进行调用，从而解决了原理图与 HDL 混合输入设计的问题。

（5）模块化工具

设计者可以从各种设计输入、编辑、校验及器件编程工具中做出选择，形成用户风格的开发环境，必要时还可在保留原始功能的基础上添加新的功能。由于 Quartus II 支持多种器件系列，设计者无需学习新的开发工具即可对新结构的器件进行开发。

（6）支持硬件描述语言

Quartus II 软件支持多种硬件描述语言（HDL）的设计输入，包括标准的 VHDL，Verilog HDL 及 Altera 公司自己开发的硬件描述语言 AHDL。

（7）丰富的 LPM 模块

Quartus II 包含了大量有用的 LPM（Library of Parameterized Modules）模块，它们是复杂或高级系统构建的重要组成部分，在 SOPC 设计中被大量使用，也可在 Quartus II 普通设计文件一起使用。Altera 提供的 LPM 函数均基于 Altera 器件的结构做了优化设计。在许多实用情况中，必须使用宏功能模块才可以使用一些 Altera 特定器件的硬件功能。例如各类片上存储器、DSP 模块、LVDS 驱动器、PLL 以及 SERDES 和 DDIO 电路模块等。

（8）MegaCore 功能

MegaCore 是经过预先校验的为实现复杂的系统级功能而提供的 HDL 网表文件。它为 ACEX 1K，MAX 7000，MAX 9000，FLEX 6000，FLEX 8000 和 FLEX 10K 系列器件提供了最优化设计。用户可从 Altera 公司购买这些 MegaCore，使用它们可以减轻设计任务，使设计者能将更多的时间和精力投入到改进设计和最终产品上去。

（9）OpenCore

Quartus II 软件具有开放性内核的特点，OpenCore 可供设计者在购买产品前来对自己的设计进行评估。

有关 Quartus II 软件，可以访问 Altera 公司网站 "http://www.altera.com" 下载试用。软件安装完成之后，在软件中指定 Altera 公司的授权文件（License.dat），才能正常使用。授权文件可以在 Altera 的网页上申请或者购买获得。

4.1.2　QuartusII 用户界面

启动 Quartus II 软件后默认的界面主要由标题栏、菜单栏、工具栏、资源管理窗口、编译状态显示窗口、信息显示窗口和工程工作区等部分组成，如图 4-1 所示。

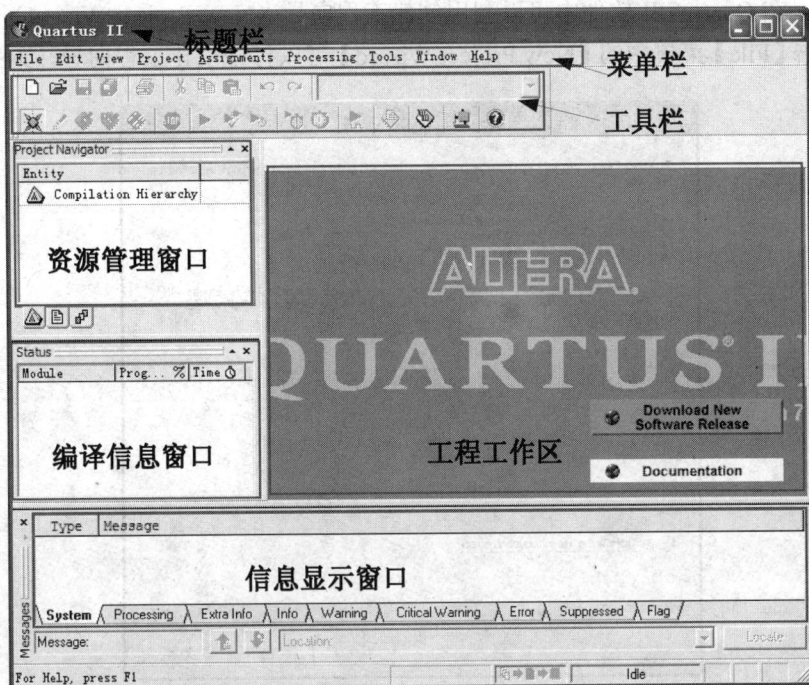

图 4-1　QuartusII 用户界面

【标题栏】：标题栏中显示当前工程的路径和工程名。

【菜单栏】：菜单栏主要由文件（File）、编辑（Edit）、视图（View）、工程（Project）、资源分配（Assignments）、操作（Processing）、工具（Tools）、窗口（Window）和帮助（Help）等下拉菜单组成。

【工具栏】：工具栏中包含了常用命令的快捷图标。

【资源管理窗口】：资源管理窗口用于显示当前工程中所有相关的资源文件。

【工程工作区】：当 Quartus II 实现不同的功能时，此区域将打开对应的操作窗口，显示不同的内容，进行不同的操作，如器件设置、定时约束设置、编译报告等均显示在此窗口中。

【编译信息窗口】：此窗口主要显示模块综合、布局布线过程及时间。

【信息显示窗口】：该窗口主要显示模块综合、布局布线过程中的信息，如编译中出现的警告、错误等，同时给出警告和错误的具体原因。

上述这些窗口可以在菜单栏【View】【Utility Windows】的弹出菜单中找到对应的命令。因此，关闭某一个窗口后，可以单击菜单命令重新打开该窗口，如图 4-2 所示。

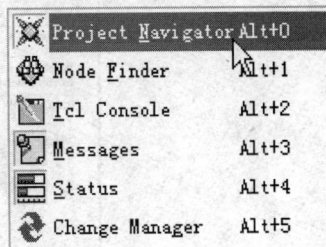

图 4-2　Utility Windows 菜单命令

4.2　建立工程

4.2.1　创建工程

Quartus II 工程包括在可编程器件中最终实现设计需要的所有设计文件、软件源文件和其他相关文件。在 Quartus II 软件中可以利用创建工程向导（New Project Wizard）创建一个新的工程。单击【File】菜单中的【New Project Wizard】可以打开创建工程向导，如图 4-3 所示。

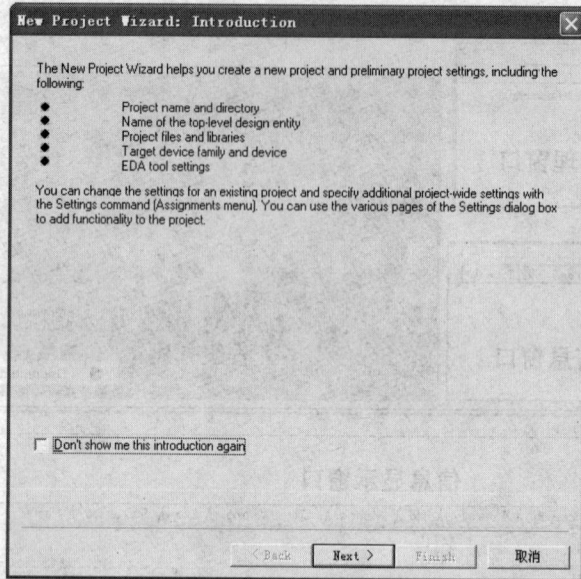

图 4-3　创建工程向导

利用创建工程向导建立新工程时，要指定工程工作目录，分配工程名称，指定顶层设计实体的名称。还可以指定在工程中使用的设计文件、其他源文件、用户库和 EDA 工具，以及目标器件。具体步骤如下。

（1）单击【Next】按钮，在弹出的对话框上指定工程工作目录、工程名称以及顶层设计实体的名称。注意，工程工作目录不要有空格或中文，工程名称和顶层设计实体的名称会自动保持一致，如图 4-4 所示。

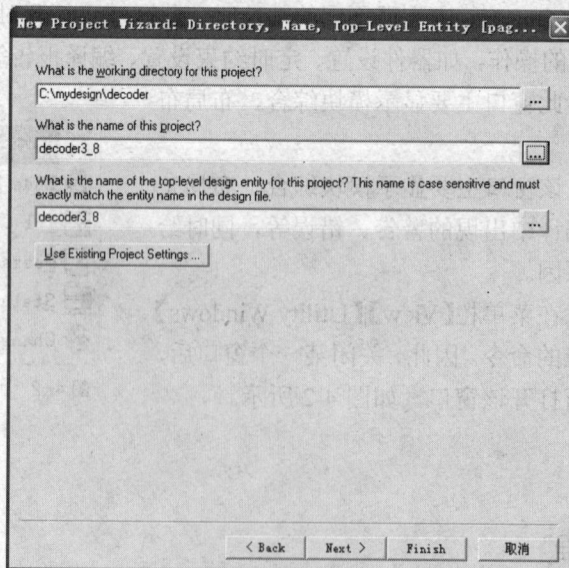

图 4-4　指定工程工作目录、工程名称以及顶层设计实体的名称

（2）单击【Next】按钮，在弹出的【Add Files】对话框上可以为工程添加设计文件。通过单击浏览按钮，选择要加入的设计文件，然后单击【Add】按钮即可将文件加入，如图 4-5 所示。

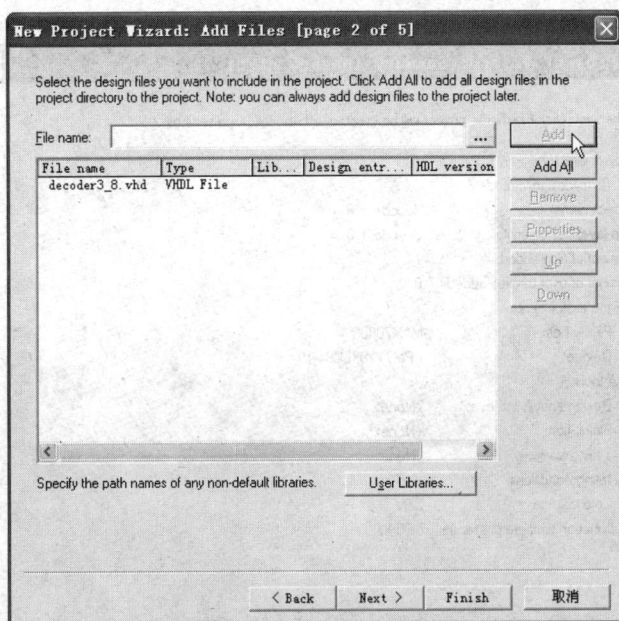

图 4-5　为工程添加设计文件

此时，如果还没有创建设计文件，可以单击【Next】按钮进入下一步，选择可编程目标芯片。

（3）为了选择 EPM7128SLC84-10 目标器件，在对话框上的【Family】下拉列表中选择器件系列 MAX7000S。单击【Next】按钮完成器件选择，如图 4-6 所示。

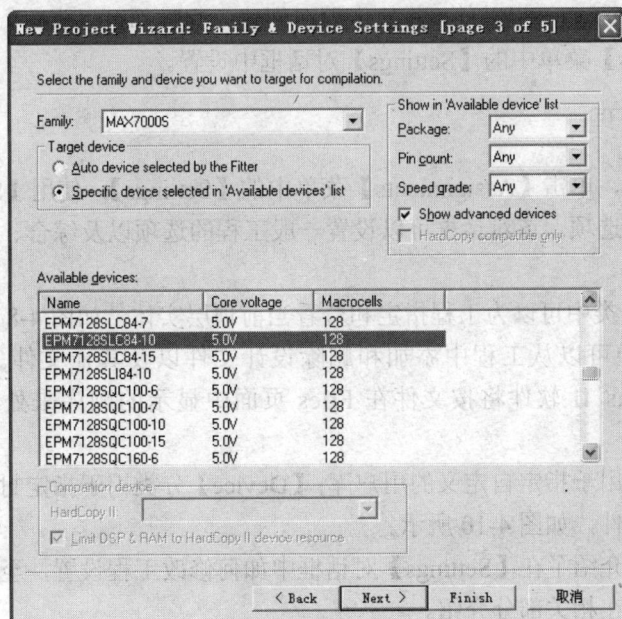

图 4-6　选择目标器件

（4）单击【Next】按钮进入下一步，可以设置第三方 EDA 工具。

（5）单击【Next】按钮进入【Summary】对话框，该对话框给出了所创建工程的详细信息。确认无误后，单击【Finish】按钮完成工程创建，如图 4-7 所示。

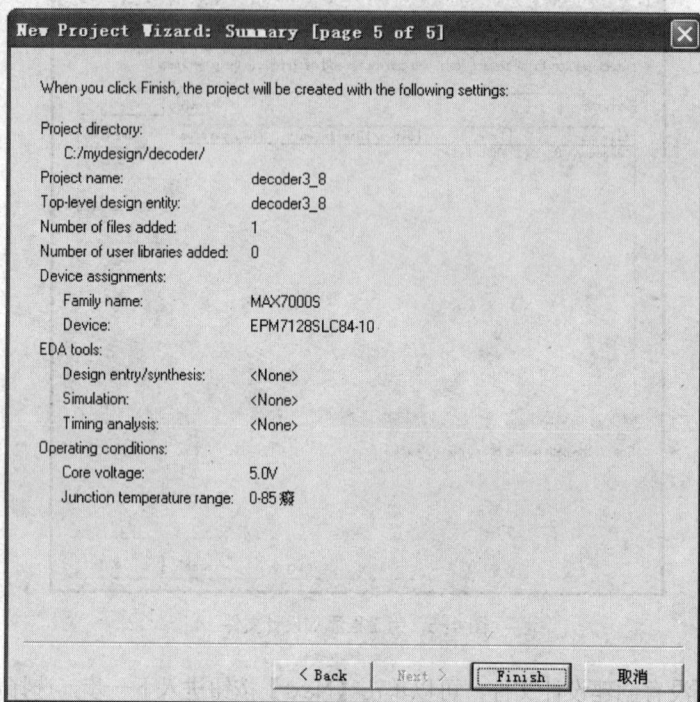

图 4-7　创建工程的详细信息

上述步骤中除了第（1）步以外，其他步骤在创建工程时都可以省略，因为这些步骤以后可以在【Assignments】菜单中的【Settings】对话框中设置。

4.2.2　工程管理

一旦建立了工程，单击【Assignments】菜单中的【Settings】，使用【Settings】对话框可以为工程指定分配和选项。该对话框可以设置一般工程的选项以及综合、适配、仿真和时序分析选项。

在【General】分类中可以为工程指定和查看当前顶层实体，如图 4-8 所示。

在【Files】分类可以从工程中添加和删除设计文件以及其他文件。在执行分析和综合过程期间，Quartus II 软件将按文件在 Files 页面中显示的顺序来处理文件，如图 4-9 所示。

【Libraries】分类用于指定自定义的用户库；【Device】分类用于指定封装、引脚数量和速度等级，指定目标器件，如图 4-10 所示。

这里，我们主要介绍了在【Settings】对话框中如何修改工程设置，至于综合、适配、仿真和时序分析选项将在相关部分介绍。

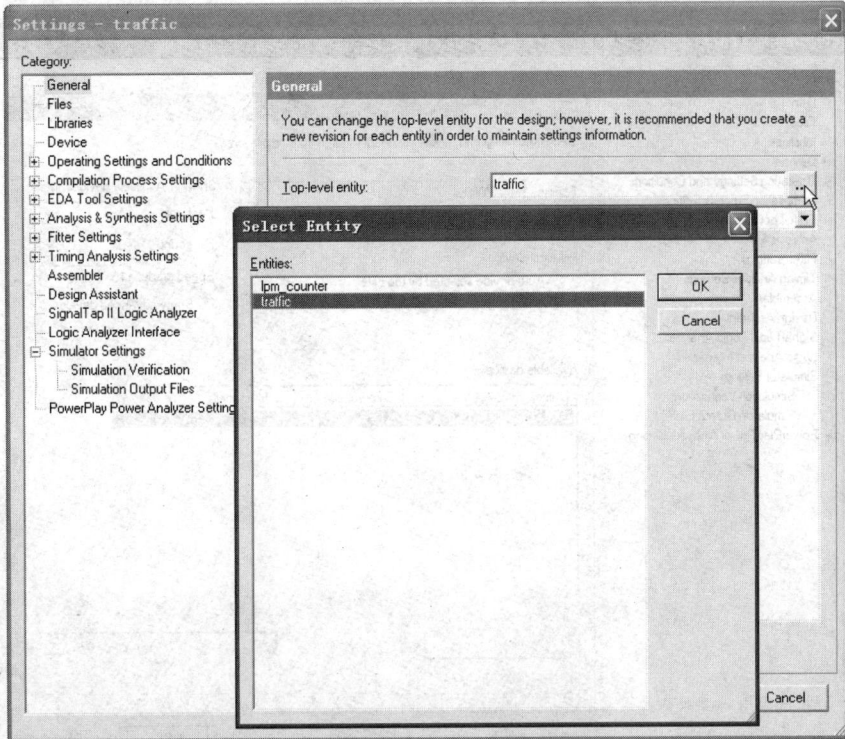

图 4-8 指定和查看当前顶层实体

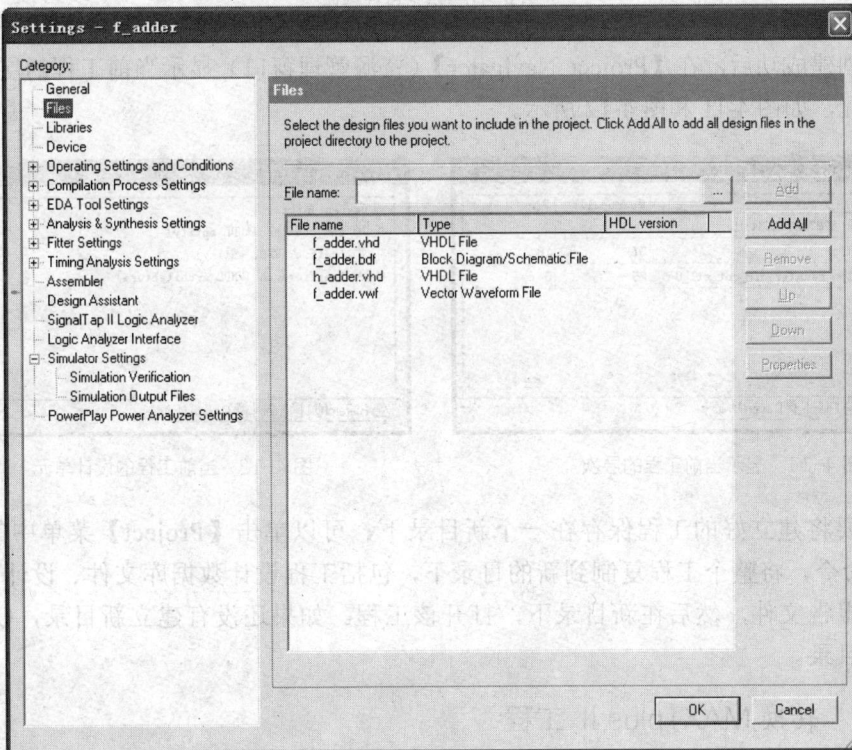

图 4-9 添加和删除设计文件

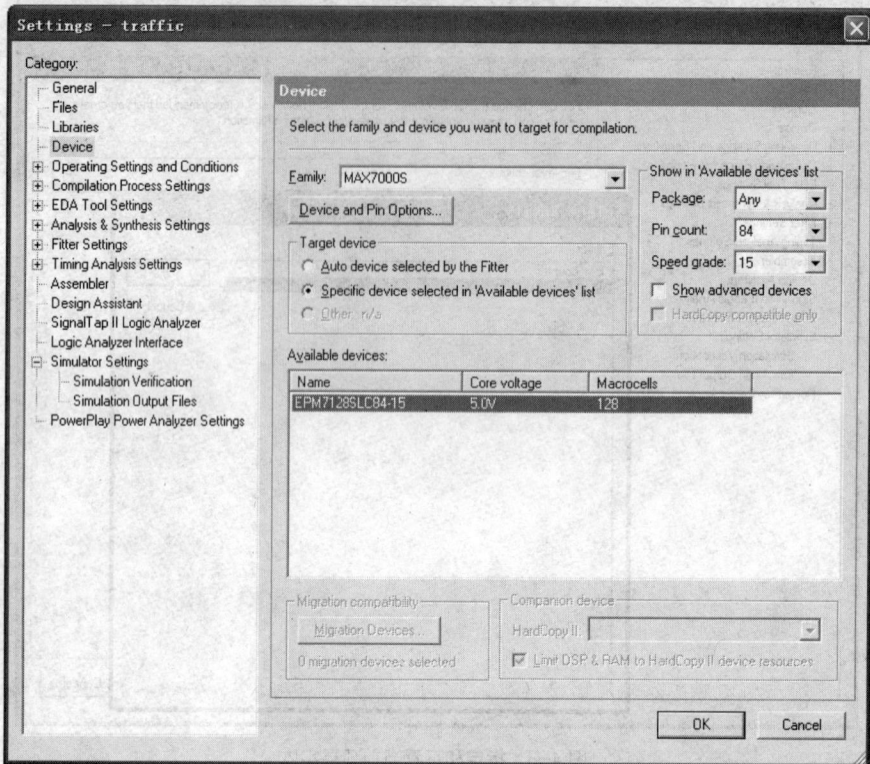

图 4-10　指定目标器件

工程创建成功后，在【Project Navigator】（资源管理窗口）显示当前工程的层次、文件和设计单元，如图 4-11 和图 4-12 所示。

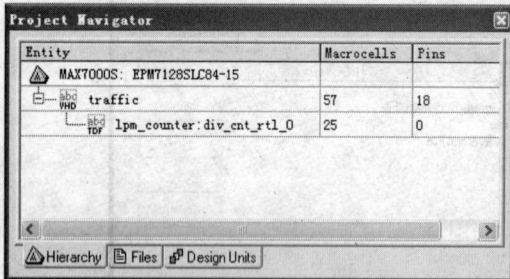

图 4-11　显示当前工程的层次

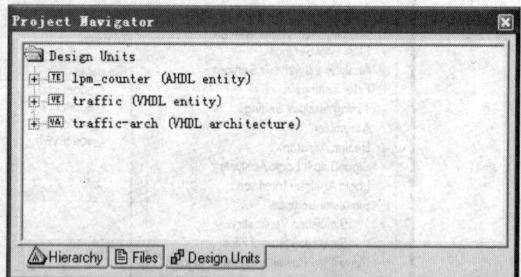

图 4-12　当前工程的设计单元

如果要将建立好的工程保存在一个新目录下，可以单击【Project】菜单中的【Copy Project】命令，将整个工程复制到新的目录下，包括工程设计数据库文件、设计文件、设置文件和报告文件，然后在新目录下，打开该工程。如果还没有建立新目录，Quartus II 将生成该目录。

4.2.3　转换 MAX+plus II 工程

对于用 MAX+plus II 已经创建好的工程，可以利用【File】菜单中的【Convert MAX+plus II

Project】命令从原有 MAX+plus II 工程中选定一个现有 MAX + plus II 工程的分配和配置文件（.acf），或者设计文件，将其转换为一个新的 Quartus II 工程，包含所有支持的分配和约束条件。

【Convert MAX+plus II Project】命令会自动导入 MAX+plus II 分配和约束条件、建立新的工程文件，并打开新的 Quartus II 工程，如图 4-13 所示。

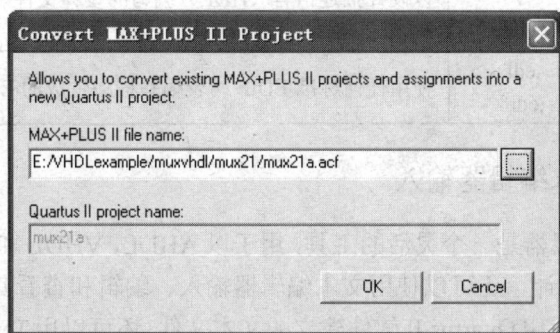

图 4-13 转换 MAX+plus II 工程

4.3 设计输入

使用 Quartus II 模块编辑器、文本编辑器、MegaWizard 插件管理器和第三方 EDA 设计输入工具可以建立包括 Altera 宏功能模块、参数化模块库（LPM）功能和知识产权（IP）功能在内的设计。Quartus II 软件支持的多种设计输入方法如图 4-14 所示。表 4-1 所示是 Quartus II 支持的设计文件类型。

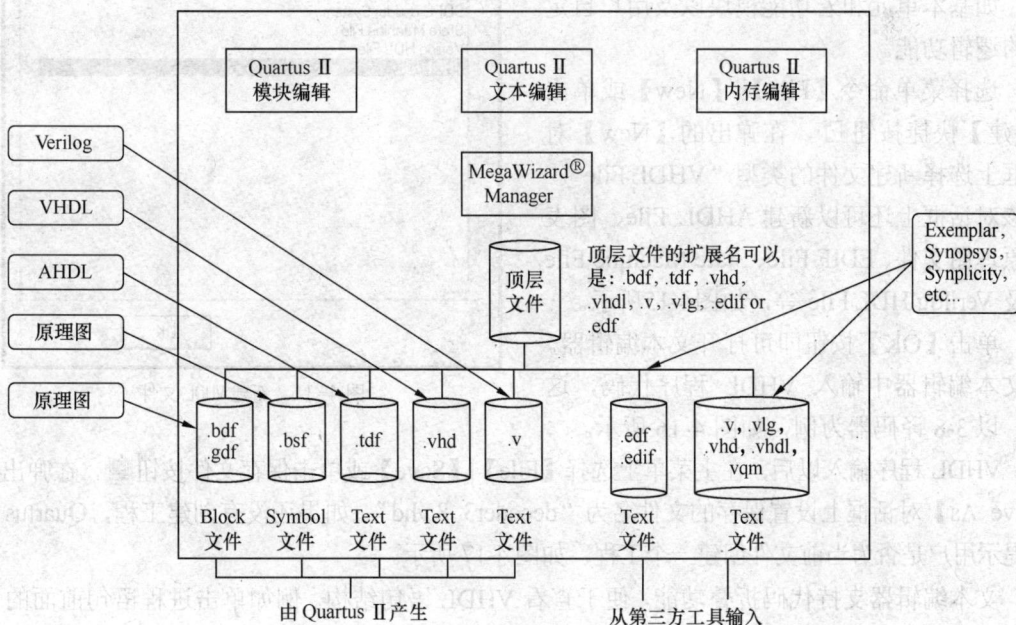

图 4-14 多种设计输入方法

表 4-1		Quartus II 支持的设计文件类型
类　型	扩　展　名	说　　明
模块设计文件	.bdf	使用 Quartus II 模块编辑器建立的原理图设计文件
图形设计文件	.gdf	使用 MAX+plus II 图形编辑器建立的原理图设计文件
文本设计文件	.tdf .v .vhd	以硬件描述语言（HDL）编写的设计文件
EDIF 输入文件	.edf .edif	使用任何标准 EDIF 网表编写程序生成的 EDIF200 版网表文件

4.3.1　使用文本编辑器输入

Quartus II 文本编辑器是一个灵活的工具，用于以 AHDL，VHDL 和 Verilog HDL 以及 Tcl 脚本语言输入文本型设计。还可以使用文本编辑器输入、编辑和查看其他 ASCII 文本文件，包括为 Quartus II 软件或由 Quartus II 软件建立的文本文件。还可以用 Text Editor 将任何 AHDL 声明或节段模板、Tcl 命令或所支持的 VHDL 以及 Verilog HDL 构造模板插入到当前文件中。AHDL，VHDL 和 Verilog HDL 模板为用户输入 HDL 语法提供了简便方法，提高了设计输入的速度和准确度。还可获取有关所有 AHDL 单元、关键字和声明以及宏功能模块和基本单元的上下文敏感词帮助。

可以使用 Quartus II 文本编辑器或其他文本编辑器建立文本设计文件、Verilog 和 VHDL 设计文件，并在层次化设计中将这些文件与其他类型设计文件相组合。Verilog 和 VHDL 设计文件可以包含 Quartus II 所支持构造的任意组合。还可以包含 Altera 提供的逻辑功能，如基本单元和宏功能模块以及用户自定义的逻辑功能。

选择菜单命令【File】|【New】或单击【新建】快捷按钮，在弹出的【New】对话框上选择新建文件的类型"VHDL File"。在该对话框上还可以新建 AHDL File、图表和原理图文件、EDIF File、State Machine File 以及 Verilog HDL File 等，如图4-15所示。

单击【OK】按钮即可打开文本编辑器。在文本编辑器中输入 VHDL 程序代码，这里，以 3-8 译码器为例，如图 4-16 所示。

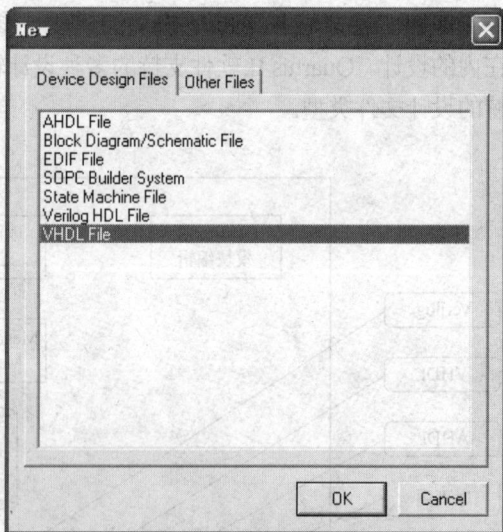

图 4-15　新建 VHDL 文件

VHDL 程序输入以后，在主菜单上选择【File】|【Save】或单击保存文件按钮，在弹出的【Save As】对话框上设置保存的文件名为"decoder3_8.vhd"。如果还没有创建工程，Quartus II 会提示用户是否为当前文件创建一个工程，如图4-17所示。

文本编辑器支持代码折叠功能，便于查看 VHDL 语句结构。例如单击进程语句前面的 ▣ 图标可以将结构体中的进程语句折叠在一行中，如图4-18所示。

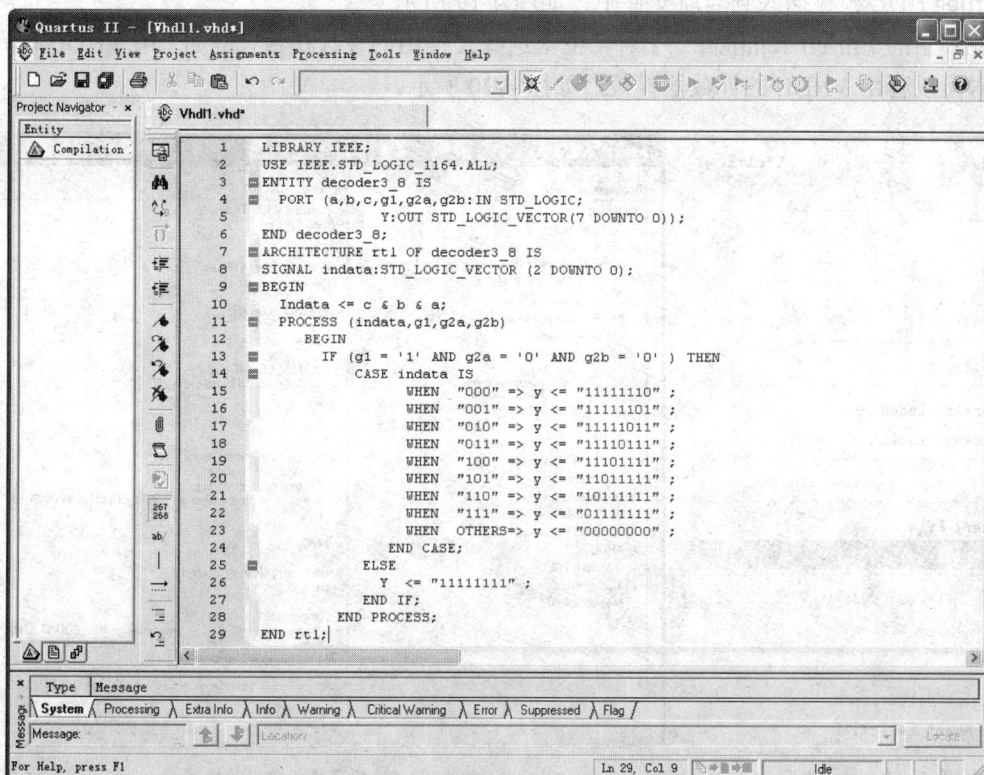

图 4-16　在文本编辑器中输入 VHDL 程序代码

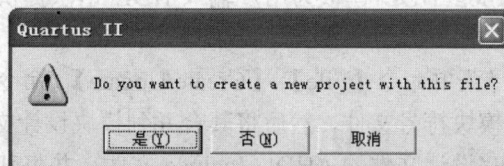

图 4-17　提示用户是否为当前文件创建一个工程

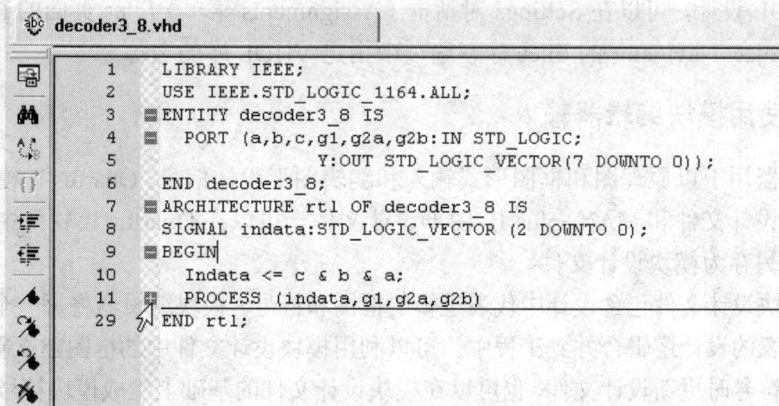

图 4-18　代码折叠

在文本编辑器中单击鼠标右键，在弹出的菜单中选择【Insert Template...】，可以将 VHDL

或 Verilog HDL 模板插入到当前文件中，如图 4-19 所示。

在弹出的【Insert Template…】对话框上选择要使用的设计模板，例如，用 VHDL 设计计数器时可以套用 VHDL 的计数器模板，如图 4-20 所示。

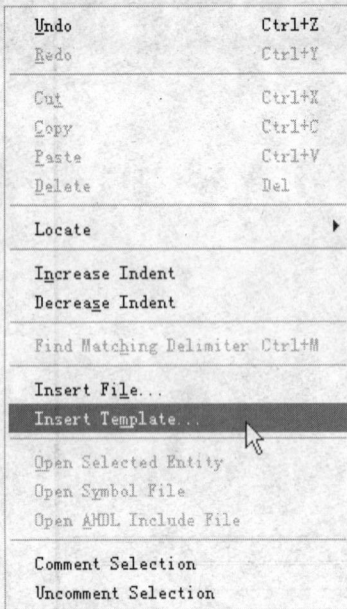

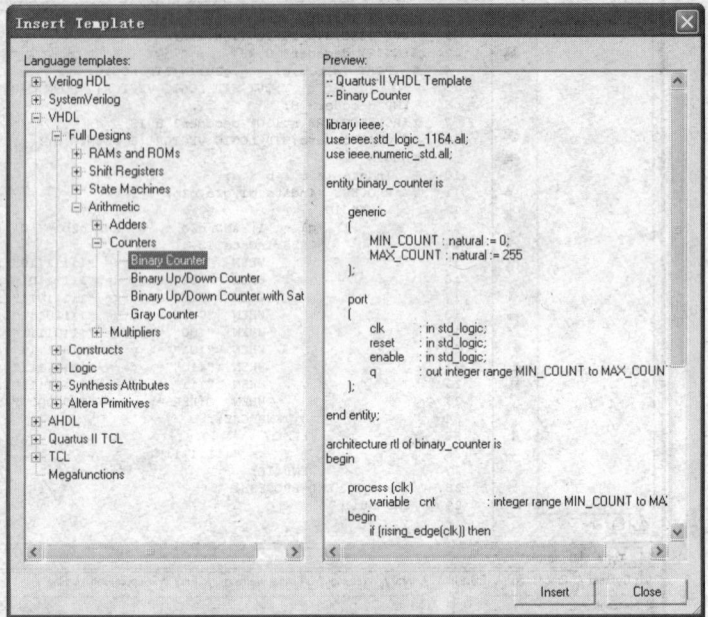

图 4-19　插入模板　　　　　　　　　　图 4-20　选择要使用的设计模板

AHDL，VHDL 和 Verilog HDL 模板为用户输入 HDL 语法提供了简便方法，提高了设计输入的速度和准确度。

在文本编辑器中，选择菜单命令【File】|【Create/Update】 命令从当前的 Verilog HDL 或 VHDL 设计文件中建立模块符号文件，然后将其合并到模块设计文件中。同样，可以建立代表 Verilog HDL 或 VHDL 设计文件的 AHDL Include 文件，并将其合并到文本设计文件中或另一个 Verilog HDL 或 VHDL 设计文件中。

对于 VHDL 设计，可以在 Settings 对话框（Assignments 菜单）Files 页面的 Properties 对话框，或者 Project Navigator 的 Files 标签选项中指定 VHDL 库的名称。

4.3.2　使用模块编辑器输入

模块编辑器用于以原理图和框图形式输入和编辑图形设计信息。Quartus II 模块编辑器读取并编辑模块设计文件和 MAX+plus II 图形设计文件。可以在 Quartus II 软件中打开图形设计文件，将其另存为模块设计文件。

每一个模块设计文件包含设计中代表逻辑的框图和符号。模块编辑器将每一个框图、原理图或者符号代表的设计逻辑合并到工程中。可以利用模块设计文件中的框图建立新设计文件，在修改框图和符号时更新设计文件，也可以在模块设计文件的基础上生成模块符号文件（.bsf）、AHDL Include 文件（.inc）和 HDL 文件。还可以在编译之前分析模块设计文件是否出错。

模块编辑器提供有助于用户在框图设计文件中连接框图和基本单元（包括总线和节点连接以及信号名称映射）的一组工具。可以更改模块编辑器的显示选项，例如根据设计者的习惯更改导向线和网格间距、橡皮带式生成线、颜色和像素、缩放以及不同的框图和基本单元属性。

要创建一个模块设计文件,选择菜单命令
【File】|【New】,在弹出的【New】对话框上选择
新建文件的类型为"Block Diagram/Schematic
File"(模块/原理图文件),如图4-21所示。

单击【OK】按钮即可打开模块编辑器。该
编辑器既可以编辑图表模块,又可以编辑原理
图。模块编辑器与 MAX+plus II 软件的图形编
辑器类似,可以通过多种方式进行设计输入。

1.常用基本单元输入

Quartus II 提供了大量的常用基本单元和
宏功能模块,可以在模块编辑器中直接调用它
们。例如,一些常用的逻辑单元、中规模器件
以及参数化模块等。

图 4-21 创建一个模块设计文件

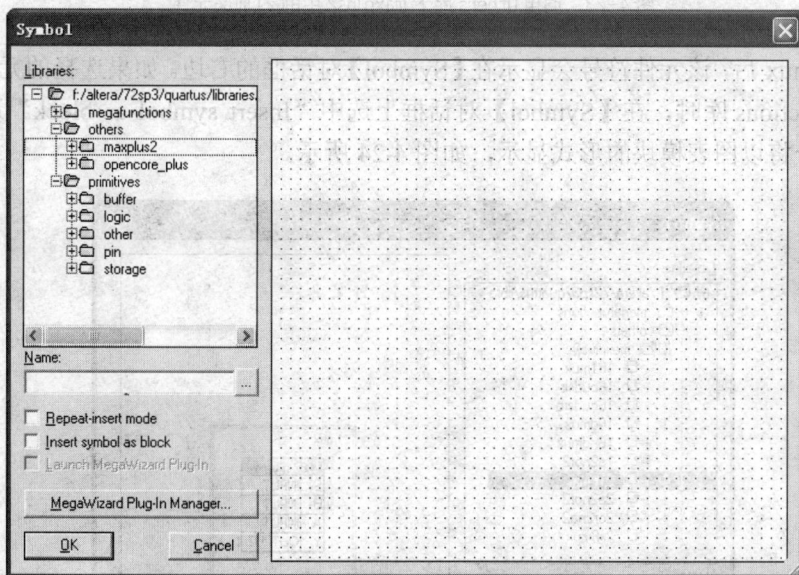

在模块编辑器要插入元件的地方单击鼠标左键,会出现小黑点,称为插入点。然后双击
鼠标左键,弹出【Symbol】(元件)对话框,如图4-22所示。

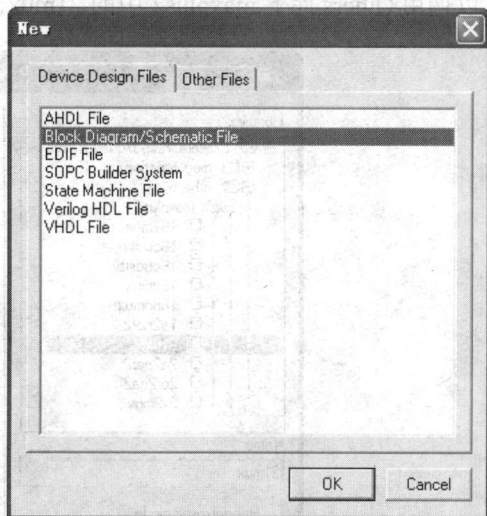

图 4-22 【Symbol】(元件)对话框

在【Symbol】对话框上的【Libraries】区域列出了 Quartus II 提供的元件库。其中,兆功
能函数库(megafunctions)包含很多可直接使用的参数化模块。Others 库中包括所有中规模
器件,例如,常用的 74 系列符号。基本库 Primitives 包含所有 Altera 常用单元,如各种逻辑
门以及输入输出端口等。

单击单元库前面的"+"号,可以将库中的单元以列表的方式显示出来,其功能类似于

资源管理器。用户可以根据设计要求选择相应的元件。例如，要设计一个二选一数据选择器，可以调用 Others 库下 maxplus2 中的 21mux 元件，如图 4-23 所示。

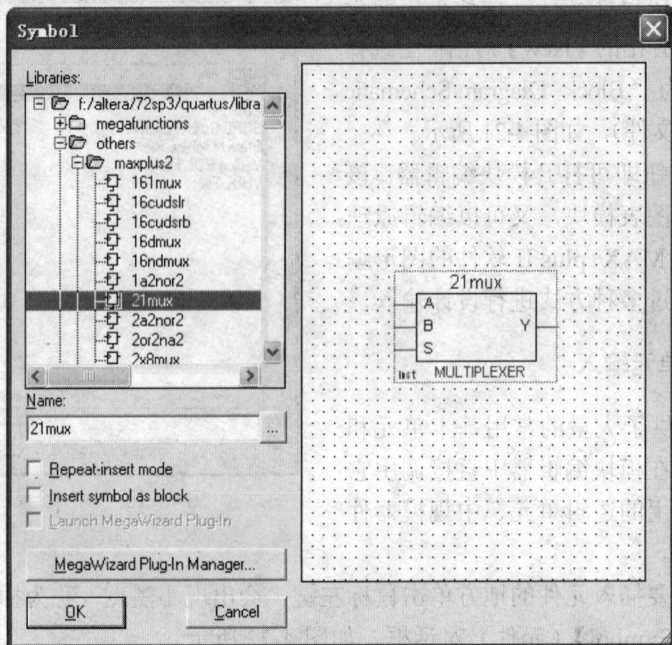

图 4-23　调用 Others 库下 maxplus2 中的 21mux 元件

选中 21mux 后，该元件符号会显示在【Symbol】对话框的右边。如果选择的元件在 others 库或 megafunctions 库时，在【Symbol】对话框上选中 "Insert symbol as block" 选项，则插入的元件符号将以图表模块的形式显示，如图 4-24 所示。

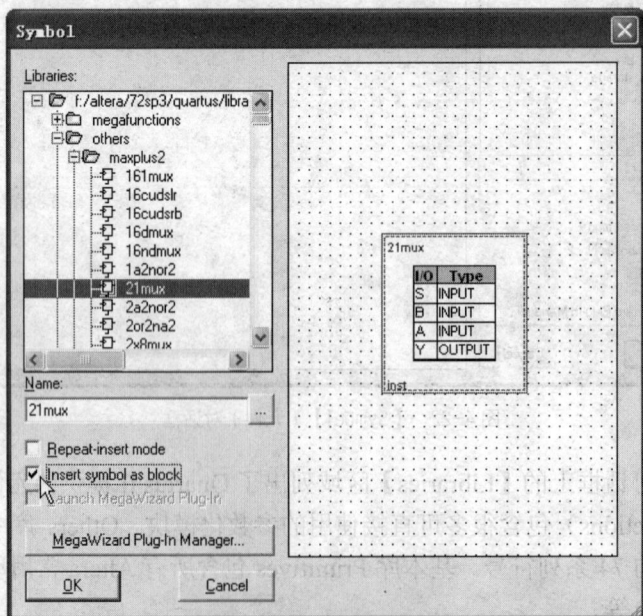

图 4-24　选中 "Insert symbol as block" 选项

以上是通过调用图形或图表模块来实现二选一数据选择器。实际上,根据二选一数据选择器的逻辑功能,还可以用门电路将其原理图表达出来。它可以由 2 个与门,一个非门和一个或门组成。这些都是基本逻辑单元,可以直接在【Symbol】对话框的符号名称【Name】处输入要调用的元件符号名称,如"and2",【Symbol】对话框会自动打开该符号所在的库列表,如图 4-25 所示。

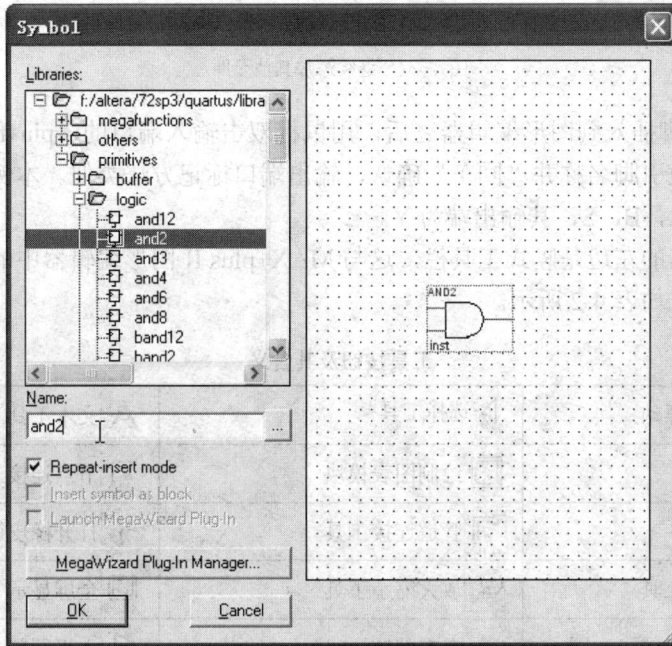

图 4-25　通过名称查找元件

如果需要重复选择某一元件,在【Symbol】对话框上要选中"Repeat-insert mode"选项,这样在模块编辑器中可以重复放置多次直到按下【Esc】键,如图 4-26 所示。

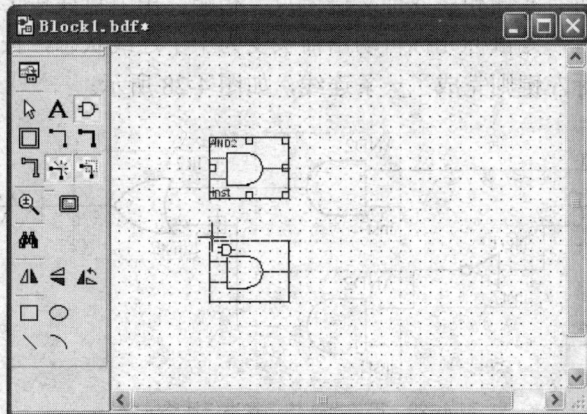

图 4-26　重复插入元件

继续添加其他元件,二选一数据选择器的原理图应该由 2 个与门(and2),一个非门(not),一个或门(or2),输入引脚(input)以及输出引脚(output)组成,如图 4-27 所示。

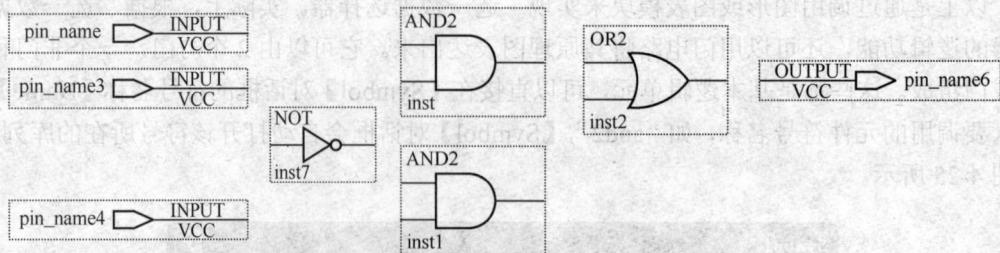

图 4-27 继续添加其他元件

　　输入/输出引脚插入到图形编辑器之后，用鼠标双击输入端口的"pin_name"，当其变成黑色时，即可修改引脚名称并"回车"确认，输出端口标记方法类似。本例中选择器的三输入端分别标记为 A，B，S，其输出端为 Y。

　　在模块编辑器的左边是竖式工具栏，这与 MAX+plus II 图形编辑器中的工具栏类似。各个工具按钮的含义如表 4-2 所示。

表 4-2 　　　　　　　　　　　　　　　　工具按钮及其含义

将窗口切换至浮动	选择工具	A 文本工具
添加元件	绘制图表模块	节点连接工具
总线连接工具	管道连接工具	打开橡皮筋连接功能
部分连线选择工具	放大缩小工具	全屏显示
查找	左右翻转	水平翻转
垂直翻转	矩形工具	圆形工具
对角线工具	弧形工具	

　　模块编辑器中的所有元件和连线都支持拷贝、粘贴。用节点连接工具进行线路连接，把鼠标移到元件引脚附近，则鼠标光标自动由箭头变为十字连线状态，按住鼠标左键拖动，即可画出连线，松开鼠标左键则完成了一条连线，如图 4-28 所示。

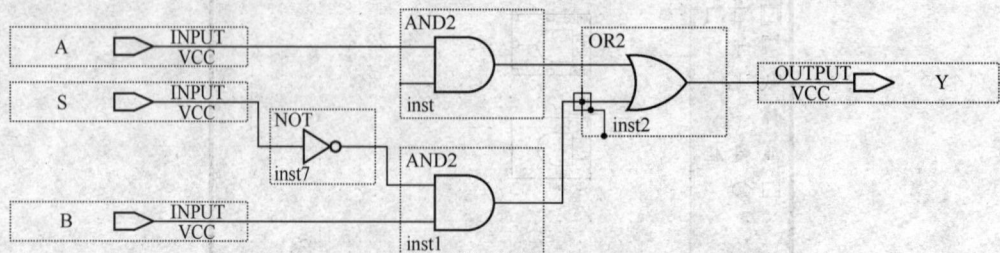

图 4-28 用节点连接工具进行线路连接

　　在模块编辑器中放置的元件符号都有一个实例名称，用户可以很方便地修改元件符号的属性。选中元件，单击鼠标右键，在弹出的菜单中选择【Properties】选项，会弹出【Symbol Properties】对话框。可以在【General】选项卡上的【Instance name】文本框中修改符号的实例名，在【Ports】选项卡修改端口状态，在【Parameters】选项卡可以对参数化模块进行参数设置，在【Format】选项卡可以修改元件符号的显示颜色，如图 4-29 和图 4-30 所示。

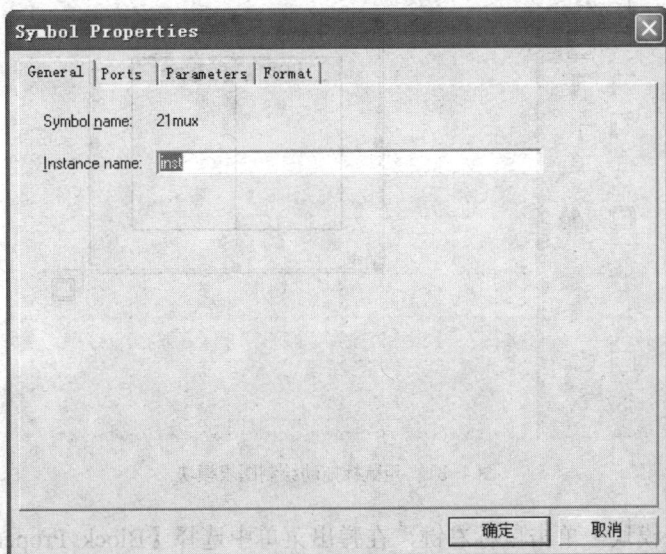

图 4-29　修改符号的实例名

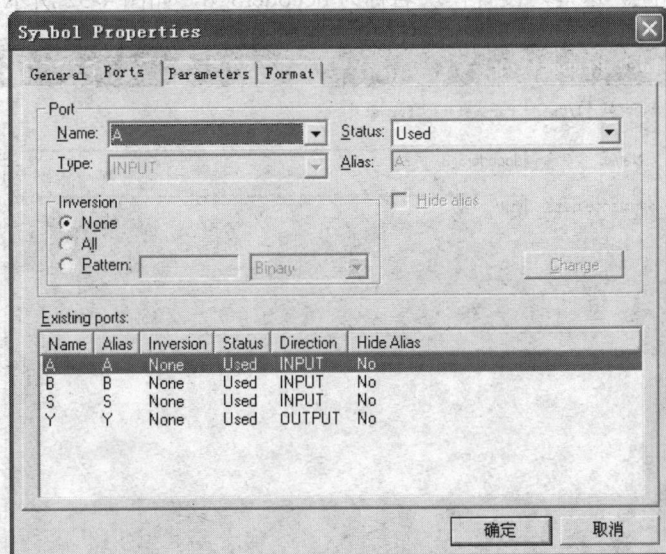

图 4-30　在【Ports】选项卡修改端口状态

2. 图表模块输入

图表模块输入也称为结构图输入，是自顶向下的设计方法。在设计时首先根据设计结构的需要，在顶层文件中画出图形块或器件符号，然后在图形块上设置相关的端口和参数信息，用信号线、总线和管道来连接各个组件。下面以 3-8 译码器为例介绍图表模块输入方法。

打开模块编辑器，选择工具栏上的图表模块绘制工具▢，用鼠标拖动绘制图表模块，如图 4-31 所示。

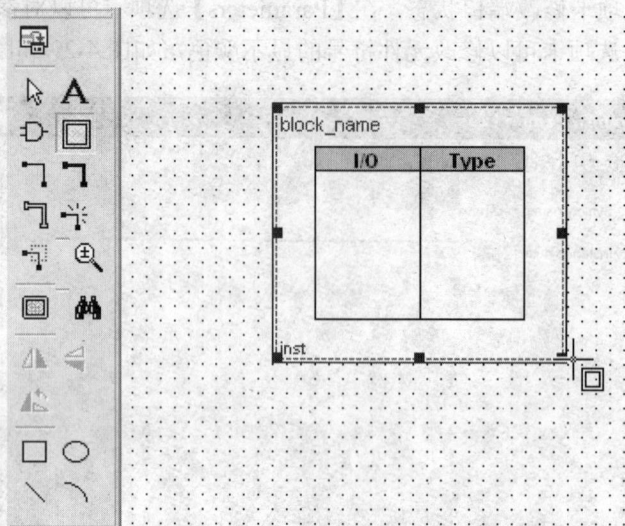

图 4-31　用鼠标拖动绘制图表模块

在绘制的图表模块上单击鼠标右键，在弹出菜单中选择【Block Properties】设置模块属性。在属性对话框上一共有 4 个属性标签页，除了【I/Os】标签外，其他标签页的设置与【Symbol Properties】基本相同。这里，设置模块名称为 decoder3_8，如图 4-32 所示。

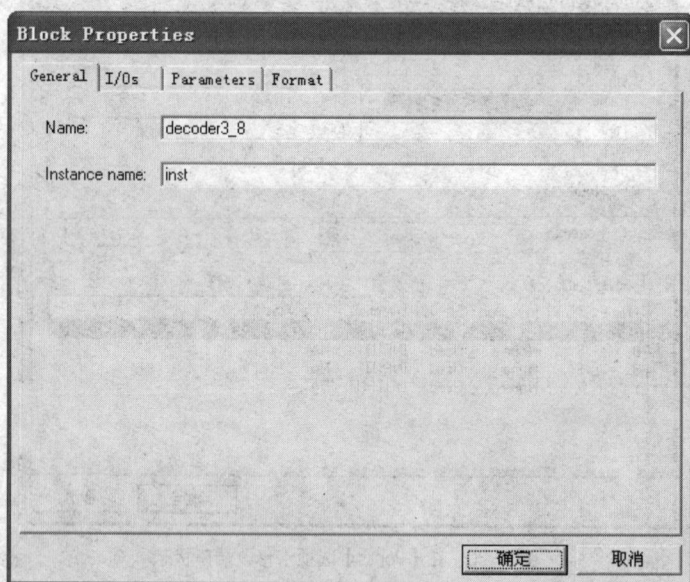

图 4-32　设置模块属性

在【I/Os】标签页中设置 3-8 译码器的端口信息。例如，在 Name 文本框中输入端口名称"A"，类型 Type 选择"INPUT"，单击【Add】按钮即可加入到【Existing Block I/Os】列表中。同样的方法继续添加其他端口，如图 4-33 所示。

单击【确定】按钮就完成了属性设置。用鼠标适当调整图表模块的大小，就可以显示出所有的端口。完成后的图表模块如图 4-34 所示。

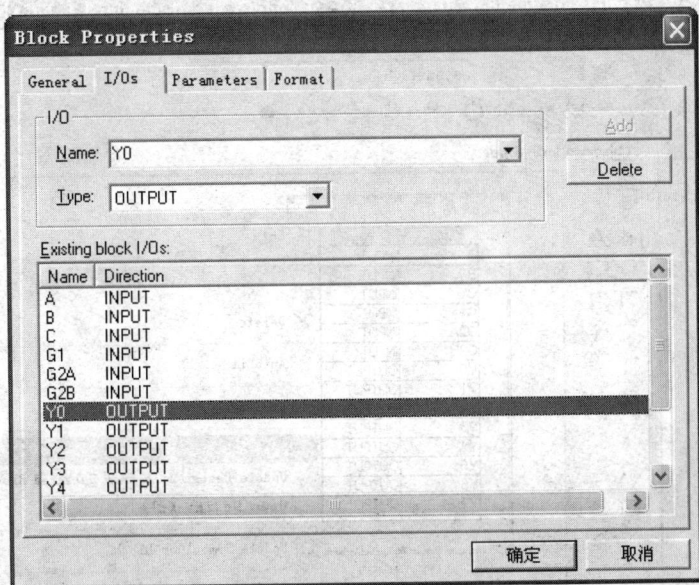

图 4-33 添加端口

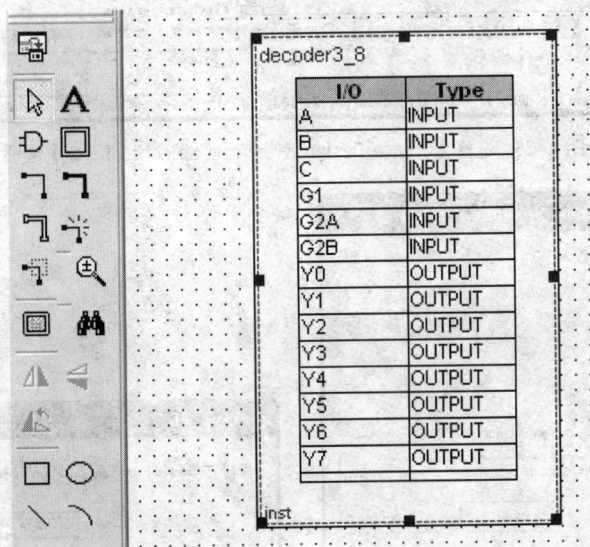

图 4-34 完成后的图表模块

Quartus II 软件可以为每个图表模块生成硬件描述语言（HDL）或图形设计文件。在这之前要先将图表设计文件保存为.bdf类型。

在图表模块上单击鼠标右键，选择【Create Design File from Selected Block】选项，如图 4-35 所示。

在弹出的对话框上选择生成的文件类型，并确定是否将该文件加入到当前工程中，如图 4-36 所示。

单击【OK】按钮，Quartus II 软件自动创建包含指定模块端口声明的设计文件decoder3_8.vhd，如图 4-37 所示。

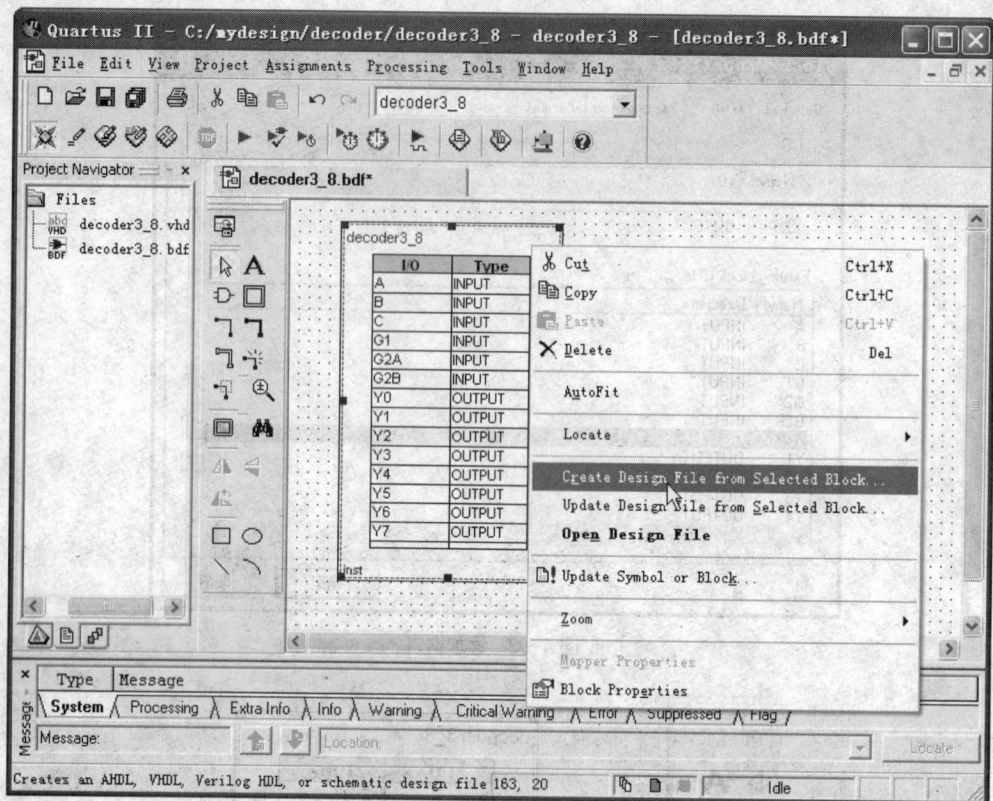

图 4-35　选择【Create Design File from Selected Block】选项

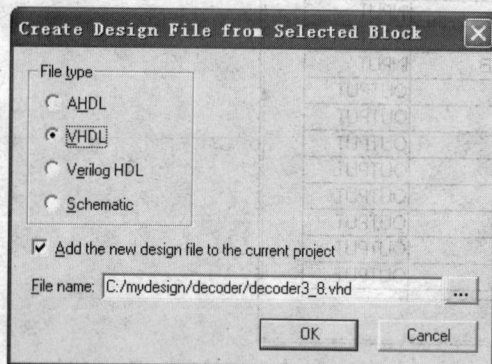

图 4-36　选择生成的文件类型

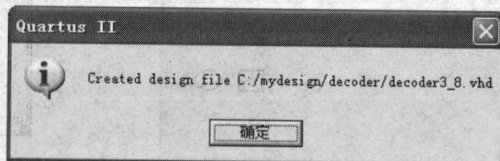

图 4-37　生成设计文件

　　用户可以在 VHDL 程序 decoder3_8.vhd 的结构体部分编写 3-8 译码器的具体功能，如图 4-38 所示。

　　在生成图表模块的 VHDL 设计文件后，如果对顶层图表模块的端口名或端口数进行了修改，在修改后的模块上单击鼠标右键，选择【Update Design File from Selected Block】选项，Quartus II 软件可以自动更新底层设计文件。

　　在设计一个顶层文件时，可能有多个图表模块，也会有多个元件符号和端口，它们之间的连接可以使用信号线、总线或管道。一般来说，与元件符号相连的是信号线或总线，而与图表模块相连的可以是信号线、总线，也可以是管道。

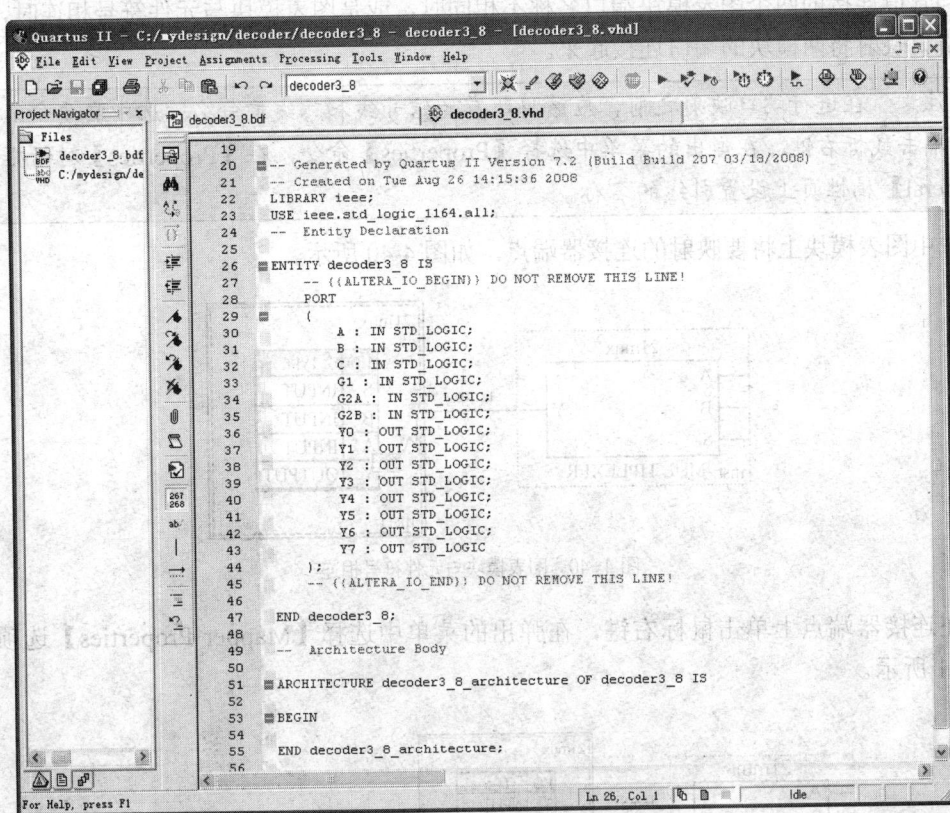

图 4-38　在结构体部分编写具体功能

当用管道连接两个图表模块时，如果两边端口名称相同，则不必在管道上加标注，两者能够智能连接。在连接两个图表模块的管道上单击鼠标右键，选择【Properties】选项，在管道属性【Conduit Properties】对话框上可以看到对应的连接关系，如图 4-39 所示。

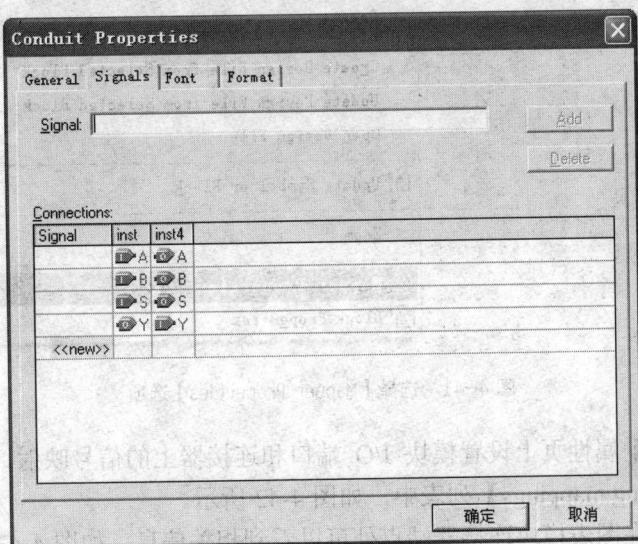

图 4-39　管道属性【Conduit Properties】对话框

当管道连接的两个图表模块端口名称不相同时，或是图表模块与元件符号相连时，可以通过端口映射将两模块的端口连接起来。

> 注意：在进行端口映射之前，应该将所有的信号线和总线重命名。选中需要命名的引线，单击鼠标右键，在弹出的菜单中选择【Properties】命令，在【Properties】对话框上的【General】属性页上设置引线的名称。

选中图表模块上将要映射的连接器端点，如图 4-40 所示。

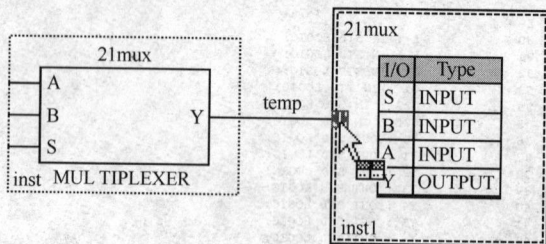

图 4-40　图表模块与元件符号相连

在连接器端点上单击鼠标右键，在弹出的菜单中选择【Mapper Properties】选项，如图 4-41 所示。

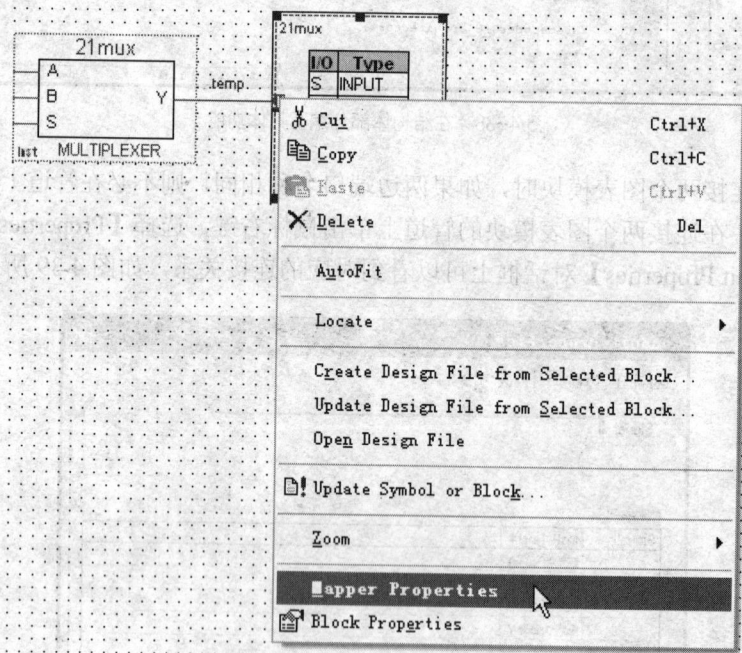

图 4-41　选择【Mapper Properties】选项

在【Mappings】属性页上设置模块 I/O 端口和连接器上的信号映射，单击【Add】按钮即可添加到【Existing mappings】列表中，如图 4-42 所示。

完成映射后，在图表模块连接器端点处可以看到相关信息，如图 4-43 所示。

如果连接的是两个图表模块，用同样的方法设置管道另一端连接器端点的映射属性。

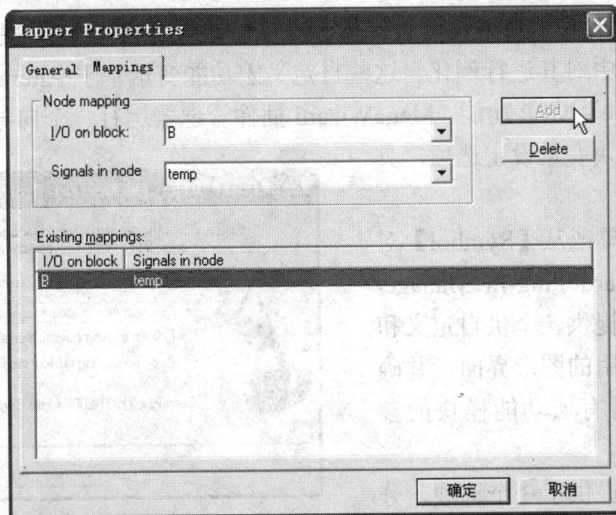

图 4-42　设置模块 I/O 端口和连接器上的信号映射

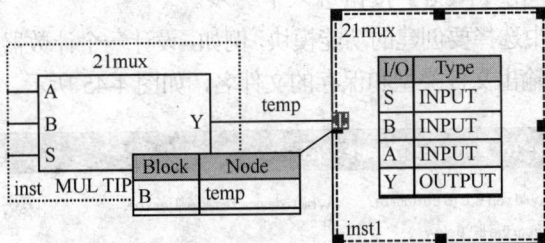

图 4-43　完成映射

4.3.3　使用宏功能模块输入

Altera 宏功能模块是复杂的高级构建模块，可以在 Quartus II 设计文件中与逻辑门和触发器基本单元一起使用。Altera 提供的参数化宏功能模块和 LPM 功能均为 Altera 器件结构作了优化。必须使用宏功能模块才可以使用一些 Altera 专用器件的功能，例如，存储器、DSP 块、LVDS 驱动器、PLL 以及 SERDES 和 DDIO 电路。

为节省宝贵的设计时间，Altera 建议使用宏功能模块，而不是对设计者自己的逻辑进行源代码编写。此外，这些功能可以提供更有效的逻辑综合和器件实现。只需通过设置参数便可方便地将宏功能模块定制为不同的大小。Altera 还为宏功能模块和 LPM 功能提供 AHDL Include 文件和 VHDL 组件声明。表 4-3 列出了 Altera 提供的宏功能模块和 LPM 功能类型。

表 4-3　　　　　　　　　　　Altera 提供的宏功能和 LPM 功能

类　　型	说　　明
算术组件	包括累加器、加法器、乘法器和 LPM 算术功能
逻辑门	包括多路复用器和 LPM 门功能
I/O 组件	包括时钟数据恢复（CDR）、锁相环（PLL）、双数据速率（DDR）、千兆收发器块（GXB）、LVDS 接收器和发送器、PLL 重新配置和远程更新宏功能模块
存储器编译器	包括 FIFO 划分器、RAM 和 ROM 宏功能
存储组件	包括存储器、移位寄存器宏功能和 LPM 存储器功能

MegaWizard 插件管理器可以帮助设计者建立或修改含有自定义宏功能变量的设计文件，然后可以在设计文件中对其进行例化。这些自定义宏功能变量基于 Altera 提供的宏功能，包括 LPM，MegaCore 和 AMPP 功能。MegaWizard 插件管理器运行一个向导，帮助设计者轻松地为自定义宏功能模块变量设定选项。具体步骤如下。

（1）从 Tools 菜单或从【Symbol】对话框上打开 MegaWizard Plug-In Manager 向导窗口。该向导将提供一个供自定义和参数化宏功能模块使用的图形界面，并确保设计者正确设置所有宏功能模块的参数，如图 4-44 所示。

在向导对话框上提供了 3 个选项，分别是创建、编辑和拷贝宏功能模块。选择创建新的宏功能模块。单击【Next】按钮进入下一步。

图 4-44 MegaWizard Plug-In Manager 向导窗口

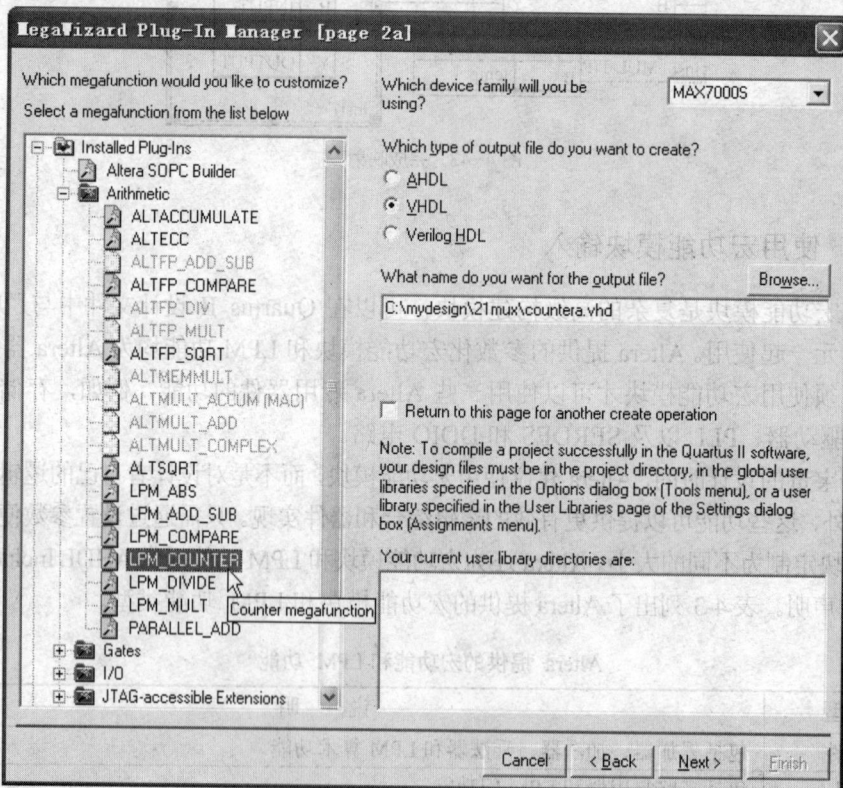

（2）在宏功能模块库中选择要创建的功能模块，例如，设计一个计数器选择 LPM_COUNTER，然后选择编程器件、设置输出文件类型和保存的文件名，如图 4-45 所示。

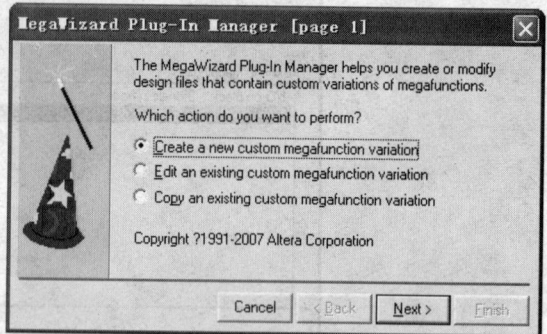

图 4-45 LPM 宏功能模块设定

（3）根据设计要求设置宏功能模块的相关参数。如计数器输出的位数、计数使能端、进位输出端、计数方向以及预置输入等选项，如图 4-46、图 4-47 和图 4-48 所示。

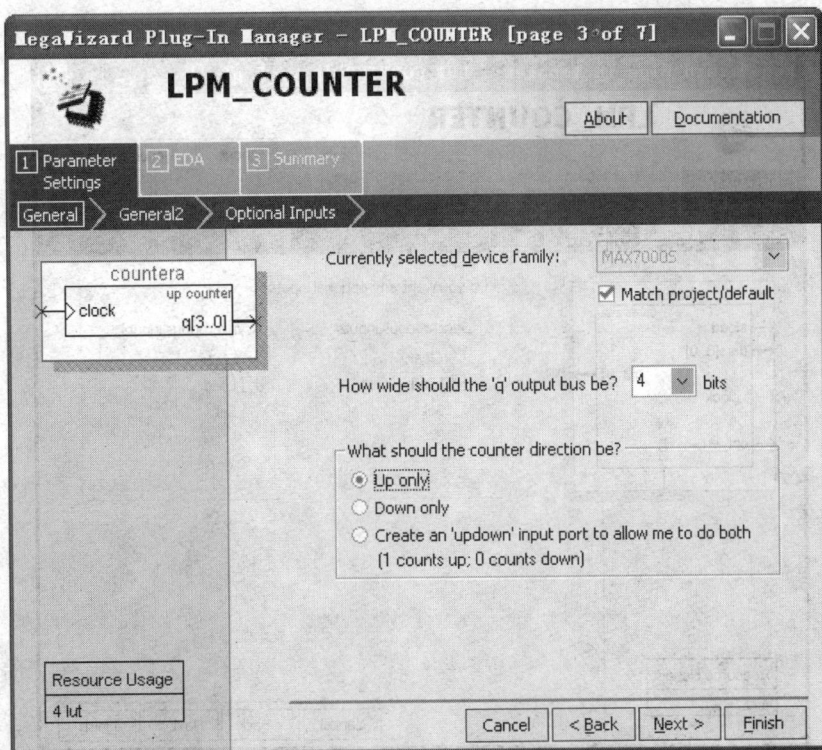

图 4-46 设置计数器参数

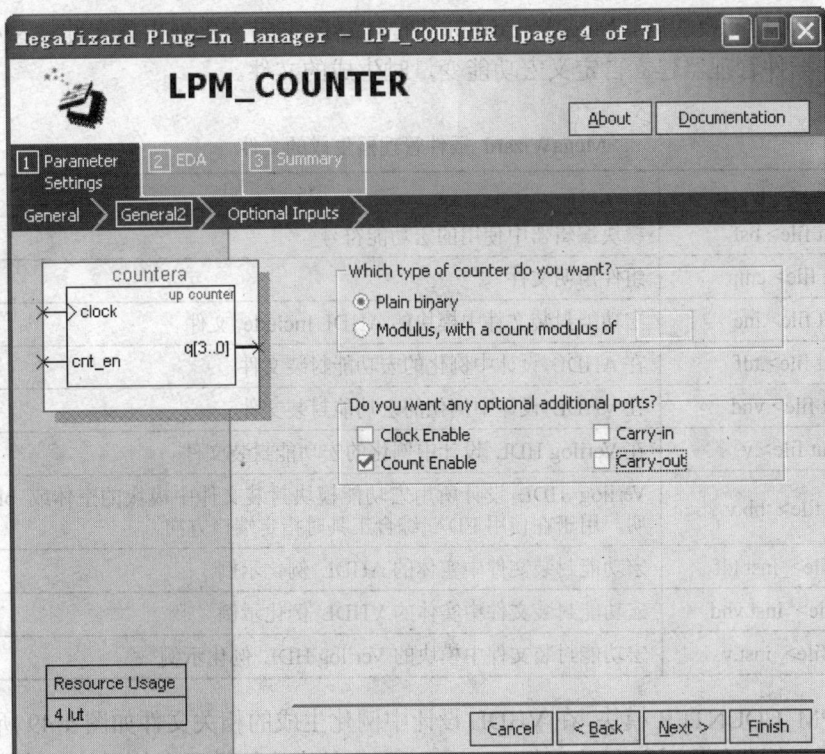

图 4-47 设置计数使能

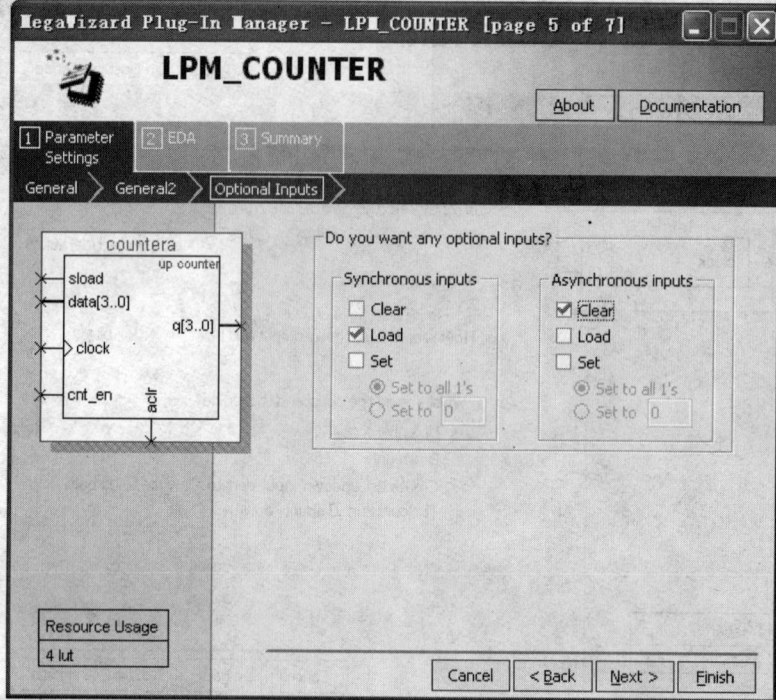

图 4-48　设置同步预置和异步复位

（4）使用宏功能模块时，MegaWizard 插件管理器会生成一系列相关文件。表 4-4 列出了 MegaWizard 插件管理器建立自定义宏功能变量时生成的文件。

表 4-4　　　　　　　　　　　　　MegaWizard 插件管理器生成的文件

文 件 名 称	说　　明
<output file>.bsf	模块编辑器中使用的宏功能符号
<output file>.cmp	组件声明文件
<output file>.inc	宏功能封装文件中模块的 AHDL Include 文件
<output file>.tdf	在 AHDL 设计中例化的宏功能封装文件
<output file>.vhd	在 VHDL 设计中例化的宏功能封装文件
<output file>.v	在 Verilog HDL 设计中例化的宏功能封装文件
<output file>_bb.v	Verilog HDL 设计所用宏功能模块封装文件中模块的空体或 blackbox 声明，用于在使用 EDA 综合工具时指定端口方向
<output file>_inst.tdf	宏功能封装文件中实体的 AHDL 例化示例
<output file>_inst.vhd	宏功能封装文件中实体的 VHDL 例化示例
<output file>_inst.v	宏功能封装文件中模块的 Verilog HDL 例化示例

对于 LPM_COUNTER 模块，在 VHDL 设计中例化生成的相关文件如图 4-49 所示。其中，countera.vhd 是例化的宏功能封装文件，countera.bsf 是模块编辑器中使用的宏功能符号，这两个是必选项，其他为可选项。

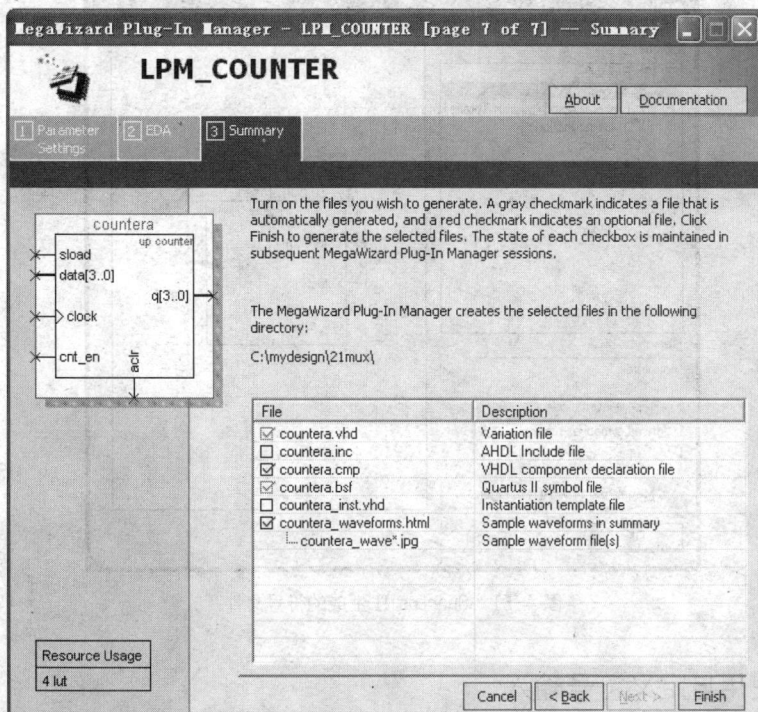

图 4-49 例化生成的相关文件

（5）单击【Finish】按钮关闭 MegaWizard 插件管理器，在模块编辑器中单击左键放置宏功能模块，如图 4-50 所示。

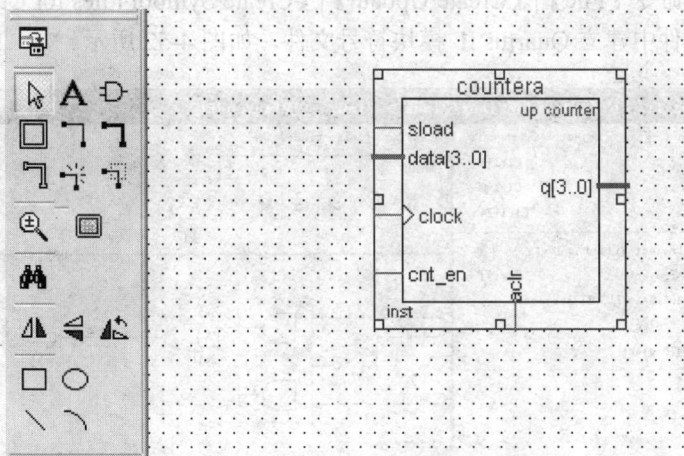

图 4-50 放置宏功能模块

宏功能模块用模块设计文件中的框图表示，实际上是 Quartus II 生成的符号文件 countera.bsf。这个符号文件会自动加入到当前工程库中。在模块编辑器的空白位置双击左键，在打开的【Symbol】（元件）对话框上可以看到这个宏功能符号，如图 4-51 所示。

如果要修改设计模块，可以在【Symbol】（元件）对话框上单击【MegaWizard Plug-In Manager…】按钮，或者在模块编辑器中双击宏功能符号，都能打开 MegaWizard 插件管理器进行修改。

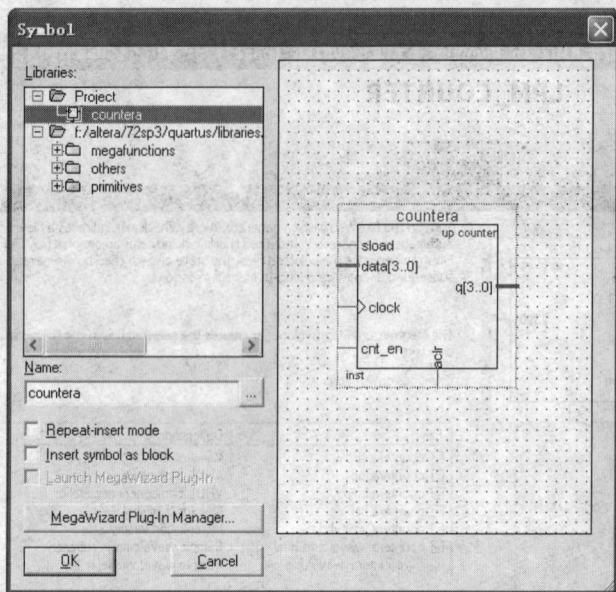

图 4-51　Quartus II 生成的符号文件

4.3.4　使用自定义符号输入

在层次化工程设计中，经常需要将已经设计好的工程文件生成一个模块符号文件（.bsf）作为自己的功能模块符号，在顶层中可以调用，该符号就像宏功能符号一样可被高层设计重复调用。

在 Quartus II 软件中完成从设计文件到顶层模块的具体步骤如下。

（1）选择菜单命令【File】|【Create/Update】|【Create Symbol Files for Current File】命令从当前模块设计文件中建立 Quartus II 模块符号文件，如图 4-52 所示。

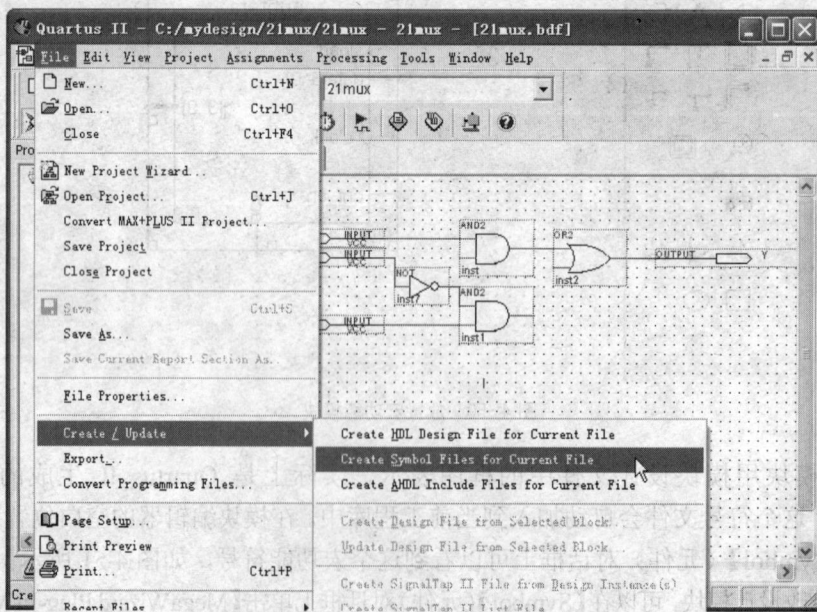

图 4-52　建立 Quartus II 模块符号文件

在保存文件对话框中输入文件名 21mux.bsf，单击【保存】按钮即可生成符号文件。Quartus II 会弹出提示信息表明创建文件成功，如图 4-53 所示。

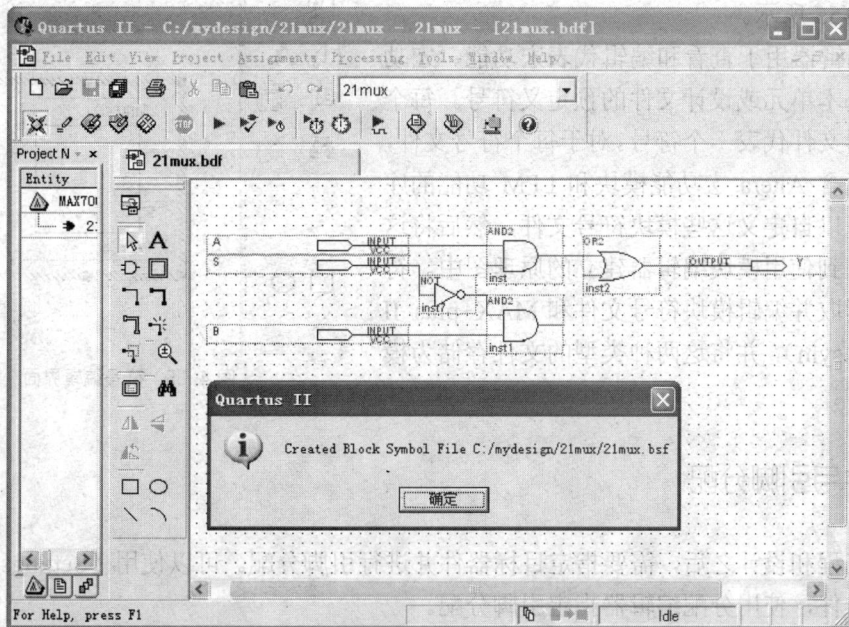

图 4-53　符号文件创建成功

（2）在顶层模块编辑器中双击左键，在弹出的【Symbol】（元件）对话框上可以看到新建的符号文件，如图 4-54 所示。

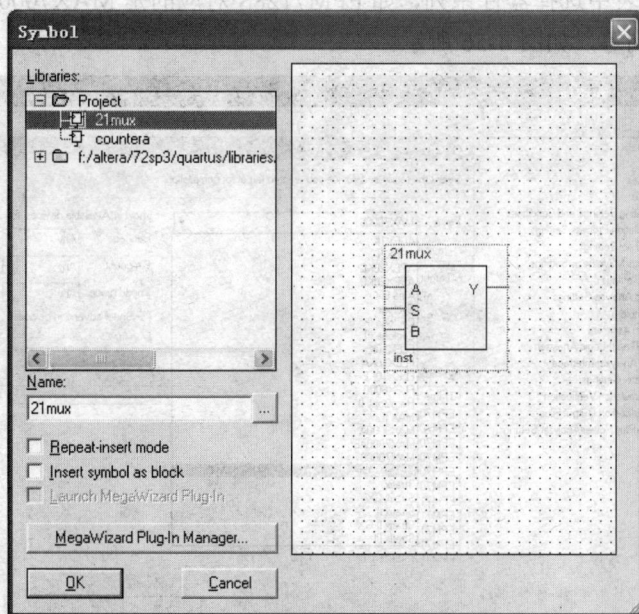

图 4-54　新建的符号文件

单击【OK】按钮即可将该符号插入到顶层文件中。

（3）对于已经创建的符号文件（*.bsf），通过选择菜单【Edit】|【Edit Selected Symbol】

命令可以在 Quartus II 符号编辑器中打开。或者直接在该符号上单击右键，在弹出的菜单中选择【Edit Selected Symbol】命令进入符号编辑界面，如图 4-55 所示。

符号编辑器用于查看和编辑代表宏功能、宏功能模块、基本单元或设计文件的预定义符号。每个符号编辑器文件代表一个符号。对于每个符号文件，均可以从包含 Altera 宏功能模块和 LPM 功能的库中选择。可以自定义这些模块符号文件，然后将这些符号添加到使用模块编辑器建立的原理图中。符号编辑器读取并编辑模块符号文件和 MAX+plus II 符号文件（.sym），并将这两种类型的文件存储为模块符号文件。

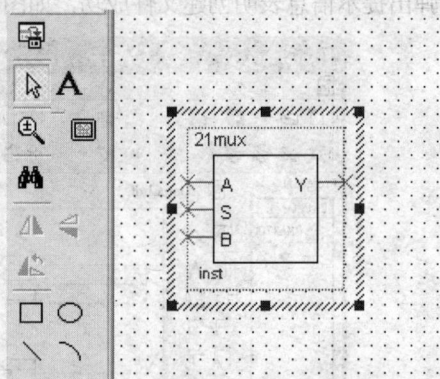

图 4-55　符号编辑界面

4.4　器件与引脚分配

建立工程和设计之后，需要指定目标器件并进行引脚分配。可以使用【Settings】对话框选择目标器件，使用分配编辑器指定引脚分配。

4.4.1　设置目标器件

单击【Assignments】菜单中的【Settings】，在【Device】分类中为工程指定目标器件。在"Family"下拉列表中选择器件系列，如 EPM7128S 对应的是 MAX7000S 系列；ACEX1K 对应的是 ACEX 系列等，如图 4-56 所示。

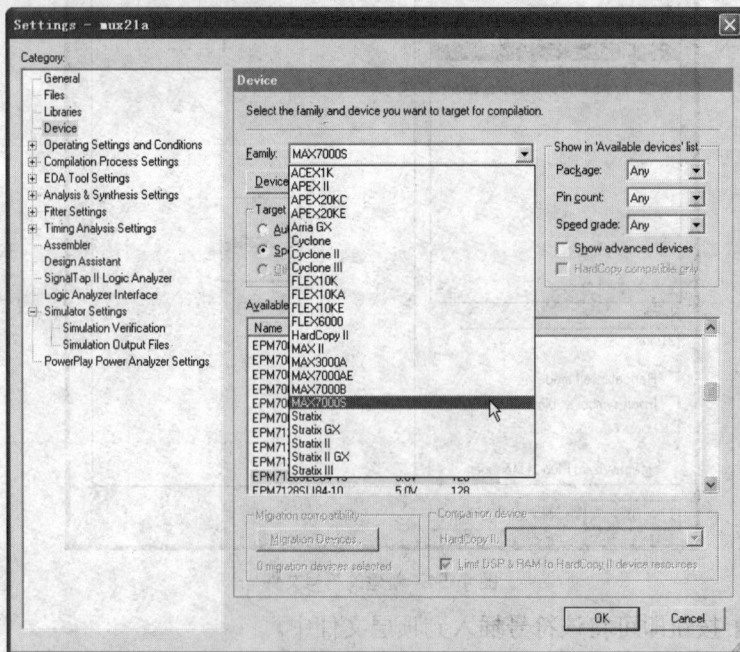

图 4-56　为工程指定目标器件

该系列下包含了很多芯片，通过指定封装、引脚数量和速度等级可以进一步缩小范围。单击【OK】按钮完成器件选择，如图 4-57 所示。

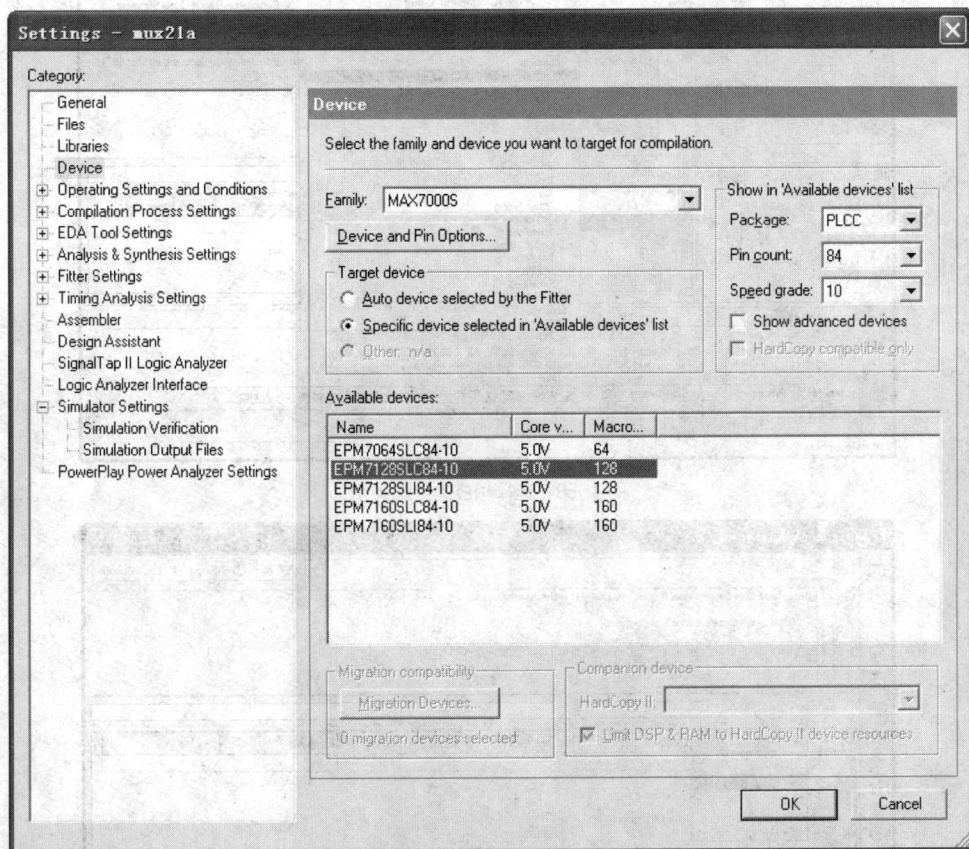

图 4-57　指定封装、引脚数量和速度等级

4.4.2　引脚分配

使用分配编辑器可以在 Quartus II 进行引脚分配。分配用于在设计中为逻辑指定各种选项和设置，包括位置、I/O 标准、时序、逻辑选项、参数、仿真和引脚分配。具体步骤如下。

（1）单击菜单栏【Assignments】|【Assignment Editor】打开分配编辑器，在 Category 栏中选择相应的分配类别，此处选择"Pin"，如图 4-58 所示。

（2）在显示当前设计分配的电子表格中，添加相应的分配信息。分配编辑器中的电子表格提供对应的下拉列表，也可以键入分配信息。例如，在"To"栏选择输入端口 a，"Location"栏选择"PIN_5"，其中，5 代表引脚序号，表示输入端口 a 锁定在芯片的引脚 5 上，如图 4-59、图 4-60 所示。

按照同样的方法继续添加其他引脚分配信息。在建立和编辑分配时，Quartus II 软件对适用的分配信息进行动态验证。如果分配或分配值非法，Quartus II 软件不会添加或更新数值，而是转换为当前值或不接受该值。

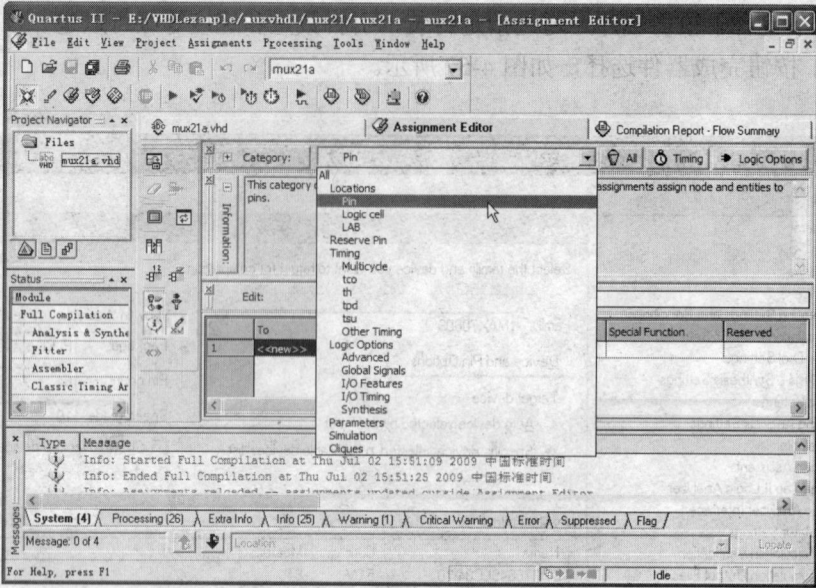

图 4-58 选择相应的分配类别

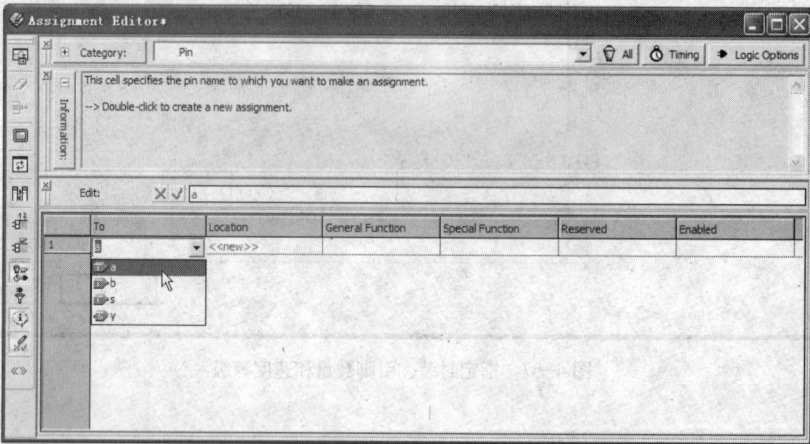

图 4-59 选择端口

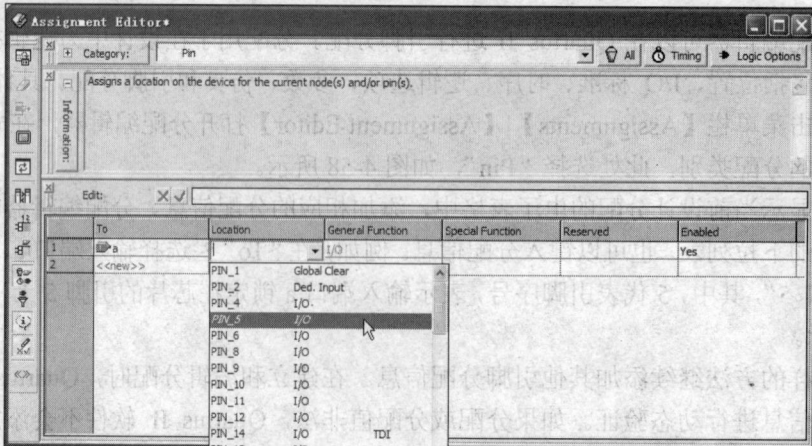

图 4-60 目标芯片上的位置

使用【Assignments】菜单下的可视化引脚规划器【Pin Planner】也可以分配引脚和引脚组。它包括器件的封装视图，以不同的颜色和符号表示不同类型的引脚，并以其他符号表示 I/O 块。引脚规划器使用的符号与器件数据手册中的符号非常相似。它还包括已分配和未分配引脚的表格。图 4-61 所示是引脚规划器窗口。

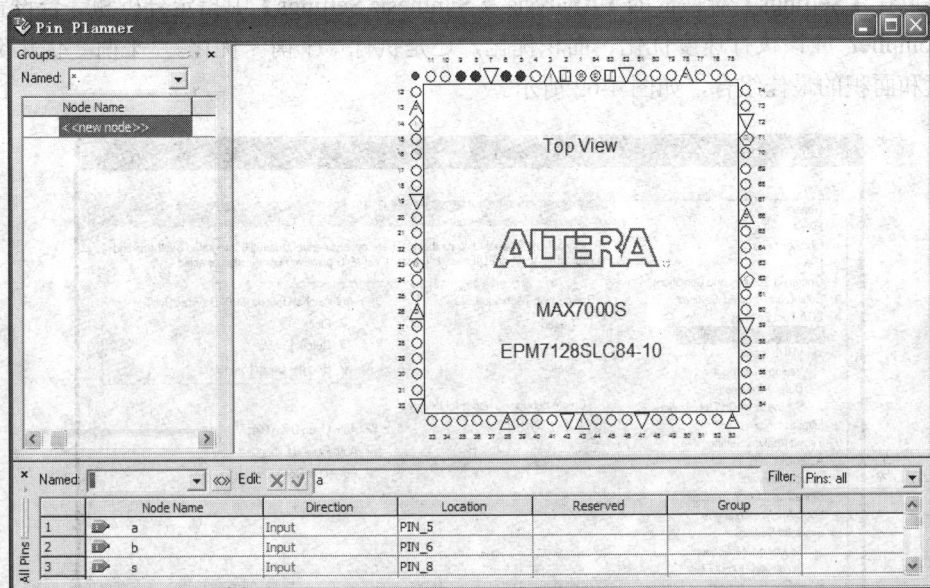

图 4-61　引脚规划器窗口

默认状态下，引脚规划器显示 Groups 列表、All Pins 列表和器件封装视图。可以通过将 Groups 列表和 All Pins 列表中的引脚拖至封装图中的可用引脚或 I/O 块来进行引脚分配。在 All Pins 表中，可以滤除节点名称、改变 I/O 标准，指定保留引脚的选项。还可以过滤 All Pins 列表，只显示未分配的引脚，改变节点名称和用户加入节点的方向。还可以为保留引脚指定选项。还可以显示所选引脚的属性和可用资源，以及引脚规划器中说明不同颜色和符号的图例。

4.5　项目编译

Quartus II 软件中的编译类型有全编译和分步编译两种。Quartus II 编译器的主要任务是对设计项目进行检查并完成逻辑综合，同时将项目最终设计结果生成器件的下载文件。

4.5.1　全编译与分步编译

选择 Quartus II 主窗口【Processing】菜单下【Start Compilation】命令，或者在主窗口的工具栏上直接单击 ▶ 按钮，可以进行全编译。

全编译的过程包括分析与综合（Analysis & Synthesis）、适配（Fitter）、编程（Assembler）、时序分析（Classical Timing Analysis）这 4 个环节，而这 4 个环节各自对应相应的菜单命令，可以单独分步执行，也就是分步编译。

分步编译就是使用对应命令分步执行对应的编译环节，每完成一个编译环节，生成一个对应的编译报告。分步编译与全编译一样分为 4 步。

（1）分析与综合（Analysis & Synthesis）：对设计文件进行分析和检查输入文件是否有错误。对应的菜单命令是 Quartus II 主窗口【Processing】菜单下【Start\Start Analysis & Synthesis】，对应的快捷图标是在主窗口的工具栏上的 按钮。

可以在【Settings】对话框的【Analysis & Synthesis Settings】中指定分析和综合设置。例如，Complier 应该执行速度优化、面积优化，还是执行"平衡"优化。"平衡"优化努力达到速度和面积的最佳组合，如图 4-62 所示。

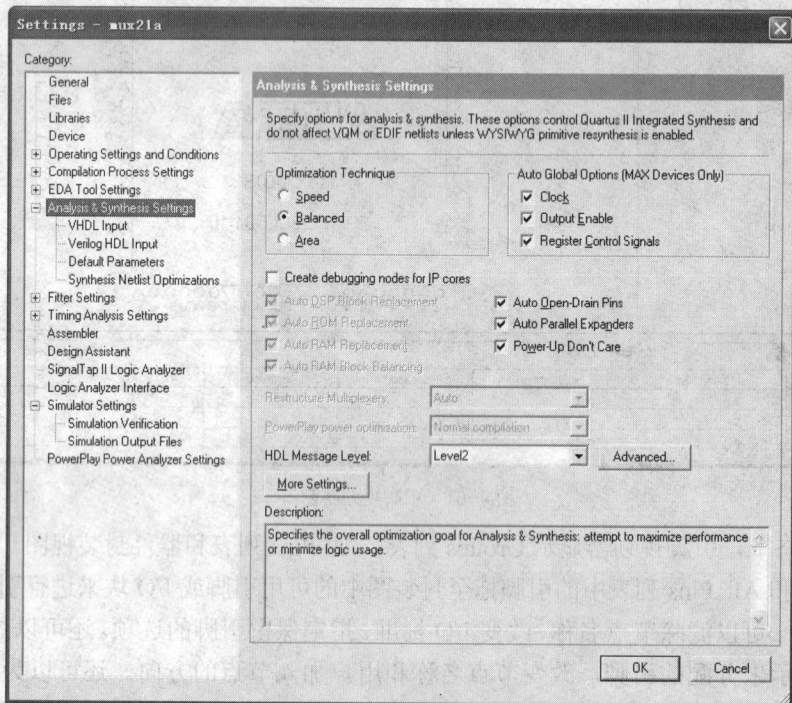

图 4-62　指定分析和综合设置

在默认情况下，【Analysis & Synthesis】使用 Verilog-2001 和 VHDL 1993，设计者可以在【Analysis & Synthesis Settings】对话框中选择要使用的标准，如图 4-63 所示。

Quartus II 软件还允许在不运行【Analysis & Synthesis】的情况下，使用【Processing】菜单下的【Analyze Current File】命令，检查单个设计文件的语法错误。

（2）适配（Fitter）：在适配过程中，完成设计逻辑器件中的布局布线、选择适当的内部互连路径、引脚分配、逻辑元件分配等，对应的菜单命令是 Quartus II 主窗口【Processing】菜单下【Start\Start Fitter】。

（3）编程（Assembler）：产生多种形式的器件编程映像文件，通过软件下载到目标器件当中去，对应的菜单命令是 Quartus II 主窗口【Processing】菜单下【Start\Start Assembler】。

（4）时序分析（Classical Timing Analyzer）：计算给定设计与器件上的延时，完成设计分析的时序分析和所有逻辑的性能分析，菜单命令是 Quartus II 主窗口【Processing】菜单下【Start\Start Classic Timing Analyzer】，对应的快捷图标是在主窗口的工具栏上的 按钮。

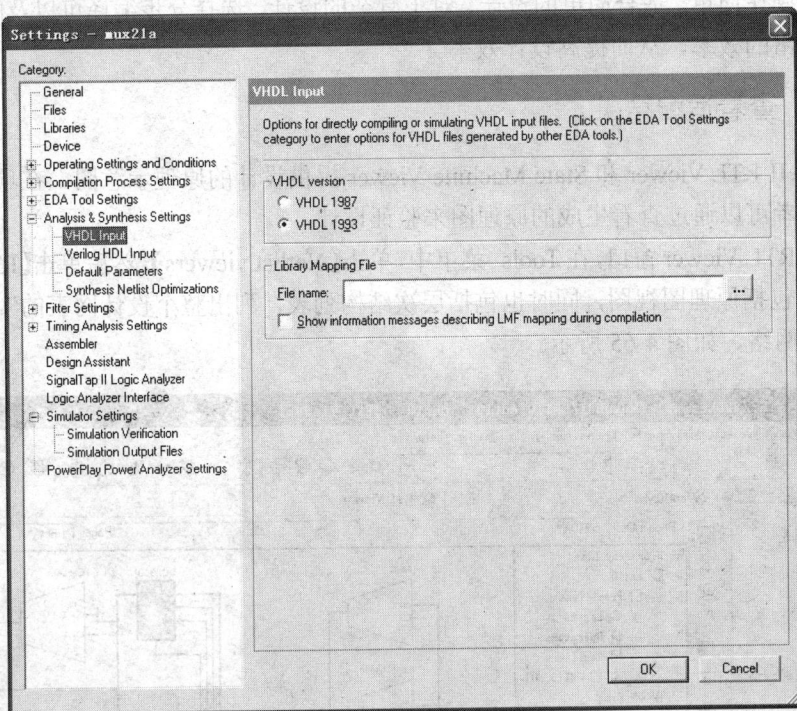

图 4-63 选择 VHDL 版本

编译完成以后，编译报告窗口 Compilation Report 会报告工程文件编译的相关信息，如编译的顶层文件名、目标芯片的信号、引脚的数目等，如图 4-64 所示。

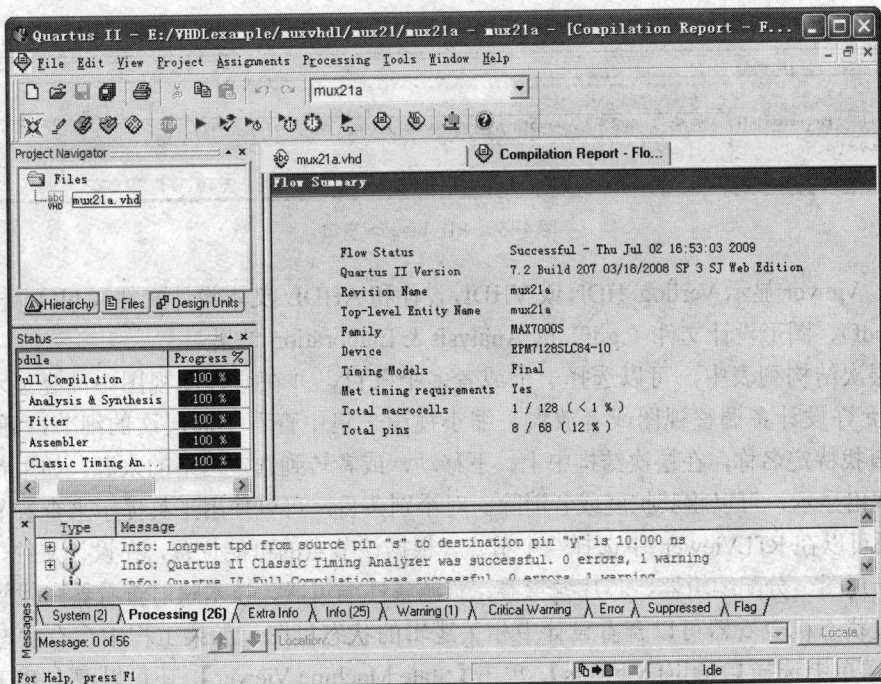

图 4-64 编译报告窗口

全编译操作简单，适合简单的设计。对于复杂的设计，选择分步编译可以及时发现问题，提高设计纠错的效率，从而提高设计效率。

4.5.2 查看适配结果

Quartus II RTL Viewer 和 State Machine Viewer 提供设计的原理示意图。在项目经过编译之后，设计者可以通过查看生成的原理图来验证设计。

要显示 RTL Viewer 窗口，在 Tools 菜单中，单击【Netlist viewers】，然后单击【RTL Viewer】。RTL Viewer 包括原理图视图，同时也包括层次结构列表，列出整个设计网表的实例、基本单元、引脚和网络，如图 4-65 所示。

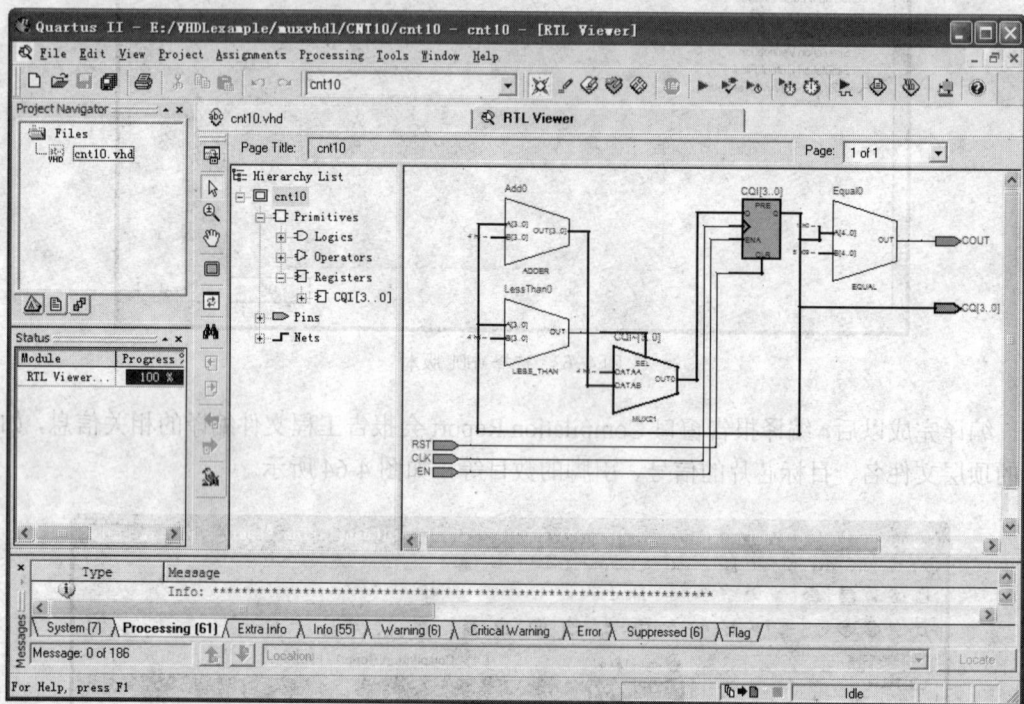

图 4-65 RTL Viewer 窗口

RTL Viewer 显示 Verilog HDL 或 VHDL 设计和 AHDL 文本设计文件（.tdf）、模块设计文件（.bdf）、图形设计文件（.gdf）的 Analysis & Elaboration 结果。

在层次结构列表中，可以选择一个或者多个条目，并在原理图视图中高亮显示。RTL Viewer 允许设计者调整视图或者放大、缩小视图来集中查看不同层次的细节，通过 RTL Viewer 查找特定名称，在层次结构中上、下移动，或者转到选定网络的来源。如果希望调整扇入和扇出显示，可以将其扩展或者消除。对个别条目，可以使用工具提示来查看节点和源信息。还可以在 RTLViewer 中选择一个节点，根据该节点的可能位置，在设计文件、时序逼进平面布局图、分配编辑器、芯片编辑器、资源属性编辑器、技术映射查看器中找到它。

通过状态机查看器可以查看设计中相关逻辑的状态机图。如果工程中含有状态机，在【Tools】菜单中选择【Netlist Viewers】，单击【State Machine Viewer】。还可以双击 RTL Viewer 窗口中的实例符号，来显示 State Machine Viewer，如图 4-66 所示。

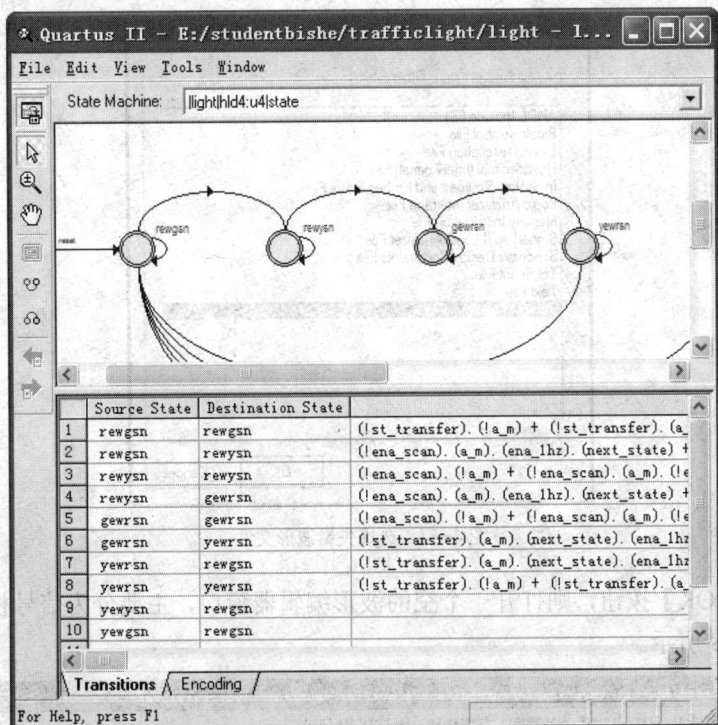

图 4-66　State Machine Viewer

在工程的状态转换图下方是状态转换表，它显示源和目的状态以及转换条件。在转换表中选择一个单元后，原理图中相应的状态或转换高亮显示。同样的，当在原理图中选择一个状态或者转换后，转换表中相应的单元高亮显示。原理视图可以放大和缩小、向上或者向下滚动、高亮显示扇入和扇出。在转换表中，可以将所选单元或者整个表格复制到文本编辑器中。还可以将显示在表栏中的数据对齐、排序。

4.6　使用 Quartus II 仿真器

为什么要进行仿真呢？仿真的目的就是在软件环境下，验证电路的行为和设想中的是否一致。

可以使用 Quartus II Simulator 仿真任何设计。根据所需的信息类型，可以进行功能仿真以测试设计的逻辑功能，也可以进行时序仿真，在目标器件中测试设计的逻辑功能和最坏情况下的时序，或者采用 Fast Timing 模型进行时序仿真，在最快的器件速率等级上仿真尽可能快的时序条件。

4.6.1　创建仿真波形文件

利用 Quartus II 波形编辑器可以创建矢量波形文件（.vwf）。波形文件用来为设计产生输入激励信号。创建矢量波形文件的步骤如下。

（1）选择菜单栏【File】|【New】命令，在弹出的【New】对话框中选择【Other Files】标签页，从中选择【Vector Waveform File】。也可以单击□按钮启动【New】对话框，如图 4-67 所示。

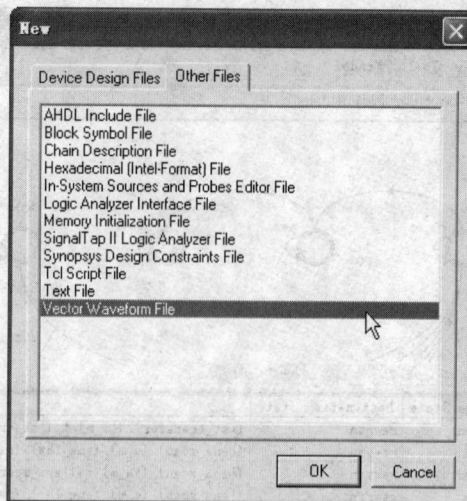

图 4-67 选择矢量波形文件

（2）单击【OK】按钮，则打开一个空的波形编辑器窗口，主要分为信号栏、工具栏和波形栏，如图 4-68 所示。

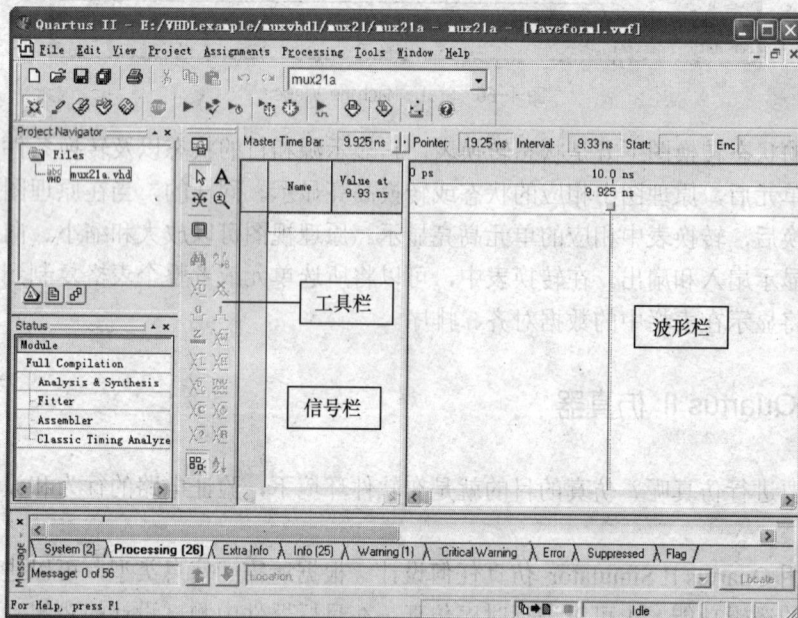

图 4-68 波形编辑器窗口

波形栏中的网格代表的是时序分析中最小的时间单位，默认的网格尺寸是 10ns，通过菜单栏上的【Edit】|【Grid Size…】命令可以更改网格大小，如图 4-69 所示。

（3）选择菜单栏上的【Edit】|【End Time…】命令，对波形文件设置仿真的时间区域。默认值为 1μs，这里假设设置时间长度为 10μs，如图 4-70 所示。

（4）选择菜单栏上的【View】|【Utility Windows】|【Node Finder】命令即可打开节点发现器。单击【List】按钮可以查找出该实体的端口，如图 4-71 所示。

在【Filter】下拉列表中可以设置查找的筛选条件，例如只显示输入端口，在下拉列表中选择条件"Pins:input"。单击【List】按钮只列出该实体的输入端口，如图 4-72 所示。

图 4-69 设置网格大小

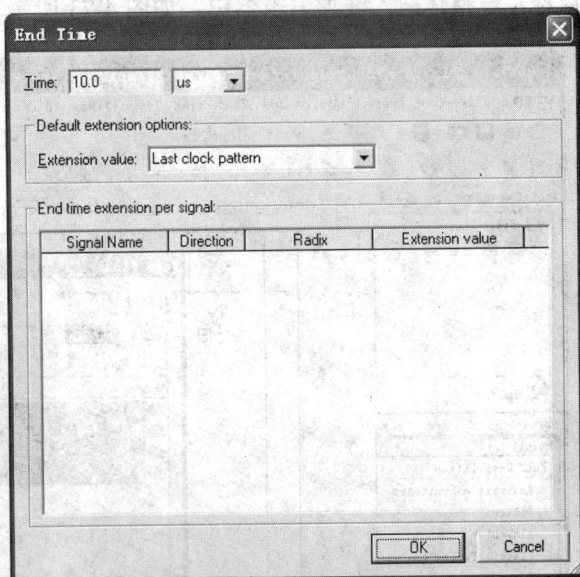

图 4-70 设置仿真时间长度

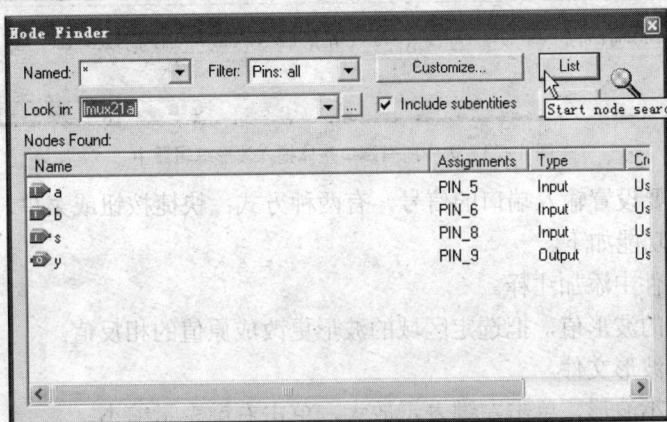

图 4-71 查找出该实体的端口

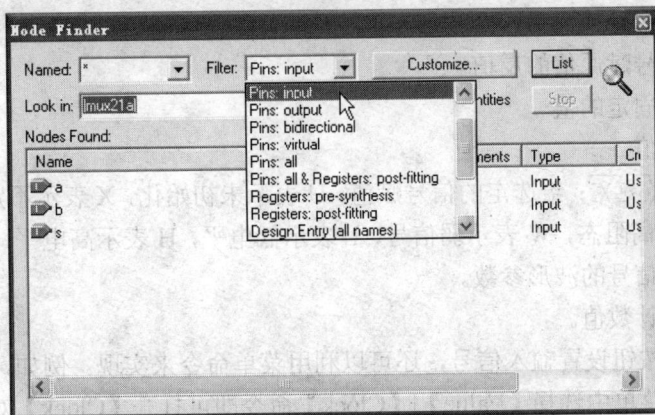

图 4-72 设置查找的筛选条件

（5）选中列出的各个端口，按下鼠标左键依次拖入波形编辑器中。也可以选中所有端口，按下鼠标左键整体拖入波形编辑器中，如图 4-73 所示。

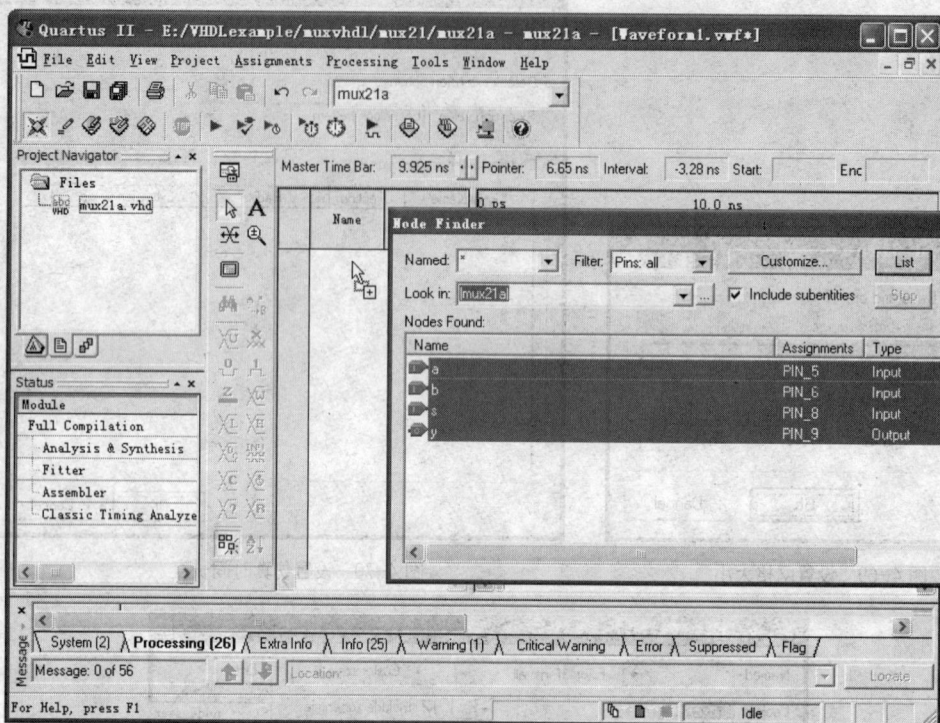

图 4-73 选中所有端口整体拖入波形编辑器中

（6）接下来就要设置输入端口的信号，有两种方式：快捷按钮或菜单。波形编辑器上各个快捷按钮的具体功能如下。

A：在波形文件中添加注释。

⌘：修改信号的波形值，把选定区域的波形更改成原值的相反值。

▣：全屏显示波形文件。

🔍：放大、缩小波形，单击左键表示放大，单击右键表示缩小。

🔍：在波形文件信号栏中查找信号名，可以快捷找到待观察信号。

▨：将某个波形替换为另一个波形。

▩：给选定信号赋原值的反值。

X?：输入任意固定的值。

XR：输入随机值。

XU XX XↁX X XↁX X X X：给选定的信号赋值，U 表示未初始化，X 表示不定态，0 表示赋 0，1 表示赋 1，Z 表示高阻态，W 表示弱信号，L 表示低电平，H 表示高电平，DC 表示不赋值。

XC：设置时钟信号的波形参数。

XC：给信号赋计数值。

除了利用快捷按钮设置输入信号，还可以利用菜单命令来实现。例如，选中 a 端口，单击右键，在弹出的菜单中选择【Value】|【Clock】命令即可打开【Clock】对话框，这和单击 **XC** 按钮效果是一样的，如图 4-74 所示。

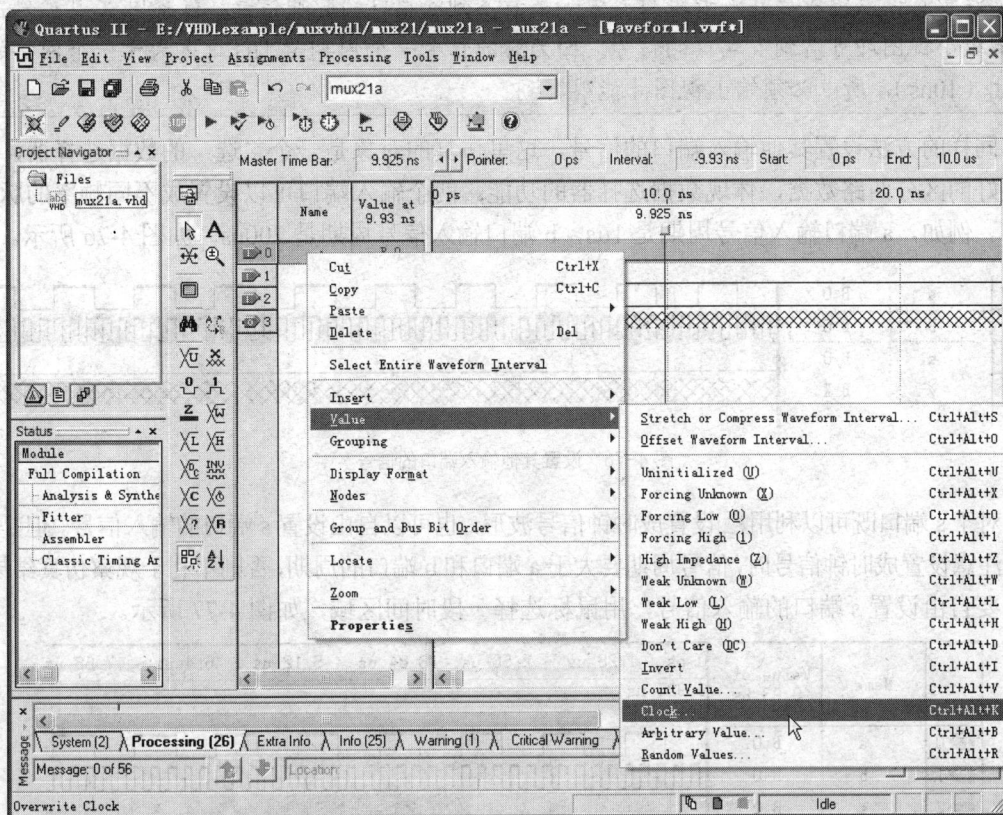

图 4-74 利用菜单命令设置输入信号

在【Clock】对话框中可以设置信号的起始时间（Start Time）、结束时间（End Time）、时钟脉冲周期（Period），相位偏置（Offset）以及占空比。例如，设置 a 端口周期为 1μs，如图 4-75 所示。

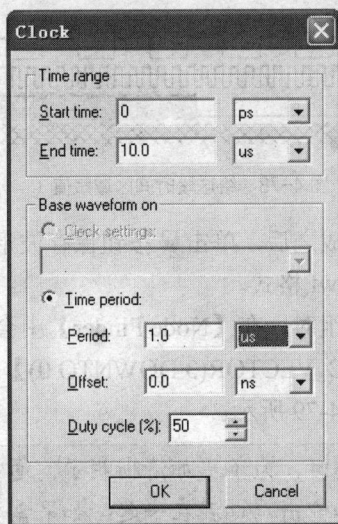

图 4-75 【Clock】对话框参数设置

注意：设置完成后在波形编辑器中如果看不到 a 端口的脉冲信号，选择 ⊕ 工具，单击右键缩小视图即可看到 a 端口的信号。因为脉冲信号一个周期是 1μs 远远大于一个网格的尺寸（10ns），所以必须缩小视图才能观察到。

同样的方法设置其他输入端口的信号，这里仿真的对象是一个二选一的数据选择器，为了更好的区分两路数据，体现数据选择器的功能。两个输入端口可以设置成不同频率的脉冲信号。例如，a 端口输入信号周期是 1μs，b 端口输入信号周期是 200ns，如图 4-76 所示。

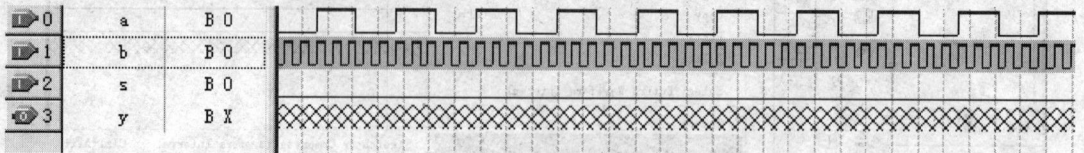

图 4-76 设置其他输入端口的信号

对于 s 端口既可以利用 ⓧ 设置成时钟信号波形，也可以自由设置 s 端口的输入信号。但是一定要注意设置成时钟信号时，信号周期要大于 a 端口和 b 端口的周期，否则不利于观察仿真结果。

要自由设置 s 端口的输入信号，用鼠标选择一段时间区域，如图 4-77 所示。

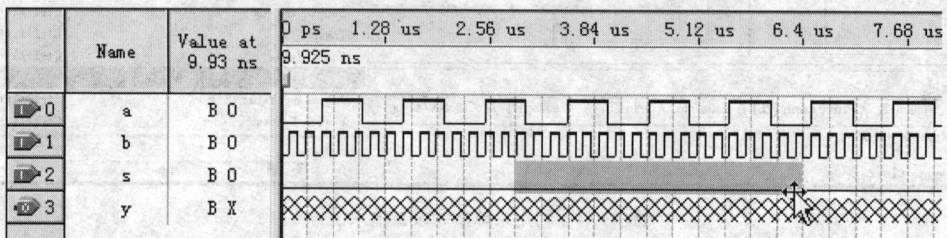

图 4-77 用鼠标选择一段时间区域

然后给这段时间区域赋值，例如，单击 ⅄ 按钮赋值 1，如图 4-78 所示。

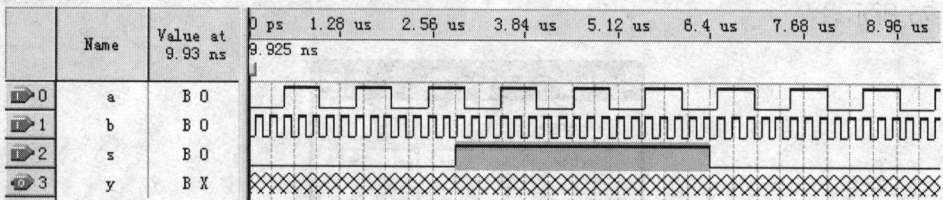

图 4-78 给这段时间区域赋值 1

（7）输入端口的信号设置完成之后，单击 🖫 按钮保存波形文件。保存的文件名最好与实体名称相一致，保存的类型是*.vwf 格式。

当实体中的端口是矢量或数组时，在【Node Finder】中会同时列出矢量和该矢量的每一位。例如【CQ：OUT STD_LOGIC_VECTOR(3 DOWNTO 0)】，在向波形编辑器拖入信号节点时只需拖入矢量 CQ 即可，如图 4-79 所示。

注意：在编辑矢量波形文件时，为了更加清晰明了，通常先拖入输入端口，后拖入输出端口。最好不要将输入端口和输出端口混在一起。如果需要调整某端口在波形编辑器中的顺序，则按下鼠标左键拖动该端口到目标位置即可，如图 4-80 所示。

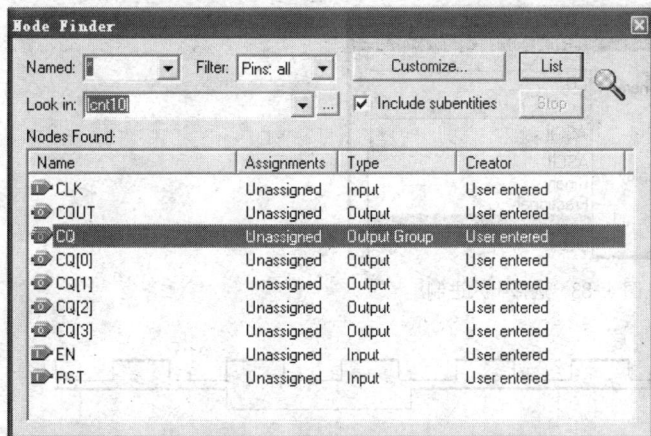

图 4-79 拖入矢量 CQ

图 4-80 调整端口的顺序

单击 CQ 左边的 ⊞ 按钮可展开 CQ 矢量的每一位，如图 4-81 所示。

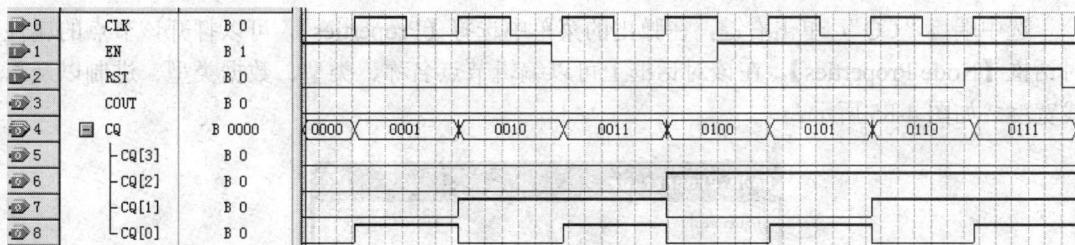

图 4-81 展开 CQ 矢量的每一位

如果向波形编辑器拖入的是矢量的每一位，也可以将其组合成矢量。用鼠标选中矢量的每一位，单击右键，在右键菜单中选择【Grouping】|【Group…】命令，如图 4-82 所示。

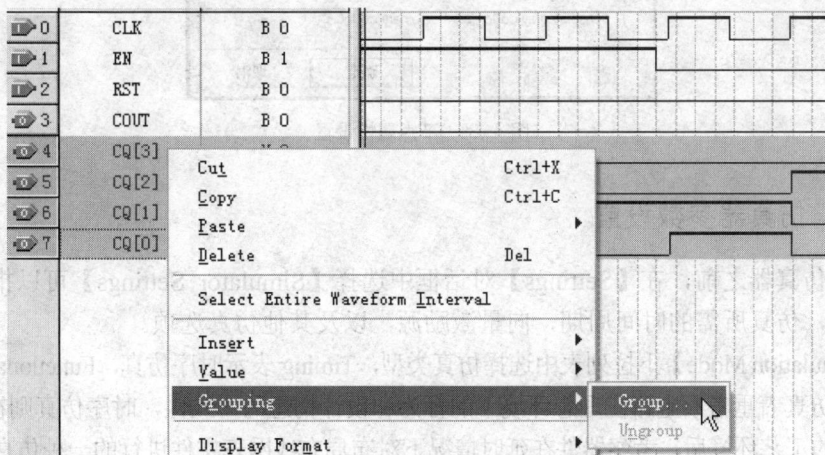

图 4-82 组合矢量

在【Group】对话框上的【Group name】文本框中输入矢量或数组的名称，【Radix】下拉列表中选择进制。例如，十六进制（Hexadecimal），则矢量将用十六进制表示，如图 4-83、图 4-84 所示。

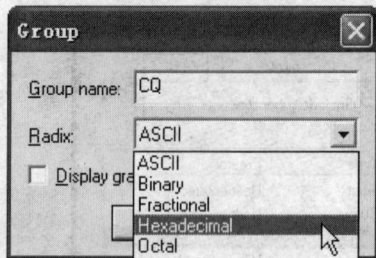

图 4-83   选择十六进制

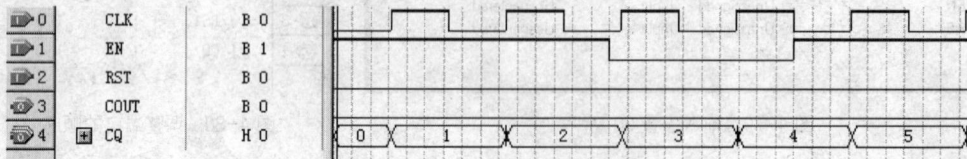

图 4-84   矢量用十六进制表示

选中端口 "CQ"，单击右键，在弹出的菜单中选择【Properties】，可以打开该节点的属性对话框【Node Properties】。在该对话框上可以编辑节点名称、类型、数据类型、进制以及总线宽度，如图 4-85 所示。

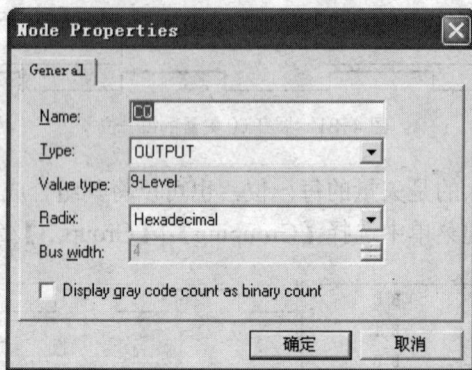

图 4-85   节点属性设置

4.6.2   仿真器参数设置

在启动仿真器之前，在【Settings】对话框中选择【Simulator Settings】可以指定要执行的仿真类型，仿真所需的时间周期，向量激励源，以及其他仿真选项。

在【Simulation Mode】下拉列表中选择仿真类型，Timing 表示时序仿真，Functional 表示功能仿真。功能仿真着重考察电路在理想环境下的行为和设计构想的一致性，时序仿真则在电路已经映射到特定的工艺环境后，考察器件在延时情况下对布局布线网表文件进行的一种仿真。

单击【Simulation input】文本框后的浏览按钮 … 可以选择仿真激励波形文件。在【Simulation period】处设置仿真所需的时间周期为 10μs，如图 4-86 所示。

单击 "＋" 按钮展开【Simulator Settings】选项卡，在【Simulation verification】选项卡上选定 "Simulation coverage reporting" 复选框，如图 4-87 所示。

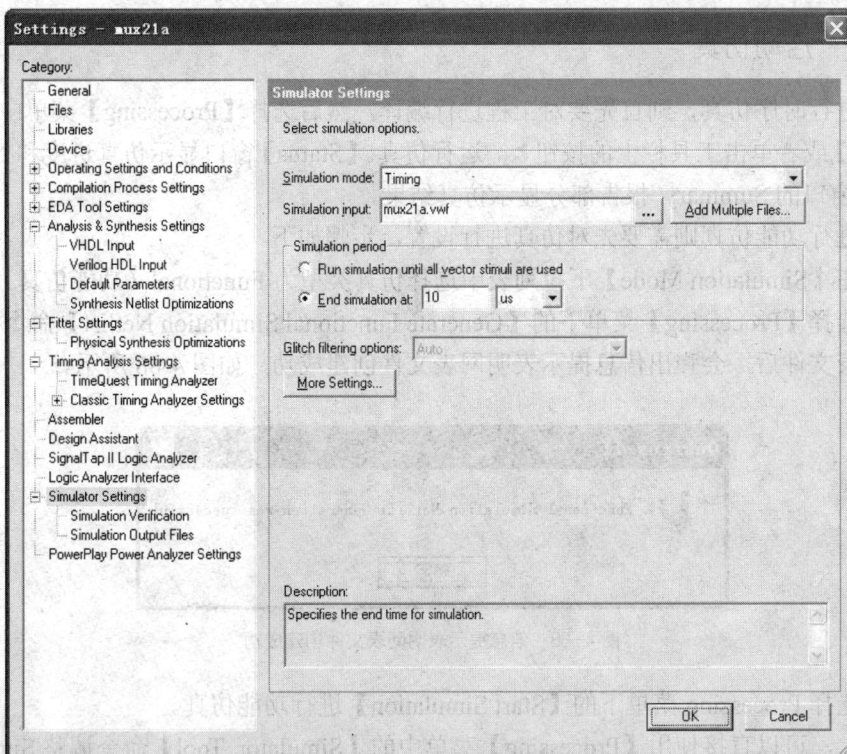

图 4-86 Settings 对话框的 EDA 工具仿真页面

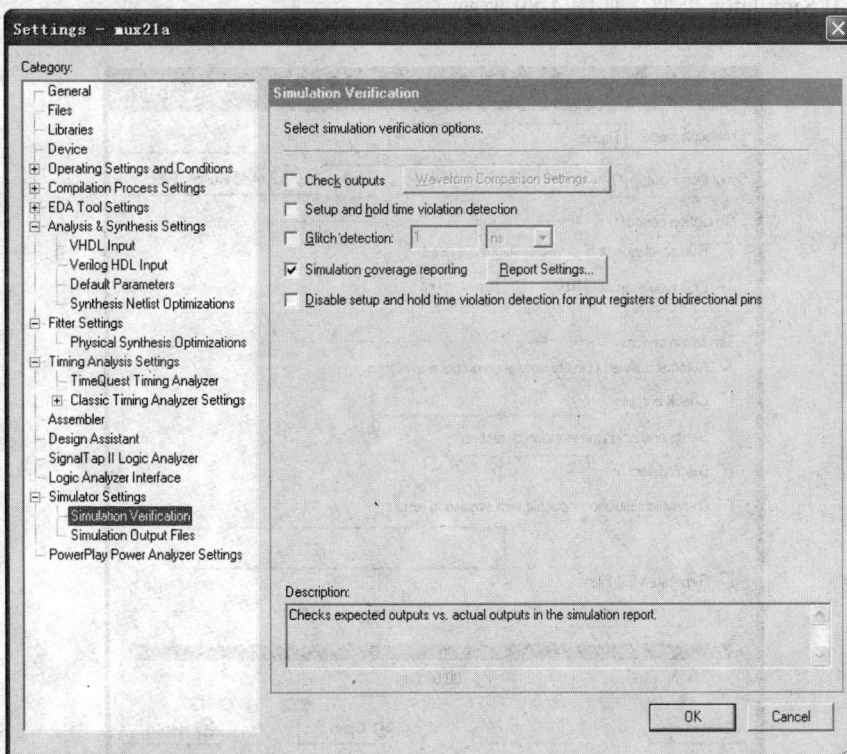

图 4-87 选定 "Simulation coverage reporting" 复选框

4.6.3 启动仿真

如果进行时序仿真，则首先要对工程进行编译，然后选择【Processing】菜单中的【Start Simulation】或者单击工具栏上的按钮 ，运行仿真。【Status】窗口显示仿真进度和处理时间。【Report】窗口的 Summary 报告部分显示仿真结果。

如果进行功能仿真则需要先对仿真进行设置，步骤如下。

（1）在【Simulation Mode】下拉列表中选择仿真类型为 Functional（功能仿真）。

（2）选择【Processing】菜单下的【Generate Functional Simulation Netlist】命令，生成功能仿真网表文件后，会弹出信息提示表明网表文件创建成功，如图 4-88 所示。

图 4-88　信息提示表明网表文件创建成功

（3）选择 Processing 菜单下的【Start Simulation】进行功能仿真。

实际上，可以直接使用【Processing】菜单中的【Simulator Tool】命令调整 Simulator 设置，以及启动或者停止 Simulator，为当前工程打开仿真波形。Simulator Tool 窗口的功能与 MAX+plus II Simulator 类似，如图 4-89 所示。

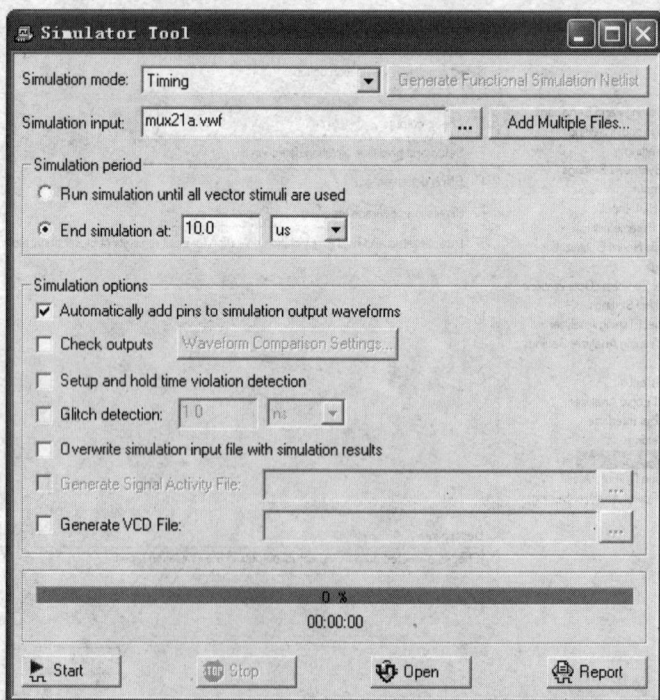

图 4-89　Simulator Tool 窗口

如果是进行功能仿真，在【Simulation Mode】下拉列表中选择仿真类型为 Functional（功能仿真），然后单击后面的按钮 Generate Functional Simulation Netlist 生成功能仿真网表文件，最后单击 Start 按钮即可启动仿真。

仿真完成之后，单击 Report 按钮可以查看生成的仿真结果。由此可见，利用【Simulator Tool】进行仿真非常方便，如图 4-90 所示。

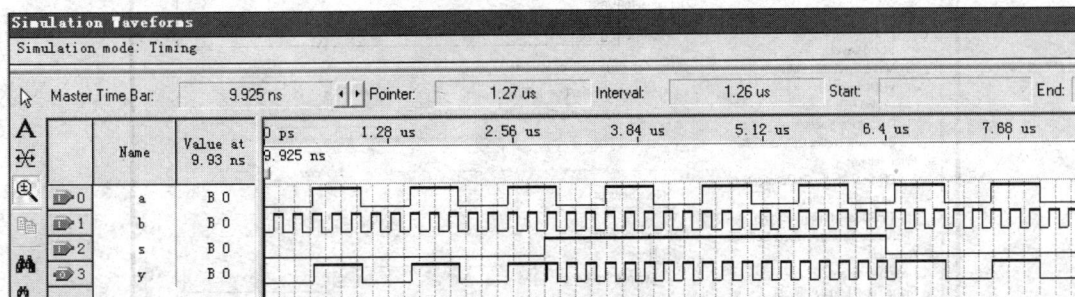

图 4-90 仿真结果

> 注意：对于仿真得到的波形可以使用放大缩小工具进行合理的缩放。单击右键是缩小，单击左键是放大。

Quartus II 软件可以仿真整个设计，也可以仿真设计的任何部分。可以指定工程中的任何设计实体为顶层设计实体，并仿真顶层实体及其所有附属设计实体。

以一位全加器为例，该工程包含了 2 个 VHDL 设计文件：h_adder.vhd 和 f_adder.vhd，其中 h_adder.vhd 是底层的半加器元件，f_adder.vhd 是顶层设计实体全加器。

要对工程中的设计文件进行仿真，首先必须指定为顶层设计实体。选中设计文件 h_adder.vhd，单击右键，在弹出的菜单中选择【Set as Top-Level Entity】命令，如图 4-91 所示。

启动编译器对设计文件进行全编译，然后按照前面介绍的方法创建仿真波形文件 h_adder.vwf 进行仿真。

接下来如果要对设计文件 f_adder.vhd 进

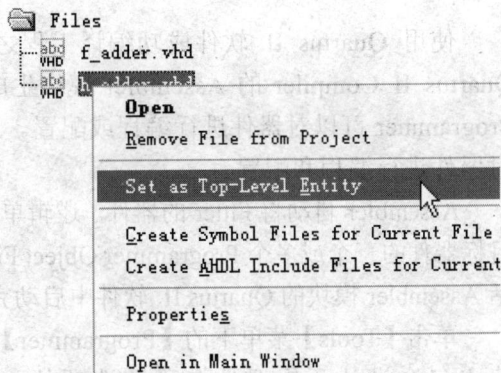

图 4-91 指定为顶层设计实体

行仿真，则指定该文件为顶层设计实体，对设计实体进行编译，然后创建仿真波形文件 f_adder.vwf 进行仿真。

除了使用 Quartus II 自身的 Simulator 进行仿真，还可以使用 EDA 仿真工具。在新建工程时选择 EDA 仿真工具，或者在【Settings】对话框【EDA Tool Settings】下的【Simulation】页面中选择相应的 EDA 仿真工具。在 Simulation 对话框上可以选择仿真工具并为 Verilog 和 VHDL 输出文件及其对应 SDF 输出文件的生成指定选项，以及功耗分析和 Signal Activity File 的选项，如图 4-92 所示。

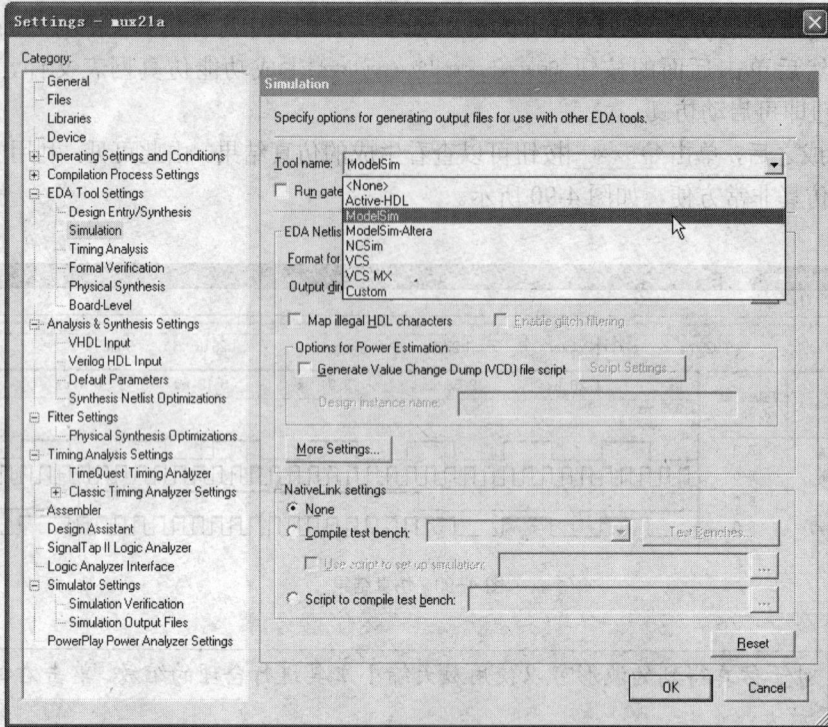

图 4-92 指定 EDA 仿真工具

4.7 器件编程

使用 Quartus II 软件成功编译工程之后，就可以对 Altera 器件进行编程或配置。
Quartus II Compiler 的 Assembler 模块生成编程文件，结合 Altera 编程硬件，Quartus II
Programmer 可以对器件进行编程或配置。还可以使用 Quartus II Programmer 的独立版本
对器件进行编程和配置。

Assembler 自动将 Fitter 的器件、逻辑单元和引脚分配转换为器件的编程镜像，其形式是
目标器件的一个或多个 Programmer Object Files(.pof) 或者 SRAM Object Files(.sof)。可以在包
括 Assembler 模块的 Quartus II 软件中启动完整编译，也可以单独运行 Assembler。

单击【Tools】菜单下的【Programmer】命令可以打开编程器对话框，Programmer 允许
建立包含设计所用器件名称和选项的 Chain Description File(.cdf)。还可以打开一个
MAX+plus II JTAG Chain File(.jcf) 或者 FLEX Chain File(.fcf)，并在 Quartus II Programmer
中保存为 CDF。

Programmer 使用 Assembler 生成的 Programmer Object 文件（.pof）或 SRAM Object
文件（.sof）对 Quartus II 软件支持的器件进行编程或配置，例如 "buzzer.pof"。如图 4-93
所示。

此时，在编程器窗口上方 Hardware Setup 处显示 "No Hardware"，表明还未安装下载电
缆。因此，单击【Hardware Setup…】按钮 ⚓ Hardware Setup...，在弹出的对话框上单击【Add Hardware】
（添加硬件）按钮。

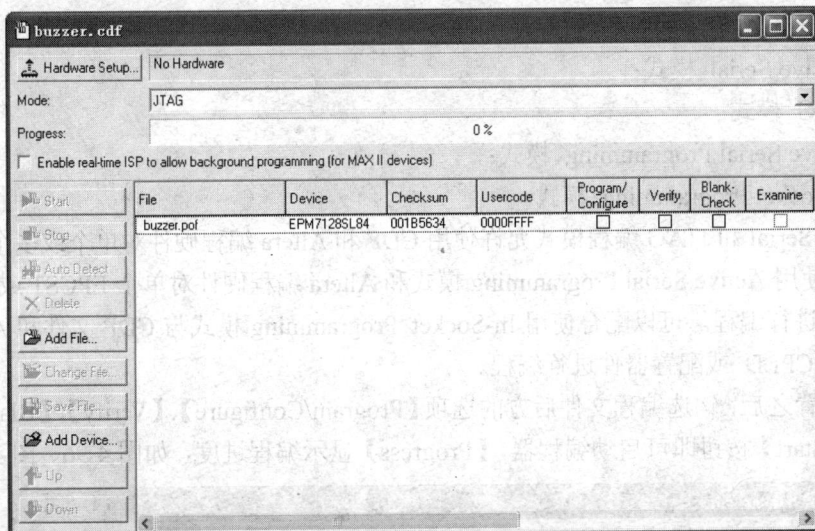

图 4-93　编程文件 buzzer.pof

在弹出的【Add Hardware】对话框上，提供了 Altera 的编程硬件，例如 MasterBlaster、ByteBlasterMV、ByteBlaster II 或 USBBlaster 下载电缆；或 Altera Programming Unit(APU)等。在【Hardware Type】（硬件类型）下拉列表中选择 "ByteBlasterMV or ByteBlaster II"，并指定使用并行口 "LPT1"，如图 4-94 所示。

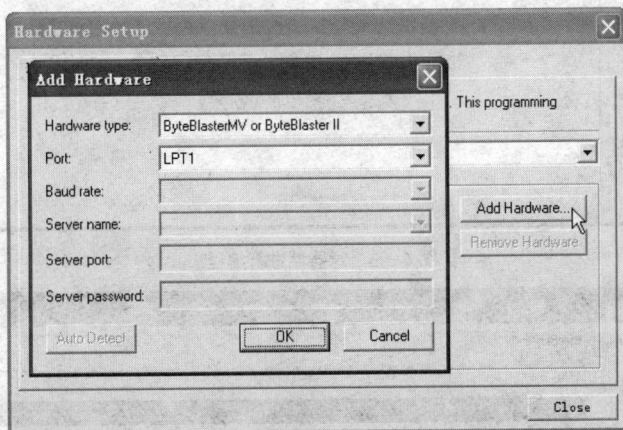

图 4-94　选择编程电缆

完成之后，在编程器窗口上方 Hardware Setup 处就会显示安装的硬件信息 "ByteBlasterMV（LPT1）"。

编程器窗口上的【Mode】下拉列表用于设置编程模式，默认是 JTAG 模式，如图 4-95 所示。

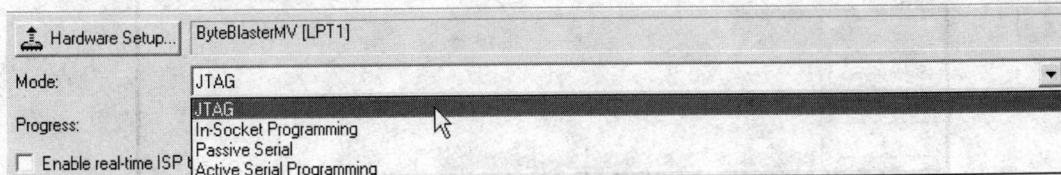

图 4-95　设置编程模式

Programmer 具有 4 种编程模式：

- Passive Serial 模式；
- JTAG 模式；
- Active Serial Programming 模式；
- In-Socket Programming 模式。

Passive Serial 和 JTAG 编程模式允许使用 CDF 和 Altera 编程硬件对单个或多个器件进行编程。可以使用 Active Serial Programming 模式和 Altera 编程硬件对单个 EPCS1 或 EPCS4 串行配置器件进行编程。可以配合使用 In-Socket Programming 模式与 CDF 文件和 Altera 编程硬件对单个 CPLD 或配置器件进行编程。

完成设置之后，钩选编程文件后方的选项【Program/Configure】、【Verify】、【Blank-Check】等，单击【Start】按钮即可启动编程器，【Progress】显示编程进度，如图 4-96、图 4-97 所示。

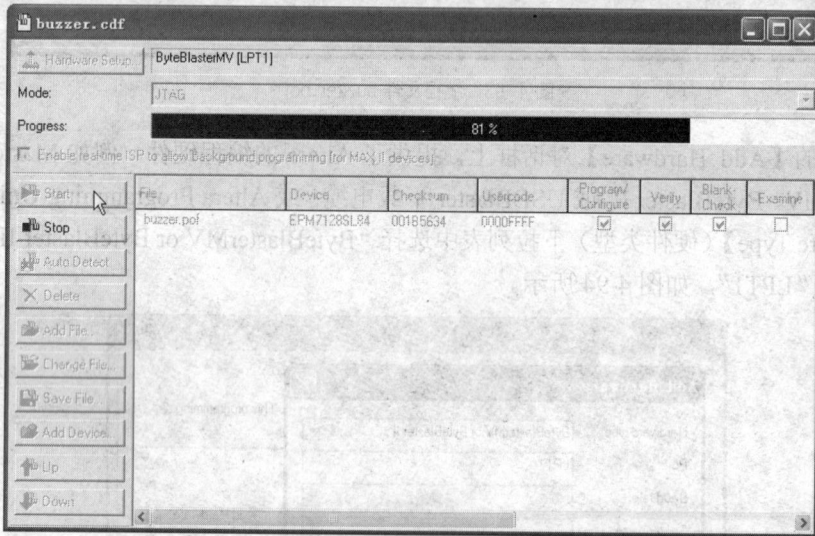

图 4-96　对器件进行编程

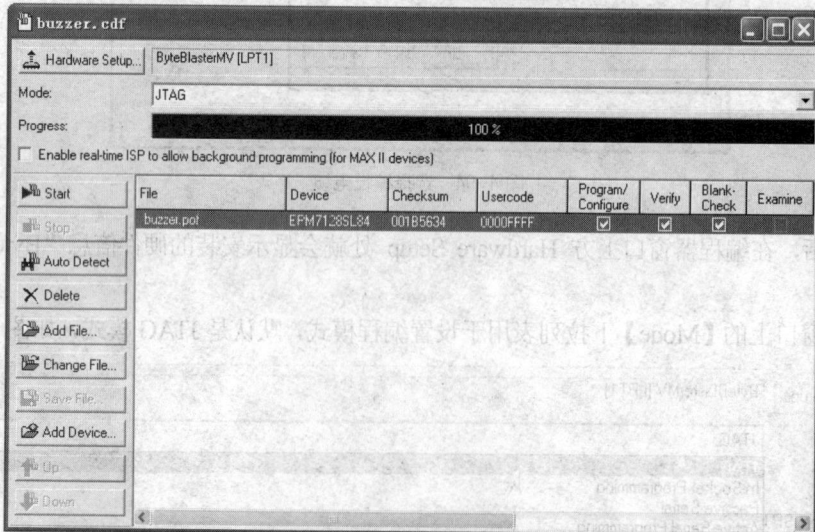

图 4-97　完成器件编程

完成器件编程之后，就可以进行硬件验证了。

若要使用计算机上没有提供但可通过 JTAG 服务器获得的编程硬件，可以使用 Programmer 指定、连接至远程 JTAG 服务器。有关知识可参阅相关资料，在此不再赘述。

习　题

1．简述利用 Quartus II 进行 VHDL 文本输入设计的流程。

2．Quartus II 中的 Settings 对话框有何作用？

3．在 Quartus II 中用 VHDL 设计一个 4 位计数器，并进行编译和仿真。

4．在 Quartus II 中用原理图输入方式设计一个 4 位串行输入并行输出的移位寄存器，并进行编译和仿真。

第三部分 设计应用篇

第 **5** 章 常用数字电路的设计

前面几章介绍了 VHDL 基础和开发工具，本章介绍一些常用数字电路的设计方法。

【教学目的】
➤ 掌握组合逻辑电路和时序逻辑电路的设计方法。
➤ 掌握存储器和常用接口电路设计。

5.1 组合逻辑电路设计

任一时刻的输出仅仅取决于当时的输入，与电路原来的状态无关，这样的数字电路叫做组合逻辑电路。用 VHDL 描述组合逻辑电路通常使用并行语句或进程。常见的组合逻辑电路有运算电路、编码器、译码器和数据选择器等。

5.1.1 运算电路设计

运算电路是计算机系统的核心部件之一，基本运算包括了加、减、乘、除。对于乘法和除法，不管是十进制还是二进制，乘法都被分解为一系列的加法，而除法被分解为一系列的减法。例如，一个乘法器可以由一个 n 位加法器和一个移位寄存器实现。因此，用 VHDL 设计运算电路最基本的就是学会设计加法器。

1. 加法器的设计

加法器有半加器和全加器两种，利用两个半加器可以构成一个全加器。

提问：半加器和全加器有什么区别？

半加器只是加数与被加数相加，而全加器是加数、被加数与进位值相加。所以半加器不考虑进位，而全加器要考虑进位。

（1）半加器的设计

半加器的真值表描述如表 5-1 所示。

表 5-1		半加器真值表	
a	**b**	**s**	**c**
0	0	0	0
0	1	1	0
1	0	1	0
1	1	0	1

根据上面的真值表可以得到半加器的布尔方程：

$$s = a \otimes b$$
$$c = a \bullet b$$

例 5-1 是半加器的 VHDL 描述。

【例 5-1】

```
LIBRARY IEEE;
USE IEEE.STD_LOGIC_1164.ALL;
USE IEEE.STD_LOGIC_UNSIGNED.ALL;
ENTITY h_adder IS
   PORT(a, b : INSTD_LOGIC;
        s, c : OUT   STD_LOGIC);
END h_adder;
ARCHITECTURE rtl OF h_adder IS
BEGIN
   c<=a AND b;
   s<=a XOR b;
END rtl;
```

（2）全加器的设计

图 5-1 所示为全加器的原理图，1 位全加器可以由两个半加器和一个或门连接而成。

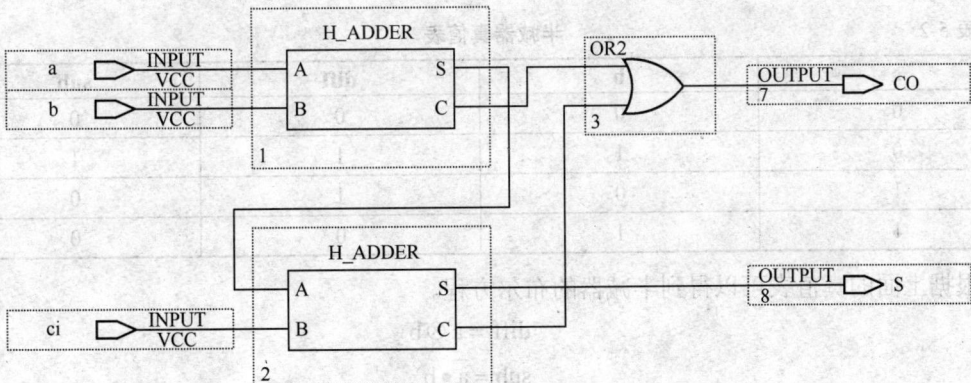

图 5-1 全加器原理图

例 5-2 是根据图 5-1 利用元件例化语句来实现 1 位全加器的顶层设计描述。

【例 5-2】

```
LIBRARY IEEE;
USE IEEE.STD_LOGIC_1164.ALL;
ENTITY f_adder IS
   PORT(a, b,ci  : IN STD_LOGIC;
        s, co : OUT   STD_LOGIC);
```

```
    END f_adder;
    ARCHITECTURE arc OF f_adder IS
      COMPONENT h_adder              --调用半加器声明语句
        PORT(a, b  : IN STD_LOGIC;
            s, c   : OUT   STD_LOGIC);
      END COMPONENT;
      SIGNAL s1,c1,c2:STD_LOGIC;        --定义三个信号作为内部的连接线
    BEGIN
      u1:h_adder  PORT MAP(a,b,s1,c1);    --例化语句
      u2:h_adder  PORT MAP(s1,ci,s,c2);
      co<=c1 OR c2;
    END arc;
```

在 MAX-PLUS 下进行仿真，波形如图 5-2 所示。

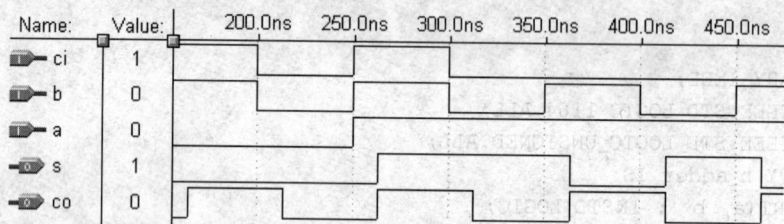

图 5-2 全加器仿真波形

2. 减法器的设计

减法器的设计与加法器非常类似，如图 5-3 所示，1 位全减器由两个半减器和一个或门连接而成。

（1）半减器的设计

半减器的真值表描述如表 5-2 所示。

表 5-2   半减器真值表

a	b	diff	sub
0	0	0	0
0	1	1	1
1	0	1	0
1	1	0	0

根据上面的真值表可以得到半减器的布尔方程。

$$diff = a \otimes b$$
$$sub = \bar{a} \bullet b$$

例 5-3 是半减器的 VHDL 描述。

【例 5-3】

```
    LIBRARY IEEE;
    USE IEEE.STD_LOGIC_1164.ALL;
    ENTITY h_suber IS
      PORT(a, b: IN STD_LOGIC;
          diff, sub: OUT STD_LOGIC);
    END ENTITY h_suber;
```

```
ARCHITECTURE rtl OF h_suber IS
BEGIN
   sub<=NOT a AND b;
   diff<=a XOR b;
END ARCHITECTURE rtl;
```

（2）全减器的设计

例 5-4 是根据图 5-3 利用元件例化语句来实现 1 位全减器的顶层设计描述。

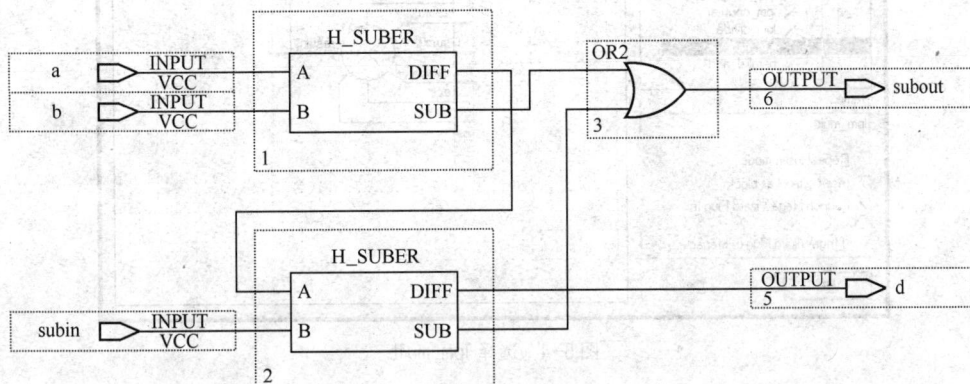

图 5-3 全减器原理图

【例 5-4】1 位全减器。

```
LIBRARY IEEE;
USE IEEE.STD_LOGIC_1164.ALL;
ENTITY f_suber IS
   PORT(a, b,subin  : IN STD_LOGIC;
        d, subout: OUT   STD_LOGIC);
END f_suber;
ARCHITECTURE arc OF f_suber IS
   COMPONENT h_suber
     PORT(a, b  : IN STD_LOGIC;
          diff, sub  : OUT   STD_LOGIC);
   END COMPONENT;
   SIGNAL s1,c1,c2:STD_LOGIC;
BEGIN
   u1:h_suber  PORT MAP(a,b,s1,c1);
   u2:h_suber  PORT MAP(s1,subin,d,c2);
   subout<=c1 OR c2;
END arc;
```

3. 乘法器的设计

对于乘法器，可以通过自主编写加法器和移位寄存器来实现。但是，Quartus Ⅱ 给设计者提供了更高效的方法，利用集成在软件内部的参数化宏功能模块 LPM-MULT 可以非常方便地实现乘法器。

下面以一个 8 位无符号数乘法器为例介绍具体的实现步骤。

（1）在原理图编辑器的空白位置双击，可以打开【Symbol】对话框。在元件库【Libraries】列表中选择【megafunctions】|【arithmetic】|【lpm_mult】，如图 5-4 所示。

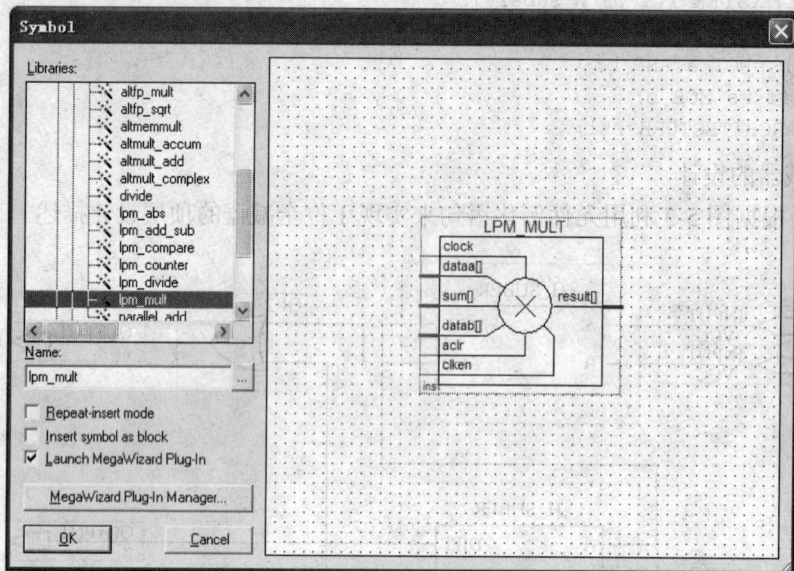

图 5-4　选择 lpm_mult

（2）设置输出文件类型和保存的文件名，如图 5-5 所示。

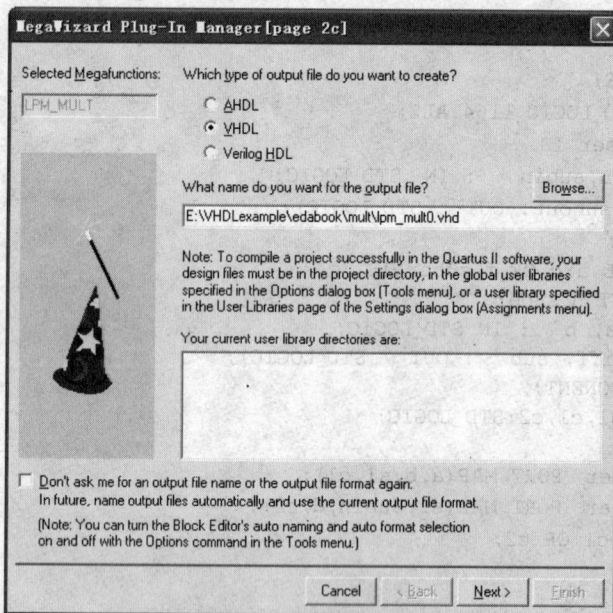

图 5-5　设置输出文件类型和保存的文件名

（3）选择编程器件、设置乘法器输入端口位宽，如图 5-6 所示。

（4）第一项是询问是否将 datab（被乘数）设置为常数。第二项询问乘法器类型是无符号数还是有符号数。第三项是设置乘法器实现方式，这里选择"Use dedicated multiplier circuitry"。对于含有嵌入式乘法器的 Cyclone 系列 FPGA，编译器将自动选择此专用乘法器，如图 5-7 所示。

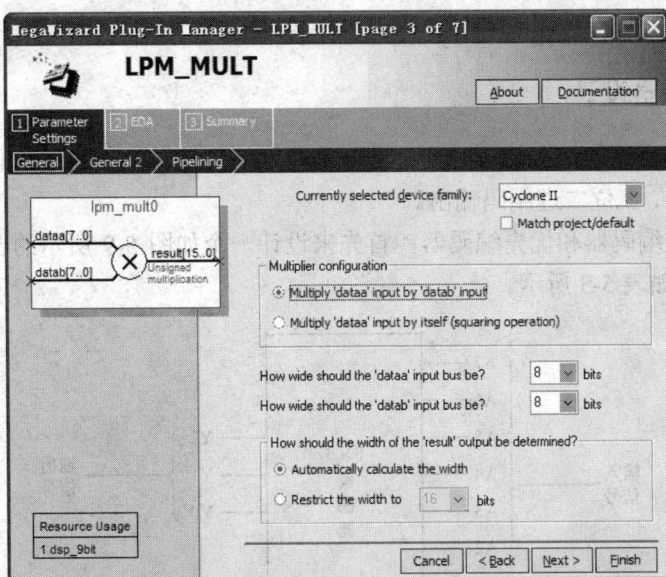

图 5-6 参数设置

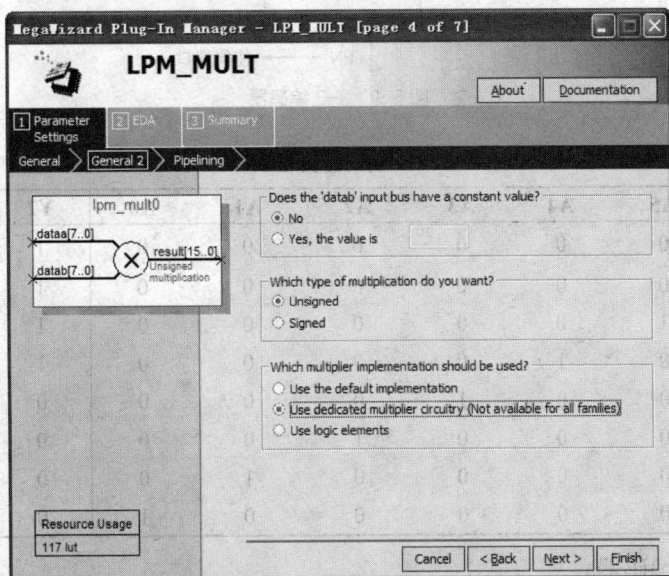

图 5-7 参数设置

（5）单击【Next】按钮，在对话框上的乘法器流水线功能处选择"No"。继续单击【Next】
按钮。最后，单击【Finish】按钮完成设计。乘法器模块如图 5-8 所示。

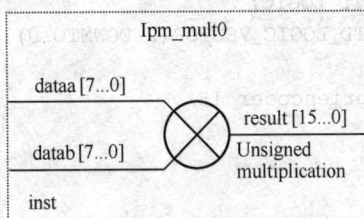

图 5-8 乘法器模块

在该模块上添加输入输出端口即可完成整个设计。

5.1.2 编码器设计

编码器有若干个输入，在某一时刻只有一个输入信号被转换成二进制码。例如 8 线-3 线编码器有 8 个输入，3 位二进制码输出。

编码器有普通编码器和优先编码器，首先来设计一个如图 5-9 所示的普通 8-3 编码器。8-3 编码器真值表如表 5-3 所示。

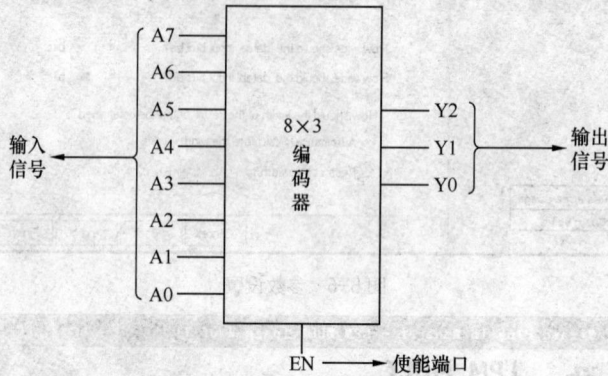

图 5-9 8-3 编码器

表 5-3 　　　　　　　　　　　　8-3 编码器真值表

A7	A6	A5	A4	A3	A2	A1	A0	Y2	Y1	Y0
1	0	0	0	0	0	0	0	1	1	1
0	1	0	0	0	0	0	0	1	1	0
0	0	1	0	0	0	0	0	1	0	1
0	0	0	1	0	0	0	0	1	0	0
0	0	0	0	1	0	0	0	0	1	1
0	0	0	0	0	1	0	0	0	1	0
0	0	0	0	0	0	1	0	0	0	1
0	0	0	0	0	0	0	1	0	0	0

【例 5-5】8-3 编码器。

```
LIBRARY ieee;
USE ieee.std_logic_1164.ALL;
ENTITY priencoder IS
    PORT(A   : IN  STD_LOGIC_VECTOR(7 DOWNTO 0);
         EN  : IN  STD_LOGIC;
         Y   : OUT STD_LOGIC_VECTOR(2 DOWNTO 0));
END priencoder;
ARCHITECTURE rtl OF priencoder IS
BEGIN
PROCESS (A)
BEGIN
IF EN='1' THEN
CASE A IS
```

```
WHEN "00000001" => Y<="000" ;
WHEN "00000010" => Y<="001" ;
WHEN "00000100" => Y<="010" ;
WHEN "00001000" => Y<="011" ;
WHEN "00010000" => Y<="100" ;
WHEN "00100000" => Y<="101" ;
WHEN "01000000" => Y<="110" ;
WHEN "10000000" => Y<="111" ;
WHEN OTHERS=> Y<="000";
END CASE;
ELSE  Y<="000";
END IF;
END PROCESS;
```

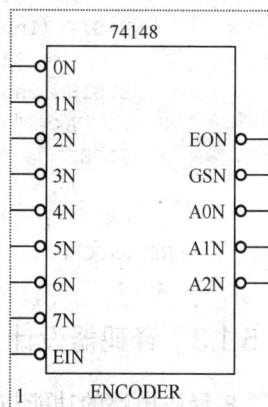

图 5-10 74148 优先编码器的引脚图

74/54 系列 148/348 是优先编码器，低电平有效，EIN 为使能端。图 5-10 所示是 74148 优先编码器的引脚图。8-3 优先编码器真值表如表 5-4 所示。

表 5-4   8-3 优先编码器真值表

I0	I1	I2	I3	I4	I5	I6	I7	A0	A1	A2
0	1	1	1	1	1	1	1	1	1	1
×	0	1	1	1	1	1	1	1	1	0
×	×	0	1	1	1	1	1	1	0	1
×	×	×	0	1	1	1	1	1	0	0
×	×	×	×	0	1	1	1	0	1	1
×	×	×	×	×	0	1	1	0	1	0
×	×	×	×	×	×	0	1	0	0	1
×	×	×	×	×	×	×	0	0	0	0

【例 5-6】8-3 优先编码器。

```
LIBRARY ieee;
USE ieee.std_logic_1164.ALL;
ENTITY priencoder IS
   PORT(input   : IN  STD_LOGIC_VECTOR(7 DOWNTO 0);
        A       : OUT STD_LOGIC_VECTOR(2 DOWNTO 0));
END priencoder;
ARCHITECTURE rtl OF priencoder IS
BEGIN
   PROCESS (input)
   BEGIN
      IF (input(7)= '0') THEN
          A<= "000";
      ELSIF (input(6)= '0') THEN
          A<= "001";
      ELSIF (input(5)= '0' ) THEN
          A<= "010";
      ELSIF (input(4)= '0') THEN
          A<= "011";
```

```
        ELSIF (input(3)= '0' ) THEN
             A<= "100";
        ELSIF (input(2)= '0') THEN
             A<= "101";
        ELSIF (input(1)= '0' ) THEN
             A<= "110";
        ELSE
             A<= "111" ;
        END IF;
    END PROCESS;
END rtl;
```

5.1.3　译码器设计

3-8 译码电路的功能与编码器的功能相反。3 个输入变量为 d0，d1，d2，输出变量有 8 个，即 y0~y7，对输入变量 d0，d1，d2 译码，就能确定输出端 y0~y7 的输出变为有效（低电平），从而达到译码目的。

74138 译码器电路如图 5-11 所示，其真值表如表 5-5 所示。

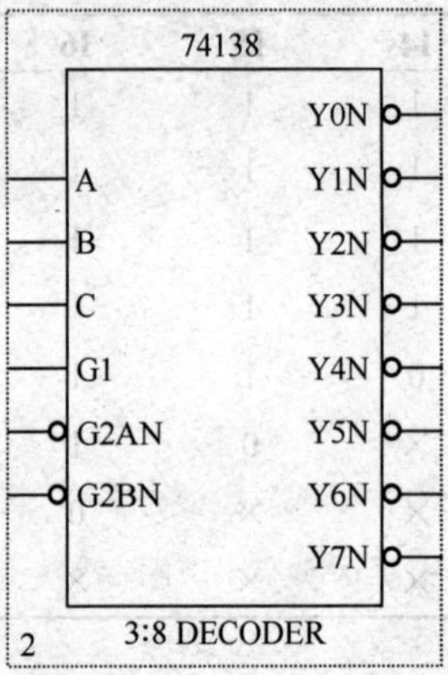

图 5-11　74138 译码器

表 5-5　　　　　　　　　　　　　3-8 译码器真值表

选通输入			二进制输入			译码输出							
G1	G2A	G2B	C	B	A	Y0	Y1	Y2	Y3	Y4	Y5	Y6	Y7
×	1	×	×	×	×	1	1	1	1	1	1	1	1
×	×	1	×	×	×	1	1	1	1	1	1	1	1
0	×	×	×	×	×	1	1	1	1	1	1	1	1
1	0	0	0	0	0	0	1	1	1	1	1	1	1
1	0	0	0	0	1	1	0	1	1	1	1	1	1
1	0	0	0	1	0	1	1	0	1	1	1	1	1
1	0	0	0	1	1	1	1	1	0	1	1	1	1
1	0	0	1	0	0	1	1	1	1	0	1	1	1
1	0	0	1	0	1	1	1	1	1	1	0	1	1
1	0	0	1	1	0	1	1	1	1	1	1	0	1
1	0	0	1	1	1	1	1	1	1	1	1	1	0

【例 5-7】3-8 译码器。

```
LIBRARY ieee;
USE ieee.std_logic_1164.ALL;
ENTITY decode3_8 IS
     PORT(a,b,c      : IN STD_LOGIC;
        g1,g2a,g2b   : IN    STD_LOGIC;
          y    : OUT  STD_LOGIC_VECTOR(7 DOWNTO 0));
END decode3_8;
ARCHITECTURE rtl OF decode3_8 IS
   SIGNAL  ind   : STD_LOGIC_VECTOR(2 DOWNTO 0);
BEGIN
   ind<=c&b&a;
   PROCESS (ind,g1,g2a,g2b)
   BEGIN
      IF (g1='1' and g2a='0' and g2b='0') THEN
          CASE ind IS
              WHEN "000" =>y<="11111110";
              WHEN "001" =>y<="11111101";
              WHEN "010" =>y<="11111011";
              WHEN "011" =>y<="11110111";
              WHEN "100" =>y<="11101111";
              WHEN "101" =>y<="11011111";
              WHEN "110" =>y<="10111111";
              WHEN "111" =>y<="01111111";
              WHEN OTHERS=>y<="XXXXXXXX";
          END CASE;
      ELSE
          y<="11111111";
      END IF;
   END PROCESS;
END rtl;
```

5.1.4 数据选择器设计

在数字系统中常需要将多路数据有选择地分别传送到公共数据线上去，完成这一功能的逻辑电路称为数据选择器。数据选择器是一种通用性很强的中规模集成电路，其用途很广，如应用于数字仪表、计算机等程序控制电路中，或实现数据通道扩展等，主要有四选一数据选择器、8 选 1 数据选择器（型号为 74151、74251、74LS151）、16 选 1 数据选择器（可以用两片 74151 连接起来构成）等，图5-12 所示的是一个四选一数据选择器的框图。

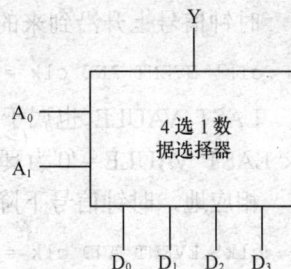

四选一多路选择器的 VHDL 描述非常灵活，可以采用多种语句来实现。下面的例子是用 CASE 语句来描述的。

图 5-12 四选一多路选择器

【例 5-8】四选一多路选择器。

```
ENTITY mux4_1 IS
  PORT(D     : IN STD_LOGIC_VECTOR(3 DOWNTO 0);
       A     : IN    STD_LOGIC_VECTOR(1 DOWNTO 0);
```

```
            Y      : OUT      STD_LOGIC);
      END mux4_1;
      ARCHITECTURE arch OF mux4_1 IS
      BEGIN
        PROCESS (D, A)
        BEGIN
          CASE A IS
              WHEN "00" =>Y<=D(0);
              WHEN "01" =>Y<=D(1);
              WHEN "10" =>Y<=D(2);
              WHEN "11" =>Y<=D(3);
              WHEN OTHERS =>Y<='X';
          END CASE;
        END PROCESS;
      END arch;
```

5.2 时序逻辑电路设计

任一时刻的输出不仅取决于当时的输入，而且还取决于电路原来的状态，这样的数字电路叫做时序逻辑电路。时序逻辑电路的基础电路包括触发器、锁存器、寄存器和计数器等。

由数字电路知道，任何时序电路都以时钟为驱动信号，时序电路只是在时钟信号的边沿到来时，其状态才发生改变。因此，时钟信号是时序电路程序的执行条件，时钟信号是时序电路的同步信号。

5.2.1 时钟的描述

时钟信号上升沿到来的条件可写为：

```
clk' EVENT AND clk ='1';
```

EVENT 是信号属性函数，clk' EVENT 表明在 δ 时间内测得 clk 有一个跳变，clk ='1'表示在 δ 时间之后又测得 clk 为高电平 '1'。

严格地说，如果信号 clk 的数据类型是 STD_LOGIC，它有 9 种可能的取值，而 clk' EVENT 为真的条件是 clk 在 9 种数据中的任何两种之间跳变，并不能推定 clk 在 δ 时刻前是 '0'，例如它可以由 'Z' 变到 '1'。

时钟信号上升沿到来的条件可改写为：

```
clk' EVENT AND clk ='1' AND clk' LAST_VAULE = '0' ;
```

LAST_VAULE 也属于信号属性函数，clk' LAST_VAULE 表示最近一次事件发生前的值。clk' LAST_VAULE = '0'为真，表示 clk 在 δ 时刻前是 '0'。

相应地，时钟信号下降沿到来的条件描述为：

```
clk' EVENT AND clk ='0' AND clk' LAST_VAULE = '1' ;
```

时序电路边沿检测条件的描述还可以采用 IEEE 库中标准程序包 std_logic_1164 内的预定义函数：

```
Rising_edge(clk)   上升沿检测
Falling_edge(clk)  下降沿检测
```

在时序电路描述中，时钟信号作为进程的敏感信号，显式地出现在 PROCESS 语句后的括号中。

```
PRCESS(clock)
```

时序信号边沿的到来将作为时序电路语句执行的条件来启动进程的执行。这种以时钟为敏感信号的进程描述方法为：

```
PROCESS (clock)
  BEGIN
    IF (clock_edge_condition) THEN
      signal_out <= signal_in;          --其他时序语句
    END IF;
END PROCESS;
```

clock 信号作为进程的敏感信号，每当 clock 发生变化，该进程就被触发、启动，而时钟边沿条件得到满足时，才真正执行时序电路所对应的语句。

5.2.2 复位的描述

时序电路的初始状态应由复位信号来设置。根据复位信号对时序电路复位的操作不同，使其可以分为同步复位和异步复位。

（1）同步复位

在设计时序电路同步复位功能时，VHDL 程序要把同步复位放在以时钟为敏感信号的进程中定义，且用 IF 语句来描述必要的复位条件。

```
PROCESS (clock)
BEGIN
 IF (clock_edge_condition) THEN
  IF (reset_condition) THEN Signal_out <= reset_value;
       ELSE  signal_out <= signal_in;          -- 其他时序语句
   END IF;
 END IF;
END PROCESS;
```

（2）异步复位

所谓异步复位，就是当复位信号有效时，时序电路立即复位，与时钟信号无关。

设计异步复位功能时，在进程敏感信号表中应有 clk，Reset 同时存在，且用 IF 语句描述复位条件，ELSIF 语句描述时钟信号边沿条件。

```
PROCESS(reset,clock)
BEGIN
IF(reset_condition)THEN     --复位条件成立
     Signal_out <=reset_value;  --复位赋予输出信号
     ELSIF(clock_edge_condition) THEN   --复位条件不成立
signal_out <=signal_in;              --执行正常时序电路功能
 END IF;
END PROCESS;
```

5.2.3 触发器设计

触发器是现代数字系统设计中最基本的底层时序单元。触发器的种类繁多，常见的有 D

触发器、T 触发器、RS 触发器及 JK 触发器等。

1. D 触发器

【例 5-9】D 触发器的设计。

```
LIBRARY IEEE;
USE IEEE.STD_LOGIC_1164.ALL;
ENTITY DCFQ IS
  PORT (D,CLK : IN STD_LOGIC;
        Q : OUT STD_LOGIC);
END DCFQ;
ARCHITECTURE ART OF DCFQ IS
  BEGIN
   PROCESS(CLK)
    BEGIN
     IF(CLK'ENENT AND CLK='1')THEN     --时钟上升沿触发
        Q<=D;
      END IF;
     END PROCESS;
END ART;
```

2. T 触发器

【例 5-10】T 触发器的设计。

```
LIBRARY IEEE;
USE IEEE.STD_LOGIC_1164.ALL;
ENTITY TCFQ IS
  PORT(T,CLK : IN STD_LOGIC;
       Q : BUFFER STD_LOGIC);
END TCFQ;
ARCHITECTURE ART OF TCFQ IS
  BEGIN
   PROCESS(CLK)
    BEGIN
     IF(CLK'ENENT AND CLD='1')THEN
      Q<=NOT(Q);
      ELSE Q<=Q;
      END IF;
    END PROCESS;
  END ART;
```

3. RS 触发器

【例 5-11】RS 触发器的设计。

```
LIBRARY IEEE;
USE IEEE.STD_LOGIC_1164.ALL;
ENTITY RSCFQ IS
  PORT(R,S,CLK : IN STD_LOGIC;
       Q,QB : BUFFER STD_LOGIC);
```

```
END RSCFQ;
ARCHITECTURE ART OF RSCFQ IS
SIGNAL Q_S, QB_S : STD_LOGIC;
BEGIN
    PROCESS(CLK, R, S)
     BEGIN
       IF(CLK'ENENT AND CLK='1')THEN
                          Q_S<='1';
                          QB_S<='0';
          IF(S='1' AND R='0')THEN
            ELSIF(S<='0' AND R<='1')THEN
              Q_S<='0';
              QB_S<='1';
            ELSIF(S<='0' AND R<='0')THEN
              Q_S<=Q_S;
              QB_S<=QB_S;
           END IF;
         END IF;
      Q<=Q_S;
      QB<=QB_S;
     END PROCESS;
  END ART;
```

4. JK 触发器

【例 5-12】 JK 触发器的设计。

```
LIBRARY IEEE;
USE IEEE.STD_LOGIC_1164.ALL;
ENTITY JKCFQ IS
  PORT(J, K, CLK : IN STD_LOGIC;
     Q,QB : BUFFER STD_LOGIC);
END JKCFQ;
ARCHITECTURE ART OF JKCFQ IS
  SIGNAL Q_S, QB_S: STD_LOGIC;
BEGIN
   PROCESS(CLK, J, K)
   BEGIN
     IF (CLK'EVENT AND CLK='1')THEN
        IF(J='0' AND K="1") THEN
        Q_S<='0';
        QB_S<='1';
       ELSIF (J='1' AND K='0') THEN
        Q_S<='1';
        QB_S<='0';
        ELSIF (J='1' AND K='1') THEN
         Q_S<=NOT Q_S;
         QB_S<=NOT QB_S;
      END IF;
     END IF ;
     Q<=Q_S;
     QB<=QB_S;
```

```
        END PROCESS;
    END ART;
```

5.2.4   锁存器设计

锁存器用于锁存一组二值代码，广泛用于各类数字系统。一个触发器能储存 1 位二值代码，用 N 个触发器组成的锁存器能储存一组 N 位的二值代码。图 5-13 所示是 3 个 D 触发器组成的 3 位锁存器，在时钟信号的控制下可以存储一组 3 位二进制数据。

例 5-13 给出一个 8 位锁存器的 VHDL 描述。

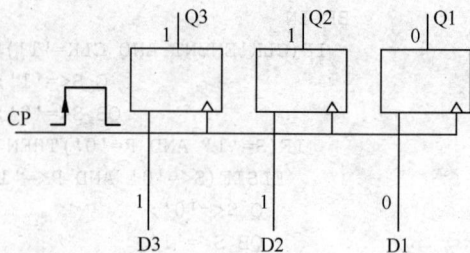

图 5-13   3 位锁存器

【例 5-13】

```
LIBRARY IEEE;
USE IEEE.STD_LOGIC_1164.ALL;
ENTITY REG IS
  PORT(D: IN STD_LOGIC_VECTOR(0 TO 7);
  CLK: IN STD_LOGIC;
   Q: OUT STD_LOGIC_VECTOR(0 TO 7));
END REG;
ARCHITECTURE ART OF REG IS
 BEGIN
    PROCESS(CLK) BEGIN
       IF(CLK'EVENT AND CLK='1')THEN
          Q<=D;
       END IF;
    END PROCESS;
END ART;
```

5.2.5   移位寄存器设计

移位寄存器除了具有存储代码的功能以外，还具有移位功能。所谓移位功能，是指寄存器里存储的代码能在移位脉冲的作用下依次左移或右移。因此，移位寄存器不但可以用来寄存代码，还可用来实现数据的串并转换、数值的运算以及数据处理等。

串入/串出移位寄存器有数据输入端、同步时钟输入端和一个数据输出端。在同步时钟的作用下，前级的数据向后级移动。

语句 GENERATE 用来产生多个相同的结构。利用 GENERATE 和 D 触发器元件 **dff**，可以很方便地设计出 8 位串入/串出移位寄存器。

例 5-14 是一个八位的移位寄存器，其具有左移一位或右移一位、并行输入和同步复位的功能。

【例 5-14】

```
LIBRARY IEEE;
USE IEEE.STD_LOGIC_1164.ALL;
ENTITY SHIFTER IS
PORT(DATA: IN STD_LOGIC_VECTOR(7 DOWNTO 0);
SHIFT_LEFT: IN STD_LOGIC;
```

```
SHIFT_RIGHT: IN STD_LOGIC;
RESET: IN STD_LOGIC;
MODE: IN STD_LOGIC_VECTOR(1 DOWNTO 0);
QOUT: BUFFER STD_LOGIC_VECTOR(7 DOWNTO 0));
END SHIFTER;
ARCHITECTURE ART OF SHIFTER IS
BEGIN
PROCESS
BEGIN
WAIT UNTIL(RISING_EDGE(CLK));
IF (RESET='1')THEN
    ELSE QOUT<="00000000";                  --同步复位功能的实现
CASE MODE IS
WHEN "01"=>QOUT<=SHIFT_RIGHT&QOUT(7 DOWNTO 1);     --右移一位
WHEN "10"=>QOUT<=QOUT(6 DOWNTO 0)&SHIFT_LEFT;      --左移一位
WHEN "11"=>QOUT<=DATA;
WHEN OTHERS=>NULL;
END CASE;
END IF;
END PROCESS;
END ART;
```

例 5-15 是一个 4 位串行输入并行输出的右移移位寄存器的 VHDL 描述。

【例 5-15】

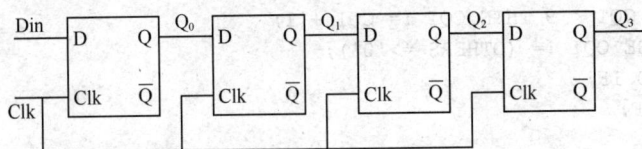

图 5-14　4 位串行输入并行输出的右移移位寄存器

```
LIBRARY IEEE;
USE IEEE.STD_LOGIC_1164.ALL;
ENTITY SHIFTER1 IS
PORT(   DIN : IN STD_LOGIC;
  RESET, CLK : IN STD_LOGIC;
  QOUT : BUFFER STD_LOGIC_VECTOR(0 TO 3));
 END SHIFTER1;
ARCHITECTURE BEHAVE OF SHIFTER1 IS
BEGIN
PROCESS (CLK)
  VARIABLE Q : STD_LOGIC_VECTOR(0 TO 3);
  BEGIN
  IF(RESET='1') THEN  Q:=(OTHERS=>'0'); ELSE
      IF(CLK'EVENT AND CLK = '1') THEN
        Q(3):= Q(2);   Q(2):= Q(1);  Q(1):= Q(0); Q(0):= DIN;--语句顺序是实现
移位寄存器的关键
        END IF;
    END IF;
  QOUT<=Q;
 END PROCESS;
```

```
END BEHAVE;
```

5.2.6　计数器设计

计数器是在数字系统中使用最多的时序电路，它不仅能用于对时钟脉冲计数，还可以用于分频、定时、产生节拍脉冲以及进行数字运算等。

例 5-16 是一个异步复位、同步时钟使能、模值为 10 的典型计数器的描述。

【例 5-16】

```
LIBRARY IEEE;
USE IEEE.STD_LOGIC_1164.ALL;
USE IEEE.STD_LOGIC_UNSIGNED.ALL;
ENTITY CNT10 IS
PORT (CLK,RST,EN : IN STD_LOGIC;
CQ : OUT STD_LOGIC_VECTOR(3 DOWNTO 0);
COUT : OUT STD_LOGIC );
END CNT10;
ARCHITECTURE behav OF CNT10 IS
BEGIN
PROCESS(CLK, RST, EN)
VARIABLE CQI : STD_LOGIC_VECTOR(3 DOWNTO 0);
BEGIN
IF RST = '1' THEN CQI := (OTHERS =>'0') ;
    ELSIF CLK'EVENT AND CLK='1' THEN
    IF EN = '1' THEN
        IF CQI < 9 THEN CQI := CQI + 1;
        ELSE CQI := (OTHERS =>'0');
        END IF;
    END IF;
END IF;
IF CQI = 9 THEN COUT <= '1';
  ELSE COUT <= '0';
END IF;
CQ <= CQI;
  END PROCESS;
END behav;
```

在数字秒表、时钟等这类电路经常会用到模值为 60 的计数器，例 5-17 是一个模为 60，具有异步复位、同步置数功能的 8421BCD 码计数器。

【例 5-17】

```
LIBRARY IEEE;
USE IEEE.STD_LOGIC_1164.ALL;
USE IEEE.STD_LOGIC_UNSIGNED.ALL;
ENTITY CNTM60 IS
    PORT(CI: IN STD_LOGIC;
        NRESET: IN STD_LOGIC;
        LOAD: IN STD_LOGIC;
        D: IN STD_LOGIC_VECTOR(7 DOWNTO 0);
        CLK: IN STD_LOGIC;
        CO: OUT STD_LOGIC;
        QH: BUFFER STD_LOGIC_VECTOR(3 DOWNTO 0);
```

```
            QL: BUFFER STD_LOGIC_VECTOR(3 DOWNTO 0));
END CNTM60;
ARCHITECTURE ART OF CNTM60 IS
BEGIN
    CO<='1' WHEN(QH="0101"AND QL="1001"AND CI='1') ELSE '0';    --进位输出的产生
PROCESS(CLK, NRESET)
BEGIN
    IF(NRESET='0')THEN                          --异步复位
        QH<="0000";
        QL<="0000";
    ELSIF(CLK'EVENT AND CLK='1')THEN            --同步置数
        IF(LOAD='1')THEN
QH<=D(7 DOWNTO 4)
    ELSIF(CI='1')THEN                           --模 60 的实现
        IF(QL=9)THEN
            QL<="0000";
            IF(QH=5)THEN
                QH<="0000";
            ELSE                                --计数功能的实现
                QH<=QH+1;
            END IF
        ELSE
            QL<=QL+1;
        END IF;
    END IF;                                     --END IF LOAD
    END PROCESS;
END ART;
```

5.2.7 分频器设计

在数字系统设计中，分频器是一种基本电路。分频器的实现非常简单，可采用标准的计数器。分频器通常用来对某个给定频率进行分频，得到所需的频率。

计数器是对时钟脉冲计数，同时计数器还是一个分频器。图 5-15 所示为一个 4 位的计数器的仿真波形图。

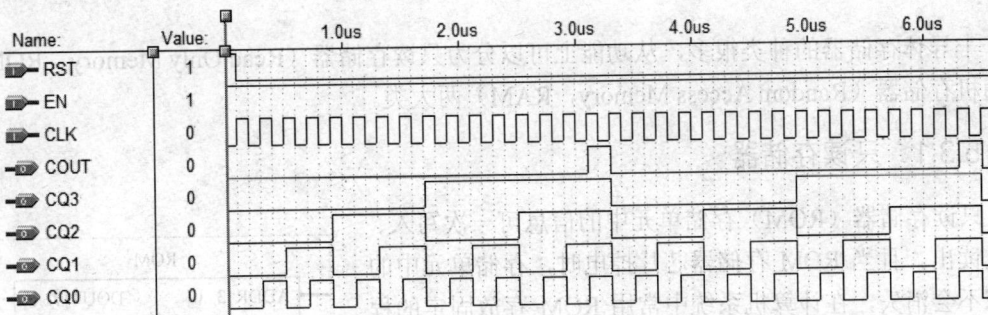

图 5-15　4 位计数器的仿真波形图

由图 5-15 可以得出以下几点结论。

（1）一个 4 位的计数器，它所能计数的范围为 0～15（$=2^4-1$）。同理，n 位的计数器所能计数范围为 0～2^n-1。

（2）CQ0，CQ1，CQ2 及 CQ3 的波形频率分别为时钟脉冲信号 Clk 的 1/2，1/4，1/8 及 1/16。由此可以知道，n 位的计数器可获得的最低分频频率为时钟脉冲信号 Clk 的 $1/2^n$。

（3）输出信号 CQ(3 downto 0)的频率等于信号 CQ3 的频率，信号 CQ(3 downto 1)的频率也为信号 CQ3 的频率，它们也都等于进位信号 COUT 的频率。由此可以知道，矢量信号的频率为最高位信号的频率。

因此，如果时钟信号 CLK 的频率已知，合理选择计数器位数就可以得到预期的分频信号。例 5-18 的时钟频率是 4MHz，要得到 1Hz 的分频信号，通过公式 $f=1/2^n$ 可计算出 $n \approx 22$，即应设计一个 22 位的计数器。

【例 5-18】

```
LIBRARY IEEE;
USE IEEE.STD_LOGIC_1164.ALL;
USE IEEE.STD_LOGIC_UNSIGNED.ALL;
ENTITY COUNT IS
PORT( CLK: IN  STD_LOGIC;
        Q: OUT STD_LOGIC;
END COUNT;
ARCHITECTURE A OF COUNT IS
SIGNAL TMP: STD_LOGIC_VECTOR(21 DOWNTO 0);
BEGIN
PROCESS(CLK)  BEGIN
IF CLK'EVENT AND CLK='1' THEN TMP<=TMP+1;
END IF;
END PROCESS;
Q<=TMP(21);
END A;
```

分频器的应用范围很广，以上介绍的只是简单分频器的设计，本书第 6 章还将探讨数控分频器及其应用。

5.3 存储器的设计

半导体存储器的种类很多，从功能上可以分为只读存储器（Read Only Memory，ROM）和随机存储器（Random Access Memory，RAM）两大类。

5.3.1 只读存储器

只读存储器（ROM）存储单元中的信息可一次写入、多次读出。且当 ROM 存储器芯片掉电时，存储单元中的信息不会消失，在计算机系统中常用 ROM 存放固定的程序和数据。

下面给出一个 ROM 的行为描述。该 ROM 有 4 位地址线 ADDR(3)～ADDR(0)，8 位数据输出线 DOUT(7)～DOUT(0)及使能端 OE，如图 5-16 所示。

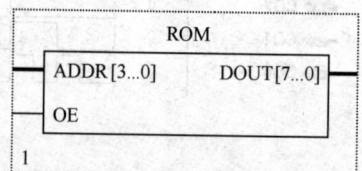

图 5-16 ROM 原理图

【例 5-19】

```
Library ieee;
Use ieee.std_logic_1164.all;
Entity rom is
Port(addr : in std_logic_vector(3 downto 0);
     oe : in std_logic;
      Dout : out std_logic_vector(15 downto 0));
End rom;
Architecture a of rom is
Begin
Dout<="0000000000000001"  when addr="0000" and oe='1' else
      "0000000000000010"  when addr="0001" and oe='1' else
      "0000000000000100"  when addr="0010" and oe='1' else
      "0000000000001000"  when addr="0011" and oe='1' else
      "0000000000010000"  when addr="0100" and oe='1' else
      "0000000000100000"  when addr="0101" and oe='1' else
      "0000000001000000"  when addr="0110" and oe='1' else
      "0000000010000000"  when addr="0111" and oe='1' else
      "0000000100000000"  when addr="1000" and oe='1' else
      "0000001000000000"  when addr="1001" and oe='1' else
      "0000010000000000"  when addr="1010" and oe='1' else
      "0000100000000000"  when addr="1011" and oe='1' else
      "0001000000000000"  when addr="1100" and oe='1' else
      "0010000000000000"  when addr="1101" and oe='1' else
      "0100000000000000"  when addr="1110" and oe='1' else
      "1000000010000000";
End a;
```

程序说明如下。

（1）使用条件信号赋值语句 when-else 设计 ROM，当使能信号 oe 高电平有效时，按照地址读取 ROM 中存储的数据。

（2）可以通过赋值语句自己设置。本例中的数据设置，使设计成为一个高电平有效的 4-16 线的译码器。

实际上，利用 LPM 宏功能模块可以很方便的定制 ROM。在 MAX+plus II 和 Quartus II 这两个软件中都提供了 LPM_ROM 模块。设计者可以根据实际电路的设计需要，设定适当的参数，就能满足自己的设计需要，从而在自己的项目中十分方便地调用优秀电子工程技术人员的硬件设计成果。

首先要定制 ROM 初始化数据文件。Quartus II 可以接受的 LPM_ROM 中的初始化数据文件格式有 2 种：Memory Initialization File(.mif)格式文件和 Hexadecimal(Intel-Format)File(.hex)格式。实际应用中只要使用其中一种格式的文件即可，本文以建立 mif 格式文件为例。

1. 建立 mif 格式文件

选择菜单栏【File】|【New】命令，在【New】对话框中选择【Other files】选项卡，然后再选择【Memory Initialization File】选项。如果要建立 hex 格式文件则选择

【Hexadecimal(Intel-Format)File】，如图 5-17 所示。

单击【OK】按钮后产生 ROM 数据文件大小选择窗口，可以设定 ROM 的数据数 Number 和数据宽度 Word size。这里假设有 64 个数据，数据宽度为 8 位，如图 5-18 所示。

单击【OK】按钮会打开一个空的数据表格，将波形数据填入此表中。此表中任一数据对应的地址为左列与顶行数之和。如第 4 行的 19，24＋2＝26，用十六进制表示为 1AH，即 00011010，如图 5-19 所示。

完成后，选择【File】|【Save】命令保存文件。在这里由于该文件是正弦波数据文件，不妨取名为 sin_rom.mif。

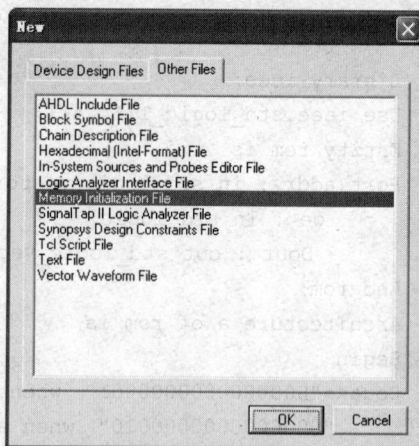

图 5-17 新建文件

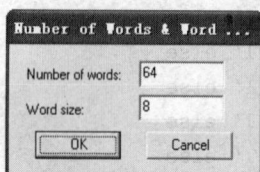

图 5-18 设置数据数目和数据宽度

Addr	+0	+1	+2	+3	+4	+5	+6	+7
0	255	254	252	249	245	239	233	225
8	217	207	197	186	174	162	150	137
16	124	112	99	87	75	64	53	43
24	34	26	19	13	8	4	1	0
32	0	1	4	8	13	19	26	34
40	43	53	64	75	87	99	112	124
48	137	150	162	174	186	197	207	217
56	225	233	239	245	249	252	254	255

图 5-19 将波形数据填入表中

也可以使用 Quartus II 以外的编辑器设计 MIF 文件。实际上，用任一文本编辑器就可以打开 Quartus II 创建的 sin_rom.mif 文件，如图 5-20 所示。

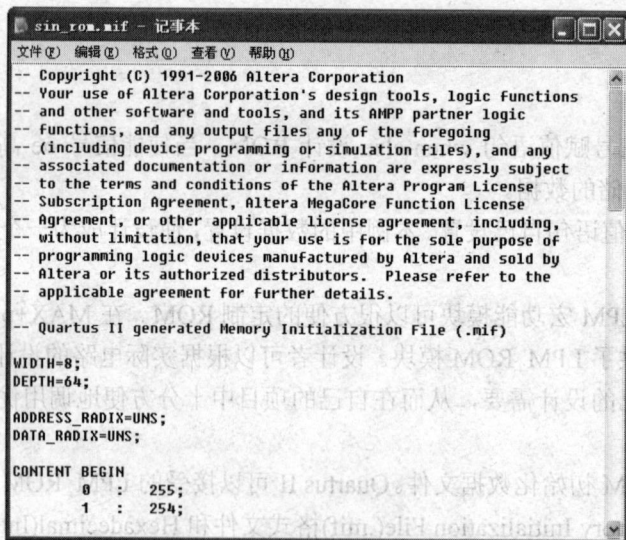

```
-- Copyright (C) 1991-2006 Altera Corporation
-- Your use of Altera Corporation's design tools, logic functions
-- and other software and tools, and its AMPP partner logic
-- functions, and any output files any of the foregoing
-- (including device programming or simulation files), and any
-- associated documentation or information are expressly subject
-- to the terms and conditions of the Altera Program License
-- Subscription Agreement, Altera MegaCore Function License
-- Agreement, or other applicable license agreement, including,
-- without limitation, that your use is for the sole purpose of
-- programming logic devices manufactured by Altera and sold by
-- Altera or its authorized distributors.  Please refer to the
-- applicable agreement for further details.

-- Quartus II generated Memory Initialization File (.mif)

WIDTH=8;
DEPTH=64;

ADDRESS_RADIX=UNS;
DATA_RADIX=UNS;

CONTENT BEGIN
        0  :  255;
        1  :  254;
```

图 5-20 用文本编辑器打开 sin_rom.mif

程序中的注释声明了该数据文件是由 Quartus II 可视化生成的。设计者也可以直接在文本编辑器中输入数据文件的程序，其格式如下所示。

```
WIDTH=8;
DEPTH=64;
```

```
ADDRESS_RADIX=UNS;
DATA_RADIX=UNS;
CONTENT BEGIN
  0  :  255;
  1  :  254;
  2  :  252;
  3  :  249;
  4  :  245;
  5  :  239;
  … (数据略去）
  59 :  245;
  60 :  249;
  61 :  252;
  62 :  254;
  63 :  255;
END;
```

这里的数据值和地址可以用 C 语言或 Matlab 来生成，然后再加上 mif 文件的头部和尾部代码即可。

2．定制 LPM_ROM 元件

利用 MegaWizard Plug-In Manager 定制 ROM 宏功能模块，并将以上的波形数据加载于此 ROM 中。

在第 4 章 4.3 节介绍了如何使用 MegaWizard 插件管理器定制 LPM_COUNTER，对于 LPM_ROM 的定制也是类似的。

从【Tools】菜单上打开 MegaWizard Plug-In Manager 向导窗口，选择创建新的宏功能模块。从宏功能模块库的【storage】分类中选择要创建的模块 LPM_ROM。

> 注意：可能有的版本的 Quartus II 在【storage】分类中找不到 LPM_ROM，实际上，可以在【Symbol】元件库的【megafunctions】|【storage】中找到参数化的 LPM_ROM 元件，如图 5-21 所示。

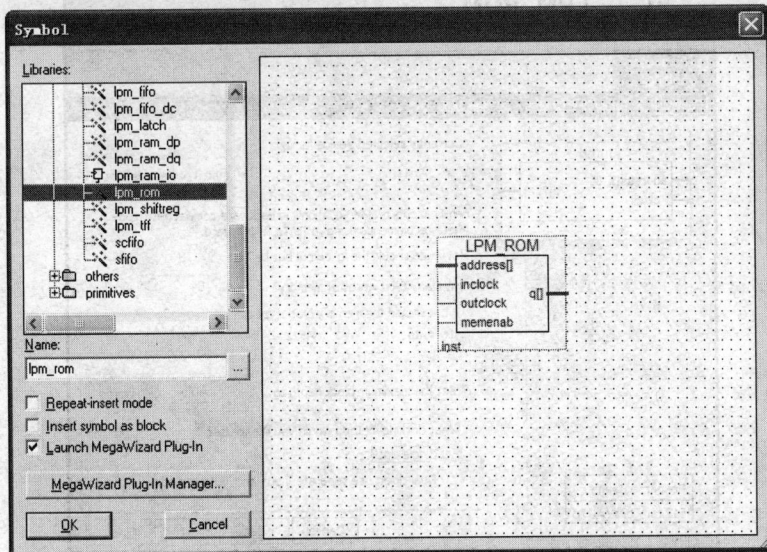

图 5-21 选择 LPM_ROM

单击【OK】按钮，在弹出的对话框上选择输出文件的类型为 VHDL，单击【Browse...】按钮选择输出文件路径，并为文件命名，如图 5-22 所示。

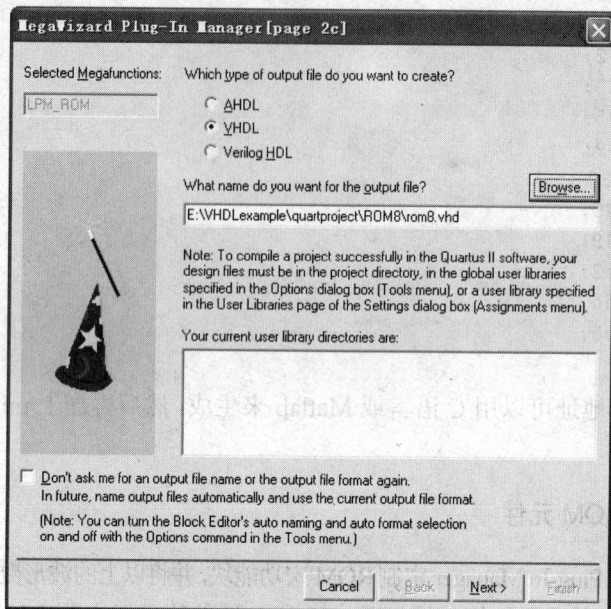

图 5-22 参数设置（一）

根据设计要求设置宏功能模块的相关参数。如 ROM 模块数据线宽度为 8 位，地址线宽度为 6（数据数目 $2^6 = 64$）。是否需要设置一些附加端口，如时钟使能、异步复位等，如图 5-23 和图 5-24 所示。

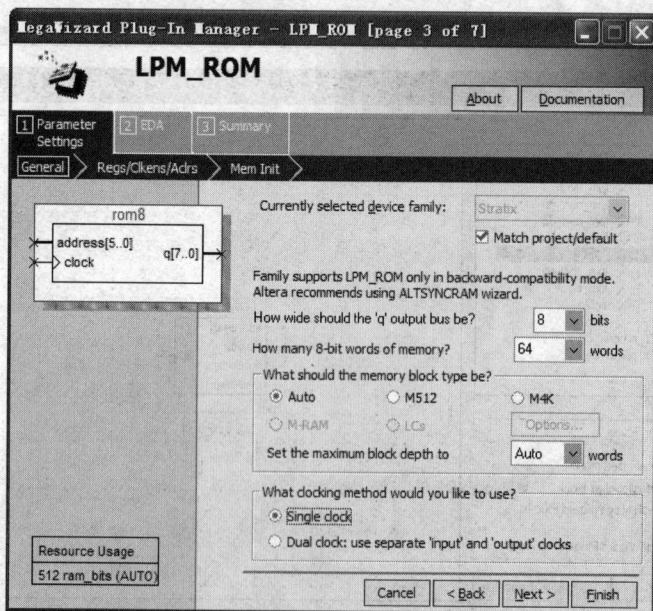

图 5-23 参数设置（二）

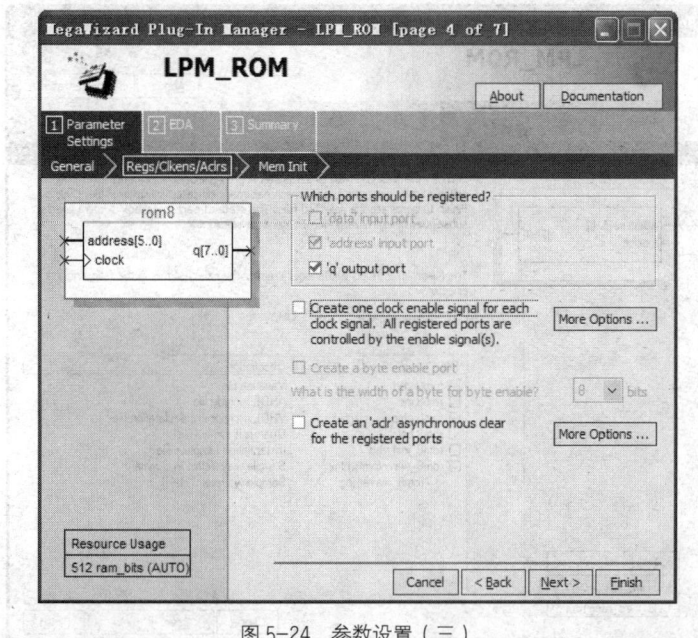

图 5-24　参数设置（三）

调入 ROM 初始化数据文件并选择在系统读写功能，如图 5-25 所示。

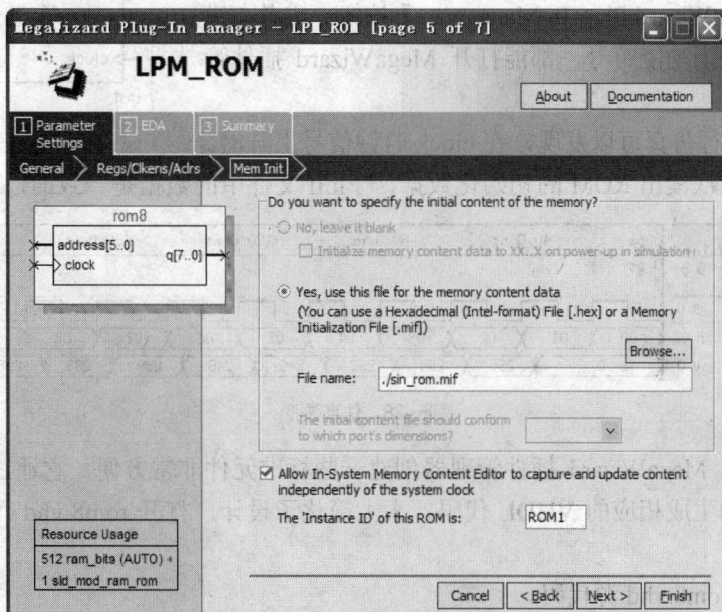

图 5-25　参数设置（四）

rom8.vhd 是例化的宏功能封装文件，rom8.bsf 是模块编辑器中使用的宏功能符号，这两个是必选项，其他为可选项，如图 5-26 所示。

单击【Finish】按钮关闭 MegaWizard 插件管理器，在模块编辑器中单击左键放置宏功能模块，如图 5-27 所示。

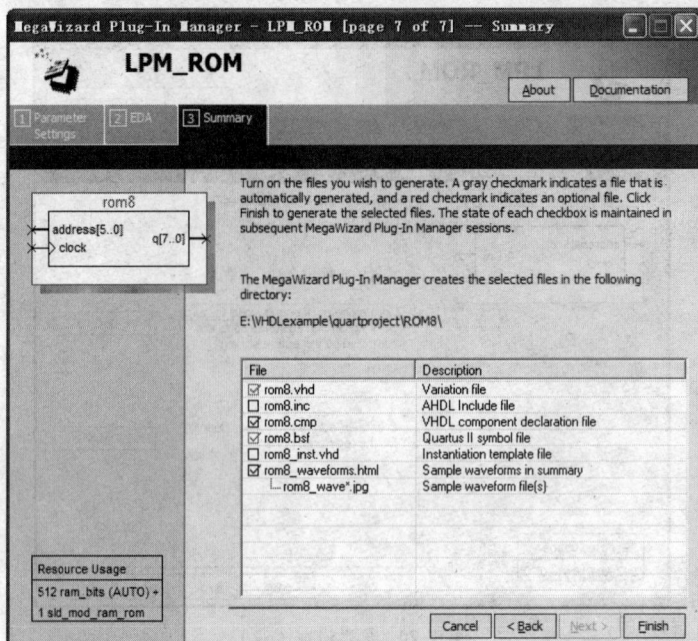

图 5-26 参数设置（五）

如果要修改设计模块，可以在【Symbol】（元件）对话框上单击【MegaWizard Plug-In Manager…】按钮，或者在模块编辑器中双击宏功能符号，都能打开 MegaWizard 插件管理器进行修改。

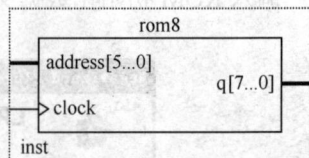

图 5-27 定制完成的 ROM 元件

对 ROM 进行仿真可以发现，在 clock 时钟信号上升沿，按照地址顺序依次读出 ROM 的初始化数据，与 mif 文件中的数据是一致的，如图 5-28 所示。

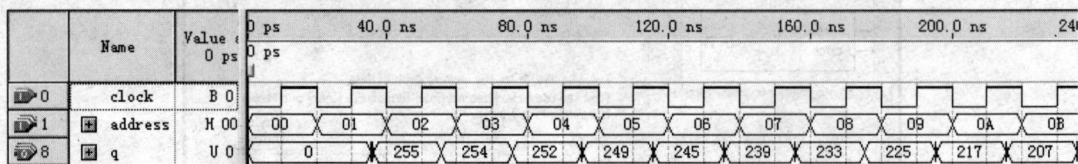

图 5-28 仿真波形

可见，使用 MegaWizard 插件管理器创建一些标准元件非常方便，它通过一些可视化的操作由软件自动生成相应的 VHDL 代码，大大简化了设计。打开 rom8.vhd 可以查看生成的 VHDL 代码。

【例 5-20】rom8.vhd 源代码。

```
LIBRARY ieee;
USE ieee.std_logic_1164.all;
LIBRARY altera_mf;
USE altera_mf.all;
ENTITY rom8 IS
    PORT
    (
        address     : IN STD_LOGIC_VECTOR (5 DOWNTO 0);
```

```
            clock        : IN STD_LOGIC ;
            q            : OUT STD_LOGIC_VECTOR (7 DOWNTO 0)
        );
END rom8;
ARCHITECTURE SYN OF rom8 IS
    SIGNAL sub_wire0   : STD_LOGIC_VECTOR (7 DOWNTO 0);
    COMPONENT altsyncram
    GENERIC (
        clock_enable_input_a        : STRING;
        clock_enable_output_a       : STRING;
        init_file        : STRING;
        intended_device_family         : STRING;
        lpm_hint         : STRING;
        lpm_type         : STRING;
        numwords_a       : NATURAL;
        operation_mode       : STRING;
        outdata_aclr_a       : STRING;
        outdata_reg_a        : STRING;
        widthad_a        : NATURAL;
        width_a      : NATURAL;
        width_byteena_a      : NATURAL
    );
    PORT (
            clock0 : IN STD_LOGIC ;
            address_a    : IN STD_LOGIC_VECTOR (5 DOWNTO 0);
            q_a : OUT STD_LOGIC_VECTOR (7 DOWNTO 0)
    );
    END COMPONENT;

BEGIN
    q    <= sub_wire0(7 DOWNTO 0);

    altsyncram_component : altsyncram
    GENERIC MAP (
        clock_enable_input_a => "BYPASS",
        clock_enable_output_a => "BYPASS",
        init_file => "sin_rom.mif",
        intended_device_family => "Stratix II",
        lpm_hint => "ENABLE_RUNTIME_MOD=YES, INSTANCE_NAME=ROM1",
        lpm_type => "altsyncram",
        numwords_a => 64,
        operation_mode => "ROM",
        outdata_aclr_a => "NONE",
        outdata_reg_a => "CLOCK0",
        widthad_a => 6,
        width_a => 8,
        width_byteena_a => 1
    )
    PORT MAP (
        clock0 => clock,
        address_a => address,
        q_a => sub_wire0
    );
END SYN;
```

以上介绍的是在 Quartus II 环境下定制 LPM_ROM，在 MAX+plus II 软件中利用【MegaWizard Plug-In Manager…】也可以定制 LPM_ROM，步骤类似，就不再详述了。

5.3.2 随机读写存储器

随机读写存储器（RAM）作为时序器件，与 ROM 的主要区别在于：RAM 描述上有读和写两种操作，而且在读写上对时间有较严格的要求。下面给出一个 8×8 位的双口 SRAM 的 VHDL 描述实例，如图 5-29 所示。

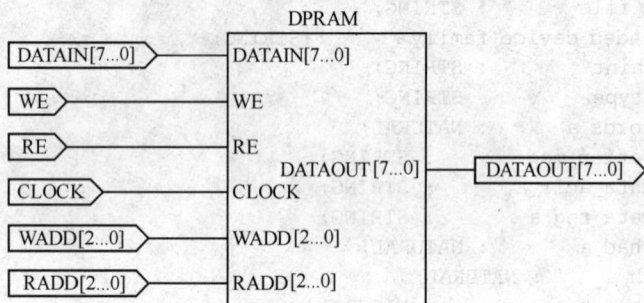

图 5-29 双口 SRAM

【例 5-21】 参数化的 RAM 程序。

```
LIBRARY IEEE;
USE IEEE.STD_LOGIC_1164.ALL;
USE IEEE.STD_LOGIC_ARITH.ALL;
USE IEEE.STD_LOGIC_UNSIGNED.ALL;
ENTITY DPRAM IS
    GENERIC(WIDTH: INTEGER :=8;
                      DEPTH: INTEGER :=8;
                 ADDER: INTEGER :=3);
   PORT(DATAIN: IN STD_LOGIC_VECTOR(WIDTH-1 DOWNTO 0);
        DATAOUT: OUT  STD_LOGIC_VECTOR(WIDTH-1 DOWNTO 0);
        CLOCK: IN STD_LOGIC;
        WE, RE: IN STD_LOGIC;
        WADD: IN STD_LOGIC_VECTOR(ADDER-1 DOWNTO 0);
        RADD: IN STD_LOGIC_VECTOR(ADDER-1 DOWNTO 0));
END DPRAM;
ARCHITECTURE ART OF DPRAM IS
  TYPE MEM IS ARRAY(0 TO DEPTH-1) OF
    STD_LOGIC_VECTOR(WIDTH-1 DOWNTO 0);
  SIGNAL RAMTMP: MEM;
  BEGIN
  --写进程
  PROCESS(CLOCK)
  BEGIN
IF (CLOCK'EVENT AND CLOCK='1') THEN
  IF(WE='1')THEN
     RAMTMP(CONV_INTEGER(WADD))<=DATA;
  END IF;
  END IF;
END PROCESS;
--读进程
PROCESS(CLOCK)
```

```
BEGIN
    IF(CLOCK'EVENT AND CLOCK='1')THEN
      IF (RE='1') THEN
         Q<=RAMTMP(CONV_INTEGER(RADD));
       END IF;
    END IF;
  END PROCESS;
END ART;
```

利用 MegaWizard Plug-In Manager 也可以定制 RAM 宏功能块。在【Symbol】元件库的【megafunctions】|【storage】中选择 LPM_RAM_DQ，输出文件取名为 lpm_ram_dq0.vhd。

本例设置 RAM 模块的数据线宽度为 8 位，地址线宽度为 4 位（$2^4 = 16$，即可容纳的数据数目）。该模块有一个地址锁存时钟 clock 和一个读写使能控制线 wren，如图 5-30 所示。

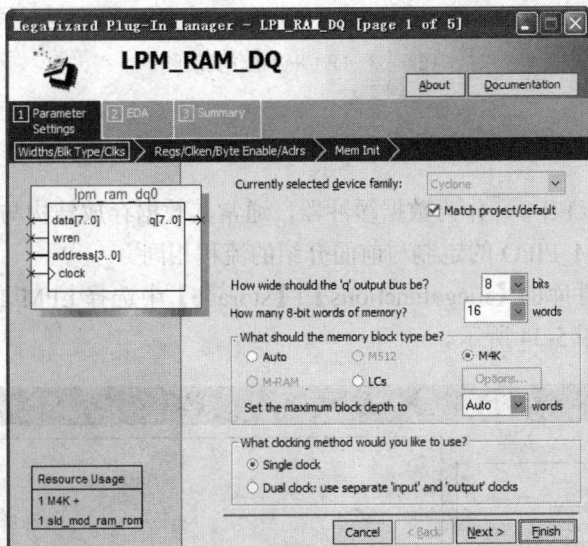

图 5-30 参数设置（一）

RAM 中也能加载初始化数据文件（本例未加载），也能在系统读写，如图 5-31 所示。

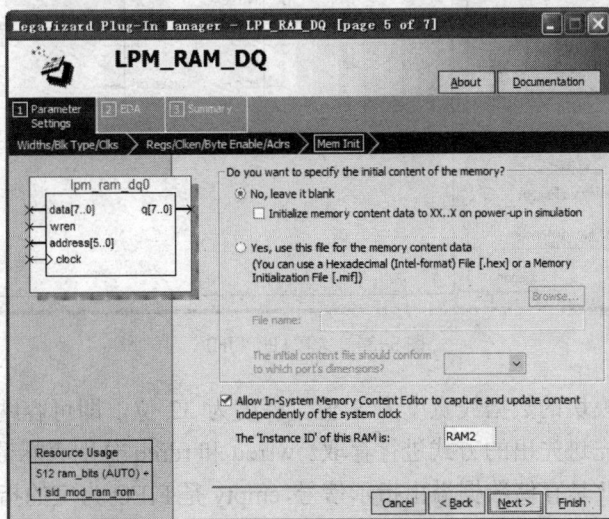

图 5-31 参数设置（二）

继续下一步，单击【Finish】按钮关闭 MegaWizard 插件管理器，在模块编辑器中单击鼠标左键插入已经定制好的元件，如图5-32 所示。

对 RAM 进行仿真，当 wren 为高电平时向 RAM 写入数据，当 wren 为低电平时读出 RAM 中已写入的数据，如图 5-33 所示。

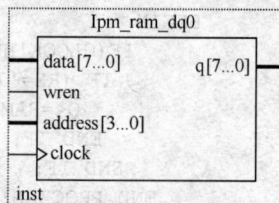

图 5-32　定制好的 RAM 元件

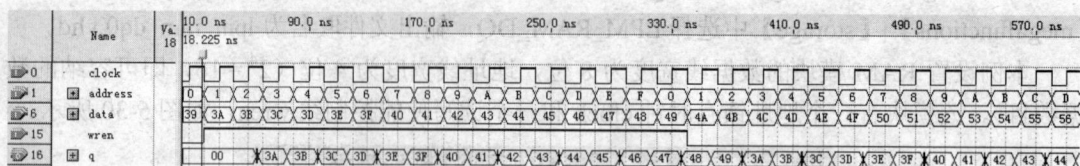

图 5-33　LPM_RAM 的仿真波形

5.3.3　先进先出存储器的设计

先进先出存储器（FIFO）作为数据缓冲器，通常其数据存放结构与 RAM 一致，只是存取方式有所不同。LPM_FIFO 的定制与前面介绍的流程相同。

在【Symbol】元件库的【megafunctions】|【storage】中选择 LPM_FIFO，输出文件取名为 lpm_fifo2.vhd，如图 5-34 所示。

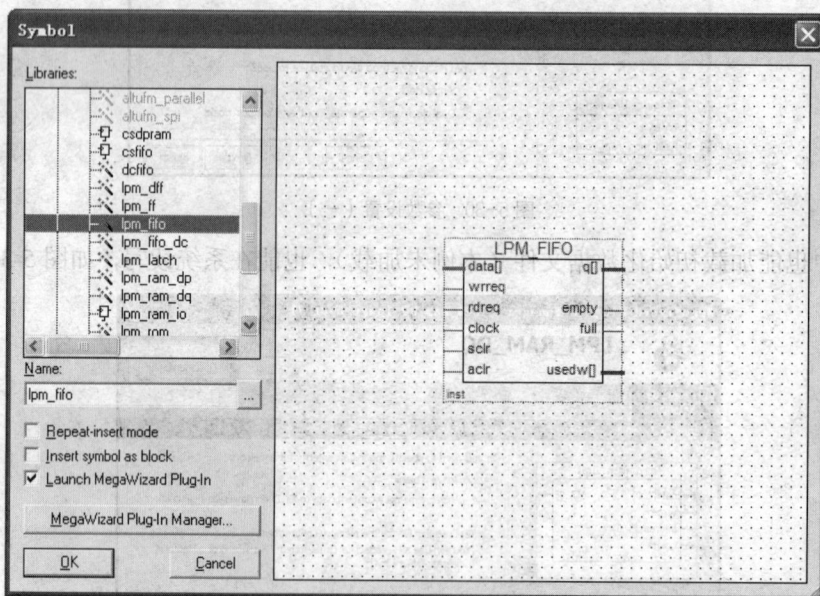

图 5-34　选择 LPM_FIFO

本例设置 FIFO 模块的数据线宽度为 8 位，深度为 32 位，即可容纳的数据数目。FIFO块没有地址线，按照先进先出的方式进行存取。wrreq 和 rdreq 分别表示数据写入和读出请求信号，高电平有效。Full 是存储数据溢出指示信号，empty 是 FIFO 为空的指示信号，usedw[4..0]是当前已使用地址数指示，如图 5-35 所示。

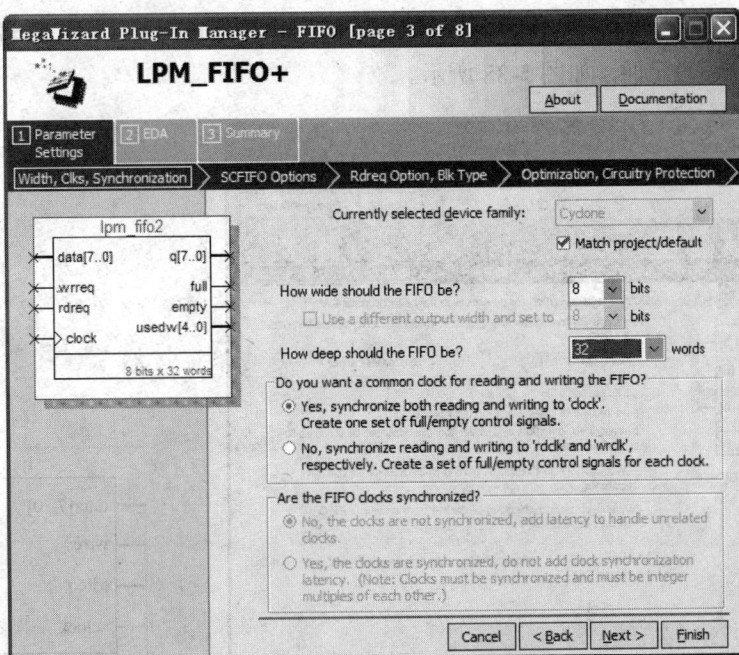

图 5-35 参数设置（一）

选择 FIFO 模块的复位方式，Asynchronous clear 表示异步复位，Synchronous clear 表示同步复位。本例选择异步复位方式，如图 5-36 所示。

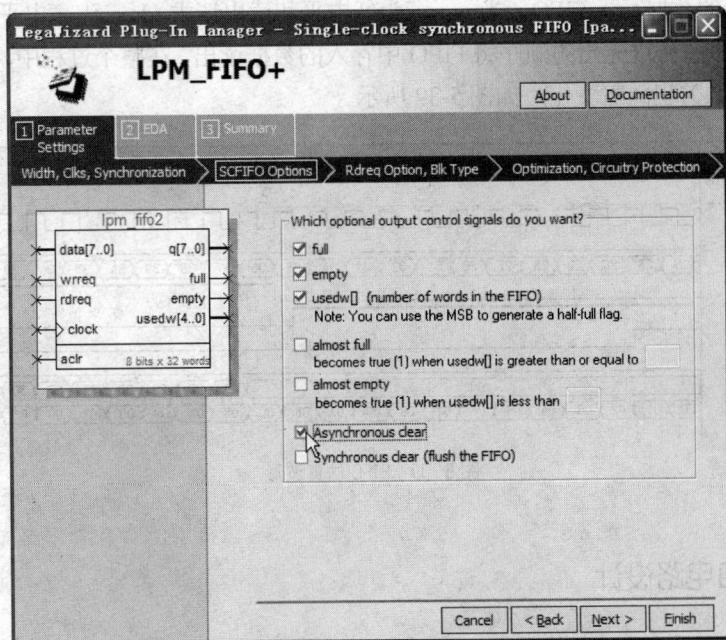

图 5-36 参数设置（二）

选择优化方式，共有两个选项：面积优化和速度优化。本例选择速度优化，如图 5-37所示。

继续下一步，单击【Finish】按钮关闭 MegaWizard 插件管理器，在模块编辑器中单击左键插入已经定制好的元件，如图 5-38 所示。

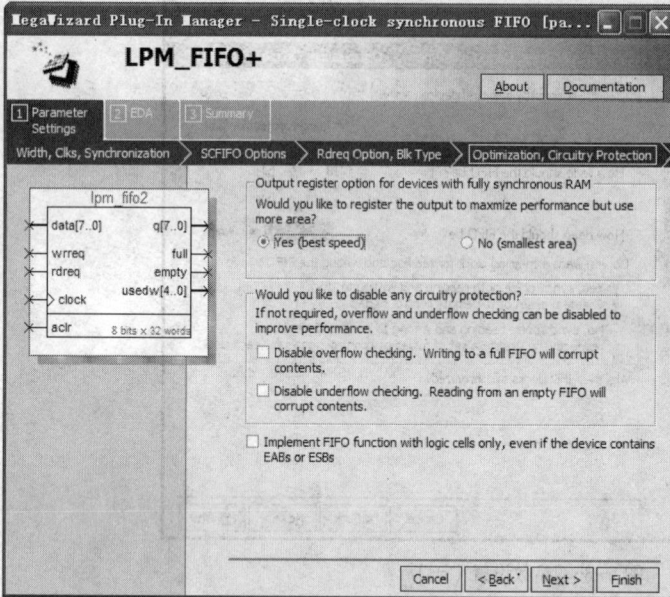

图 5-37　参数设置（三）

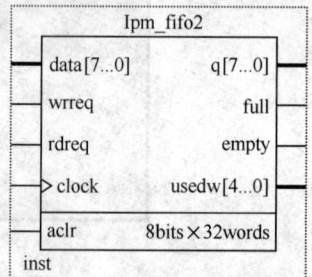

图 5-38　定制完成的 FIFO 模块

对 FIFO 进行仿真，从波形中可以看出，当写入请求 wrreq 为高电平时，在 clock 的每一个上升沿将 data 上的数据写入 FIFO。当 wrreq 为低电平和读出请求 rdreq 为高电平时，在 clock 的每一个上升沿，按照先进先出的顺序将 FIFO 中存入的数据读出，在整个过程中，usedw[4..0]（当前已使用的地址数）也随着变化，如图 5-39 所示。

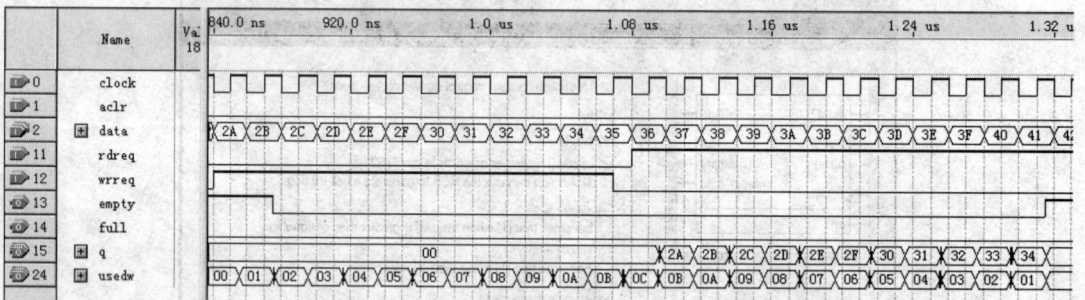

图 5-39　FIFO 仿真波形

5.4　常用接口电路设计

当设计完成之后，往往需要在 EDA 实验系统上进行硬件验证。对大多数的 EDA 实验系统，都提供了按键、拨码开关、LED 电路、蜂鸣器电路、七段数码管显示电路以及液晶显示电路等。利用这些接口电路，可以使设计结果看得见或听得到，从而用实验验证工程的正确性。这里，主要介绍 3 种常用接口电路的设计。

5.4.1 发光二极管显示电路

利用二极管的正向导通特性可以点亮发光二极管，根据不同的连接方式，可以是低电平点亮或高电平点亮。图 5-40 所示是实验箱上的一组发光二极管。

【例 5-22】流水灯显示电路的 VHDL 描述。

图 5-40 发光二极管

```vhdl
LIBRARY IEEE;
USE IEEE.STD_LOGIC_1164.ALL;
USE IEEE.STD_LOGIC_ARITH.ALL;
USE IEEE.STD_LOGIC_UNSIGNED.ALL;
ENTITY ledwater IS
  PORT (
    clk                 : IN std_logic;
    rst                 : IN std_logic;
    dataout             : OUT std_logic_vector(15 DOWNTO 0));
END ledwater;
ARCHITECTURE arch OF ledwater IS
  SIGNAL cnt                    : std_logic_vector(15 DOWNTO 0);
  SIGNAL dataout_tmp            : std_logic_vector(15 DOWNTO 0);
BEGIN
  dataout <= dataout_tmp;
  PROCESS(clk,rst)
  BEGIN
    IF (NOT rst = '1') THEN
      cnt <= "0000000000000000";
      dataout_tmp <= "0000000110000000";   --为1的bit位代表要点亮的LED的位置
    ELSIF(clk'event and clk='1')THEN
      cnt <= cnt + "0000000000000001";
      IF (cnt = "1111111111111111") THEN
        dataout_tmp(6 DOWNTO 0) <= dataout_tmp(7 DOWNTO 1);
        dataout_tmp(7) <= dataout_tmp(0);
        dataout_tmp(15 DOWNTO 9) <= dataout_tmp(14 DOWNTO 8);
        dataout_tmp(8) <= dataout_tmp(15);
      END IF;
    END IF;
  END PROCESS;
END arch;
```

程序说明如下。

利用计数器轮流点亮 LED 灯，实现各种动态效果。要控制流水灯显示速度的快慢，通过改变时钟频率即可实现。

在 Quartus II 中进行仿真，波形如图 5-41 所示。

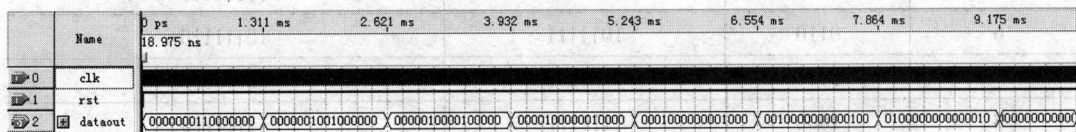
图 5-41 流水灯显示电路的仿真波形

5.4.2 LED 数码管显示电路

LED 数码管显示电路是工程项目中使用较广的一种输出显示器件。常见的数码管有共阴和共阳 2 种。共阴数码管是将 8 个发光二极管的阴极连接在一起作为公共端，而共阳数码管是将 8 个发光二极管的阳极连接在一起作为公共端。公共端常被称作位码，而将其他的 8 位称作段码，这 8 位分别是 a，b，c，d，e，f，g 及 h，它们对应数码管的七个段位和一个小数点。a，b，c，d，e，f 及 g 这七段是用于控制字型显示的，因此，常常也将 LED 数码管称为 7 段数码管，如图 5-42 所示。

当采用共阴极连接时，高电平发光；采用共阳极连接时，低电平发光。因此两种连接方式下的 7 段码是不同的。以数字 "9" 为例，共阴极连接时 abcdefg 为 "1111011"，而共阳极连接时则为 "0000100"，即逐位取反，如图 5-43 所示。

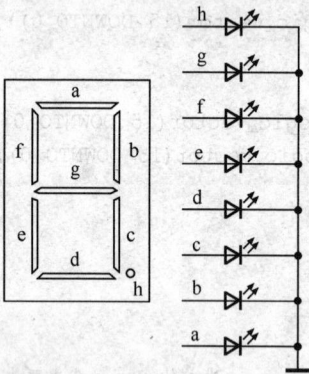

图 5-42 共阴极数码管

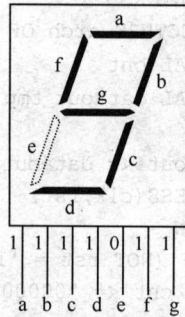

图 5-43 数字 9 的显示

由此，我们可以得到数字 0~9 的 7 段译码值，加上小数点将是 8 位显示代码。0~9 可以用 4 位二进制 BCD 码来表示。这里以共阴极连接为例，小数点 h 段不亮则为 0，如表 5-6 所示。

表 5-6   **共阴极 LED 数码管段译码表**

字型	BCD 码	7 段显示代码 a b c d e f g	8 段显示代码 a b c d e f g h
0	0000	1111110	11111100
1	0001	0110000	01100000
2	0010	1101101	11011010
3	0011	1111001	11110010
4	0100	0110011	01100110
5	0101	1011011	10110110
6	0110	1011111	10111110
7	0111	1110000	11100000
8	1000	1111111	11111110
9	1001	1111011	11110110

注意：表 5-7 列出的 7 段显示代码并不是唯一的，除了与共阴共阳的连接方式有关，a 和 g 到底哪一个是高位，显示代码也会不一样。例如数字"0"，abcdefg 为 1111110，gfedcba 则为 0111111。

实际使用时，由于要显示的数字往往不止一位，通常都是将多个数码管装在一起构成多位的 LED 数码管。图 5-44 所示是某实验箱上提供的 4 个数码管。Dp 表示小数点位。

数码管的驱动方式可以分成静态和动态显示两种方式。静态显示编程方法较简单，但是需要占用较多的 I/O 口，功耗较大。因此，在大多数场合通常采用动态扫描的方法来控制 LED 数码管的显示。

图 5-44　实验设备上的 LED 数码管

动态扫描的原理是：每个时钟周期内只显示一位数据，数据值由段码来控制。对各数码管进行扫描，分时轮流工作，由位码来选择数码管。虽然每次只有一个数码管显示，但由于人的视觉暂留现象，只要时钟扫描足够快（>100Hz），使我们仍会感觉所有的数码管是同时显示的。

下面给出一个动态扫描的简单例子，要求在 8 个数码管上同时显示 0～7 这 8 个数字。

【例 5-23】7 段数码管动态显示的 VHDL 描述。

```vhdl
LIBRARY IEEE;
USE IEEE.STD_LOGIC_1164.ALL;
USE IEEE.STD_LOGIC_ARITH.ALL;
USE IEEE.STD_LOGIC_UNSIGNED.ALL;
ENTITY SEG7 IS
   PORT (
      CLK : IN STD_LOGIC;     --外部时钟输入 20MHz
      RST : IN STD_LOGIC;
      DATAOUT : OUT STD_LOGIC_VECTOR(7 DOWNTO 0);   --各段数据输出（段码）
      EN  : OUT STD_LOGIC_VECTOR(7 DOWNTO 0));  --数码管位选输出（位码）
END SEG7;

ARCHITECTURE ARCH OF SEG7 IS
SIGNAL CNT_SCAN : STD_LOGIC_VECTOR(15 DOWNTO 0 );
SIGNAL DATA4 :    STD_LOGIC_VECTOR(3 DOWNTO 0);
SIGNAL DATAOUT_XHDL1 : STD_LOGIC_VECTOR(7 DOWNTO 0);
SIGNAL EN_XHDL : STD_LOGIC_VECTOR(7 DOWNTO 0);
BEGIN
 DATAOUT<=DATAOUT_XHDL1;
  EN<=EN_XHDL;

 P1: PROCESS(CLK,RST)
 BEGIN
  IF(RST='0')THEN
  CNT_SCAN<="0000000000000000";
  ELSIF(CLK'EVENT AND CLK='1')THEN
  CNT_SCAN<=CNT_SCAN+1;
  END IF;
END PROCESS P1;
```

```
    P2: PROCESS(CNT_SCAN(15 DOWNTO 13))
    BEGIN
    CASE CNT_SCAN(15 DOWNTO 13) IS
        WHEN"000"=> EN_XHDL<="11111110";
        WHEN"001"=> EN_XHDL<="11111101";
        WHEN"010"=> EN_XHDL<="11111011";
        WHEN"011"=> EN_XHDL<="11110111";
        WHEN"100"=> EN_XHDL<="11101111";
        WHEN"101"=> EN_XHDL<="11011111";
        WHEN"110"=> EN_XHDL<="10111111";
        WHEN"111"=> EN_XHDL<="01111111";
        WHEN OTHERS=> EN_XHDL<="11111110";
     END CASE;
    END PROCESS P2;

    P3: PROCESS(EN_XHDL)
    BEGIN
     CASE EN_XHDL IS
      WHEN "11111110"=> DATA4<="0000";          --0
      WHEN "11111101"=> DATA4<="0001";          --1
      WHEN "11111011"=> DATA4<="0010";          --2
      WHEN "11110111"=> DATA4<="0011";          --3
      WHEN "11101111"=> DATA4<="0100";          --4
      WHEN "11011111"=> DATA4<="0101";          --5
      WHEN "10111111"=> DATA4<="0110";          --6
      WHEN "01111111"=> DATA4<="0111";          --7
      WHEN OTHERS => DATA4<="1000";             --8
     END CASE;
    END PROCESS P3;

    P4: PROCESS(DATA4)
    BEGIN
     CASE DATA4 IS
        WHEN "0000" =>
                DATAOUT_XHDL1 <= "11111100";     --0
        WHEN "0001" =>
                DATAOUT_XHDL1 <= "01100000";     --1
        WHEN "0010" =>
                DATAOUT_XHDL1 <= "11011010";     --2
        WHEN "0011" =>
                DATAOUT_XHDL1 <= "11110010";     --3
        WHEN "0100" =>
                DATAOUT_XHDL1 <= "01100110";     --4
        WHEN "0101" =>
                DATAOUT_XHDL1 <= "10110110";     --5
        WHEN "0110" =>
                DATAOUT_XHDL1 <= "10111110";     --6
        WHEN "0111" =>
                DATAOUT_XHDL1 <= "11100000";     --7
        WHEN "1000" =>
```

```
                    DATAOUT_XHDL1 <= "11111110";              --8
            WHEN OTHERS =>
                    DATAOUT_XHDL1 <= "11111100";              --0
        END CASE;
    END PROCESS P4;

    END ARCH;
```

程序说明如下。

（1）进程 P1 实现了一个异步复位的 16 位计数器，目的是为了进行分频得到动态扫描时钟。

（2）由本章 5.2.7 小节可知，信号 CNT_SCAN(15 DOWNTO 13) 的频率是 CNT_SCAN(15) 的频率，计算可得 $f = \dfrac{20\text{MHz}}{2^{16}} = 305\text{Hz} > 100\text{Hz}$。在 305Hz 扫描时钟作用下进程 P2 实现对 8 个数码管的轮流选择（动态扫描），即产生位选信号。

（3）进程 P3 的作用是设定每一个数码管上显示的数据。例如，序号为 0 的数码管显示数字 0，序号为 1 的数码管显示数字 1，依次类推，序号为 7 的数码管显示数字 7。

（4）进程 P4 实现 4 位 BCD 码到 7 段码的译码显示。

5.4.3 蜂鸣器电路

声音的频谱范围在几十到几千赫兹，若能利用程序来控制 FPGA/CPLD 某个引脚输出一定频率的矩形波，接上扬声器或蜂鸣器就能发出相应频率的声音。因此，只要产生乐曲发音所需要的对应频率即可。此电路的核心是一个数控分频器，它是由终值可变的加法计数器组成。

频率的高低决定了音调的高低，而乐曲简谱的音名与频率的对应关系如表 5-7 所示。

表 5-7 乐曲简谱的音名与频率的对应关系

音　名	频率/Hz	音　名	频率/Hz	音　名	频率/Hz
低音 1	261.6	中音 1	523.3	高音 1	1045.5
低音 2	293.7	中音 2	587.3	高音 2	1174.7
低音 3	329.6	中音 3	659.3	高音 3	1318.5
低音 4	349.2	中音 4	698.5	高音 4	1396.9
低音 5	392	中音 5	784	高音 5	1568
低音 6	440	中音 6	880	高音 6	1760
低音 7	493.9	中音 7	987.8	高音 7	1975.5

如在 4MHz 时钟下，中音 1（对应的频率值为 523.3Hz）的分频系数应该为：$4 \times 10^6/(523.3 \times 2) = 3822$，二进制等于 0111011101110。这样只需对系统时钟进行 3822 次分频即可得所要的中音 1。至于其他音符，同样可由上式求出对应的分频系数，这样利用程序可以很轻松地得到相应的音符。

下面的例子可以使蜂鸣器发出"多来咪发梭拉西多"的音符。

【例 5-24】蜂鸣器电路的 VHDL 描述。

```
LIBRARY IEEE;
USE IEEE.STD_LOGIC_1164.ALL;
USE IEEE.STD_LOGIC_ARITH.ALL;
USE IEEE.STD_LOGIC_UNSIGNED.ALL;
```

```
        ENTITY buzzer IS
          PORT (
            clk  : IN std_logic;
            rst  : IN std_logic;
            out_bit  : OUT std_logic);
        END buzzer;

        ARCHITECTURE arch OF buzzer IS
          SIGNAL clk_div: std_logic_vector(12 DOWNTO 0); --由基频分频产生各个音阶
          SIGNAL cnt    : std_logic_vector(21 DOWNTO 0); --各音阶发声时间长短计数器
          SIGNAL state    : std_logic_vector(2 DOWNTO 0);
                                                --各个音符的分频系数
          CONSTANT duo  : std_logic_vector(12 DOWNTO 0) :="0111011101110"; --3822
          CONSTANT lai : std_logic_vector(12 DOWNTO 0) := "0110101001101";  --3405
          CONSTANT mi  : std_logic_vector(12 DOWNTO 0) := "0101111011010"; --3034
          CONSTANT fa  : std_logic_vector(12 DOWNTO 0) := "0101100110001";
          CONSTANT suo : std_logic_vector(12 DOWNTO 0) := "0100111110111";
          CONSTANT la  : std_logic_vector(12 DOWNTO 0) := "0100011100001";
          CONSTANT xi  : std_logic_vector(12 DOWNTO 0) := "0011111101000";
          CONSTANT duo1  : std_logic_vector(12 DOWNTO 0) := "0011101110111";
          SIGNAL out_bit_tmp :std_logic;
        BEGIN
          out_bit<=out_bit_tmp;

        PROCESS(clk,rst)
          BEGIN
            IF(NOT rst = '1') THEN
              clk_div <= "0000000000000";
              state <= "000";
              cnt <= "0000000000000000000000";
              out_bit_tmp <= '0';
            ELSIF(clk'EVENT AND clk='1')THEN
                CASE state IS
                  WHEN "000" =>           --发"多"
                        cnt <= cnt + "0000000000000000000001";
                        IF (cnt = "1111111111111111111111") THEN
                          state <= "001";
                        END IF;
                        IF (clk_div /= duo) THEN
                          clk_div <= clk_div + "0000000000001";
                        ELSE
                          clk_div <= "0000000000000";
                          out_bit_tmp <= NOT out_bit_tmp;
                        END IF;
                  WHEN "001" =>           --发"来"
                        cnt <= cnt + "0000000000000000000001";
                        IF (cnt = "1111111111111111111111") THEN
                          state <= "010";
                        END IF;
                        IF (clk_div /=lai) THEN
```

```
                              clk_div <= clk_div + "0000000000001";
                      ELSE
                              clk_div <= "0000000000000";
                              out_bit_tmp <= NOT out_bit_tmp;
                      END IF;
            WHEN "010" =>              --发"咪"
                      cnt <= cnt + "00000000000000000000001";
                      IF (cnt = "11111111111111111111111") THEN
                        state <= "011";
                      END IF;
                      IF (clk_div /=mi) THEN
                        clk_div <= clk_div + "0000000000001";
                      ELSE
                        clk_div <= "0000000000000";
                        out_bit_tmp <= NOT out_bit_tmp;
                      END IF;
            WHEN "011" =>              --发"发"
                      cnt <= cnt + "00000000000000000000001";
                      IF (cnt = "11111111111111111111111") THEN
                        state <= "100";
                      END IF;
                      IF (clk_div /=fa) THEN
                        clk_div <= clk_div + "0000000000001";
                      ELSE
                        clk_div <= "0000000000000";
                        out_bit_tmp <= NOT out_bit_tmp;
                      END IF;
            WHEN "100" =>            --发"梭"
                      cnt <= cnt + "00000000000000000000001";
                      IF (cnt = "11111111111111111111111") THEN
                        state <= "101";
                      END IF;
                      IF (clk_div /=suo) THEN
                        clk_div <= clk_div + "0000000000001";
                      ELSE
                        clk_div <= "0000000000000";
                        out_bit_tmp <= NOT out_bit_tmp;
                      END IF;
            WHEN "101" =>           --发"拉"
                      cnt <= cnt + "00000000000000000000001";
                      IF (cnt = "11111111111111111111111") THEN
                        state <= "110";
                      END IF;
                      IF (clk_div /= la) THEN
                        clk_div <= clk_div + "0000000000001";
                      ELSE
                        clk_div <= "0000000000000";
                        out_bit_tmp <= NOT out_bit_tmp;
                      END IF;
```

```
                    WHEN "110" =>                --发"西"
                        cnt <= cnt + "0000000000000000000001";
                        IF (cnt = "1111111111111111111111") THEN
                          state <= "111";
                        END IF;
                        IF (clk_div /= xi) THEN
                          clk_div <= clk_div + "0000000000001";
                        ELSE
                          clk_div <= "0000000000000";
                          out_bit_tmp <= NOT out_bit_tmp;
                        END IF;
                    WHEN "111" =>                --发"多"（高音）
                        cnt <= cnt + "0000000000000000000001";
                        IF (cnt = "1111111111111111111111") THEN
                          state <= "000";
                        END IF;
                        IF (clk_div /= duo1) THEN
                          clk_div <= clk_div + "0000000000001";
                        ELSE
                          clk_div <= "0000000000000";
                          out_bit_tmp <= NOT out_bit_tmp;
                        END IF;
                    WHEN OTHERS =>
                        NULL;
                END CASE;
            END IF;
    END PROCESS;

    END arch;
```

程序说明如下。

（1）由 state 的状态转换实现"多来咪发梭拉西多"的音符变化。

（2）利用 13 位的音阶分频加法计数器 clk_div，产生特定频率的分频信号。out_bit_tmp <= NOT out_bit_tmp;该语句是为了均衡占空比，将实现二分频。

（3）cnt 是一个 22 位的加法计数器，用于控制各音阶发声时间长短。通过计算可知本例中发声时间 $2^{22} * \dfrac{1}{4\text{MHz}} = 1$ 秒。

习　题

1.如题图 1 所示是由两个二选一数据选择器构成的多路选择器电路，对于其中 MUX21A，当 s='0'和'1'时，分别有 y<='a'和 y<='b'。

（1）设计二选一数据选择器，并得到正确的仿真波形。

（2）分别用下面 3 种方法设计双二选一多路选择器。

方法 1：原理图的方式设计输入。

方法 2：用元件例化语句。

方法 3：在结构体中用两个进程来表达此电路。

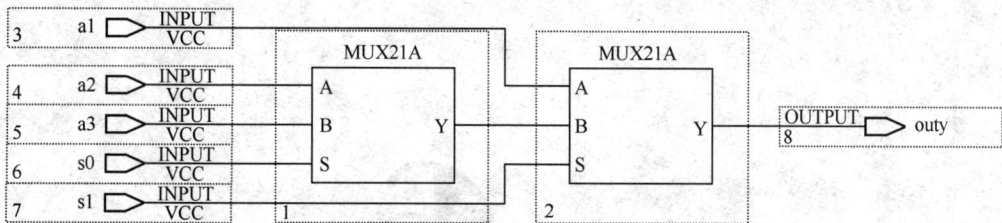

题图1 多路选择器电路原理图

2.题图2所示是一个计数译码显示电路,按题图2的方式连接成顶层设计实体(用 VHDL 表述),图中的 CNT10 是一个十进制加法计数器,DECL7S 是 7 段显示译码器。

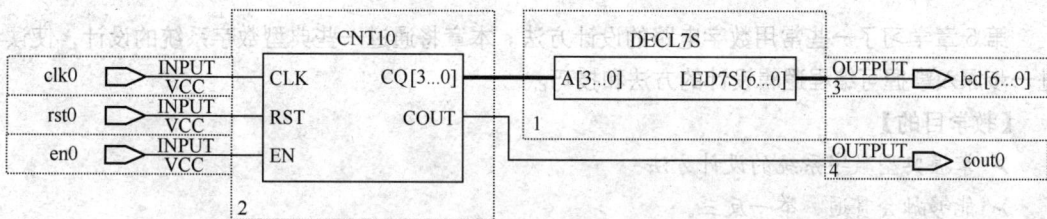

题图2 计数译码显示电路原理图

3. 在 VHDL 设计中,给时序电路清 0(复位)有两种方法,它们是什么?哪一种复位方法必须将复位信号放在敏感信号表中?

4. 题图3所示是一个含有上升沿触发的 D 触发器的时序电路,写出此电路的 VHDL 程序。

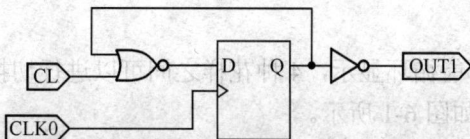

题图3 时序电路原理图

第 **6** 章 数字系统的设计

第5章学习了一些常用数字电路的设计方法。本章将通过一些典型数字系统的设计，使读者进一步深入掌握可编程逻辑设计的方法和技巧。

【教学目的】

➢ 掌握典型数字系统的设计方法。

➢ 能够融会贯通、举一反三。

6.1 花样彩灯控制器的设计

6.1.1 设计要求

花样彩灯控制器设计要求如下。

● 要求能显示4种花样，每种花样有不同的花型。这4种花样读者也可根据喜好自行设定（修改译码模块即可）。

● 要求每一种花样都能循环显示，4种花样之间可以进行切换。

花样彩灯控制器框图如图6-1所示。

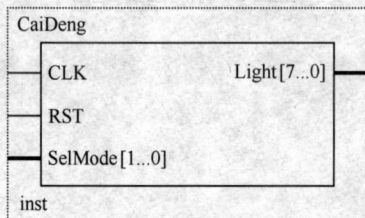

图6-1 彩灯控制器框图

【端口描述】：

CLK：外部时钟输入。

RST：复位端口。

SELMODE：花样彩灯控制端口，SELMODE分别为"00"，"01"，"10"和"11"，代表4种不同的彩灯花样。

LIGHT：彩灯显示输出端口。

6.1.2 设计模块

花样彩灯控制器由以下模块组成。

- 时钟分频模块。这里假定时钟输入是 1kHz，彩灯变化需要输入时钟是 1Hz。
- 花样彩灯变化控制模块。
- 显示译码模块。

6.1.3 程序实现

花样彩灯控制器的 VHDL 描述：

```
LIBRARY IEEE;
USE IEEE.STD_LOGIC_1164.ALL;
USE IEEE.STD_LOGIC_ARITH.ALL;
USE IEEE.STD_LOGIC_UNSIGNED.ALL;

ENTITY CAIDENG IS
   PORT (
      CLK   : IN STD_LOGIC;
      RST : IN STD_LOGIC;
   SELMODE : IN STD_LOGIC_VECTOR(1 DOWNTO 0);
    LIGHT : OUT STD_LOGIC_VECTOR(7 DOWNTO 0));
END CAIDENG;

ARCHITECTURE CONTROL OF CAIDENG IS
SIGNAL CLK1MS:STD_LOGIC:='0';
SIGNAL CNT1:STD_LOGIC_VECTOR(3 DOWNTO 0):="0000";
SIGNAL CNT2:STD_LOGIC_VECTOR(1 DOWNTO 0):="00";
SIGNAL CNT3:STD_LOGIC_VECTOR(3 DOWNTO 0):="0000";
SIGNAL CNT4:STD_LOGIC_VECTOR(1 DOWNTO 0):="00";
BEGIN

P1:PROCESS(CLK1MS)
BEGIN
IF(CLK1MS'EVENT AND CLK1MS='1')THEN
IF SELMODE="00" THEN                       --第1种花样彩灯
IF CNT1="1111" THEN
CNT1<="0000";
ELSE CNT1<= CNT1+1;
END IF;
CASE CNT1 IS
WHEN "0000"=>LIGHT<="10000000";
WHEN "0001"=>LIGHT<="11000000";
WHEN "0010"=>LIGHT<="11100000";
WHEN "0011"=>LIGHT<="11110000";
WHEN "0100"=>LIGHT<="11111000";
WHEN "0101"=>LIGHT<="11111100";
WHEN "0110"=>LIGHT<="11111110";
WHEN "0111"=>LIGHT<="11111111";
```

```
WHEN "1000"=>LIGHT<="11111110";
WHEN "1001"=>LIGHT<="11111100";
WHEN "1010"=>LIGHT<="11111000";
WHEN "1011"=>LIGHT<="11110000";
WHEN "1100"=>LIGHT<="11100000";
WHEN "1101"=>LIGHT<="11000000";
WHEN "1110"=>LIGHT<="10000000";
WHEN OTHERS=>LIGHT<="00000000";
END CASE;
ELSIF SELMODE="01" THEN                      --第2种花样彩灯
IF CNT2="11" THEN
CNT2<="00";
ELSE CNT2<= CNT2+1;
END IF;
CASE CNT2 IS
WHEN "00"=>LIGHT<="10000001";
WHEN "01"=>LIGHT<="11000011";
WHEN "10"=>LIGHT<="11100111";
WHEN "11"=>LIGHT<="11111111";
WHEN OTHERS=>LIGHT<="00000000";
END CASE;
ELSIF SELMODE="10" THEN                      --第3种花样彩灯
IF CNT3="1111" THEN
CNT3<="0000";
ELSE CNT3<=CNT3+1;
END IF;
CASE CNT3 IS
WHEN "0000"=>LIGHT<="11000000";
WHEN "0001"=>LIGHT<="01100000";
WHEN "0010"=>LIGHT<="00110000";
WHEN "0011"=>LIGHT<="00011000";
WHEN "0100"=>LIGHT<="00001100";
WHEN "0101"=>LIGHT<="00000110";
WHEN "0110"=>LIGHT<="00000011";
WHEN "0111"=>LIGHT<="00000110";
WHEN "1000"=>LIGHT<="00001100";
WHEN "1001"=>LIGHT<="00011000";
WHEN "1010"=>LIGHT<="00110000";
WHEN "1011"=>LIGHT<="01100000";
WHEN "1100"=>LIGHT<="11000000";
WHEN OTHERS=>LIGHT<="00000000";
END CASE;
ELSIF SELMODE="11" THEN                      --第4种花样彩灯
IF CNT4="11" THEN
CNT4<="00";
ELSE CNT4<= CNT4+1;
END IF;
CASE CNT4 IS
WHEN "00"=>LIGHT<="00011000";
WHEN "01"=>LIGHT<="00111100";
```

```
WHEN "10"=>LIGHT<="01111110";
WHEN "11"=>LIGHT<="11111111";
WHEN OTHERS=>LIGHT<="00000000";
END CASE;
END IF;
END IF;
END PROCESS P1;

P2:PROCESS(CLK)                              --时钟分频模块
VARIABLE CNT:INTEGER RANGE 0 TO 1000;
BEGIN
IF(RST='0')THEN
CNT:=0;
ELSIF(CLK'EVENT AND CLK='1')THEN
IF CNT<999 THEN
CNT:=CNT+1;
CLK1MS<='0';
ELSE
CNT:=0;
CLK1MS<='1';
END IF;
END IF;
END PROCESS P2;
END CONTROL;
```

【程序说明】：

（1）CLK1MS 是由外部时钟 CLK 分频得到的 1Hz 时钟。

（2）程序中定义内部信号 CNT1，CNT2，CNT3 和 CNT4 进行计数。这些计数值分别作为 4 种花样彩灯译码模块的输入值，译码后的值就是彩灯的显示代码。例如，CNT1 从 0 000～1 111 循环计数，第 1 种花样彩灯便会循环显示这 16 种花型。同样的，CNT2 和 CNT4 从 00～11 循环计数，第 2 种和第 4 种花样彩灯便会循环显示各自的 4 种花型。

（3）在利用实验箱进行硬件验证时，需要根据硬件的具体情况，酌情修改时钟分频模块以及彩灯显示输出部分。

6.1.4 仿真分析

为了便于观察，分别对 4 种花样进行仿真，波形如下。

（1）SELMODE="00"，第 1 种花样彩灯仿真波形如图 6-2 所示。

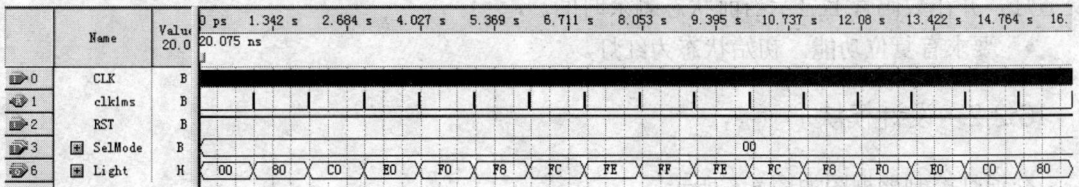

图 6-2 第 1 种花样彩灯仿真波形

（2）SELMODE="01"，第 2 种花样彩灯仿真波形如图 6-3 所示。

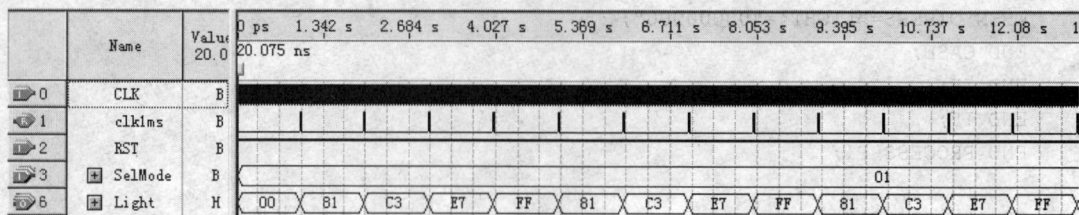

图 6-3　第 2 种花样彩灯仿真波形

（3）SELMODE="10"，第 3 种花样彩灯仿真波形如图 6-4 所示。

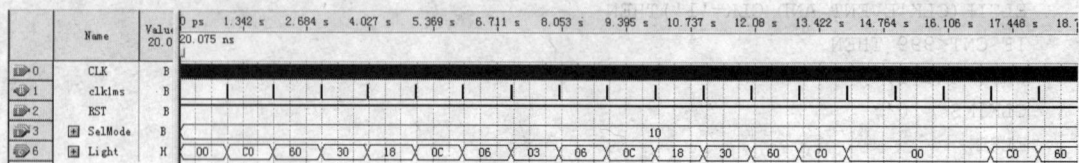

图 6-4　第 3 种花样彩灯仿真波形

（4）SELMODE="11"，第 4 种花样彩灯仿真波形如图 6-5 所示。

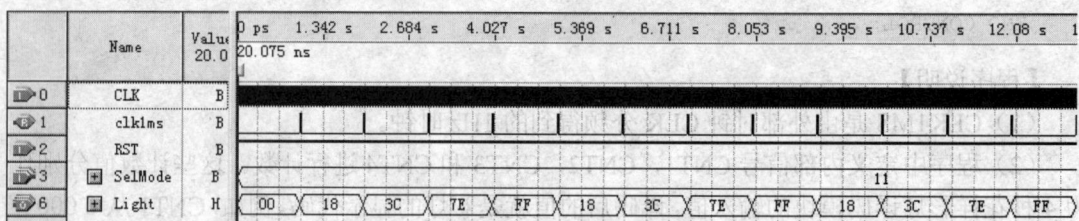

图 6-5　第 4 种花样彩灯仿真波形

6.2　交通灯控制器的设计

6.2.1　设计要求

交通灯控制器的设计要求如下。
- 设计一个交通灯控制器，模拟路口的红黄绿交通灯的变化过程。
- 要求红灯持续时间为 30 秒，黄灯 5 秒，绿灯 30 秒。用 3 个 LED 灯代表红、黄、绿交通灯，并在数码管上显示当前状态剩余时间。
- 要求有复位功能，初始状态为红灯。

6.2.2　设计模块

交通灯控制器框图如图 6-6 所示。

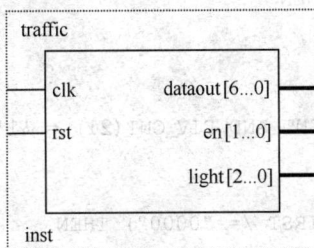

图 6-6 交通灯控制器框图

6.2.3 程序实现

交通灯控制器的 VHDL 描述如下：

```vhdl
LIBRARY IEEE;
USE IEEE.STD_LOGIC_1164.ALL;
USE IEEE.STD_LOGIC_ARITH.ALL;
USE IEEE.STD_LOGIC_UNSIGNED.ALL;
ENTITY TRAFFIC IS
   PORT (
      CLK      : IN STD_LOGIC;                          --时钟信号 4MHz
      RST      : IN STD_LOGIC;
      DATAOUT  : OUT STD_LOGIC_VECTOR(6 DOWNTO 0);      --数码管段数据（段选）
      EN       : OUT STD_LOGIC_VECTOR(1 DOWNTO 0);      --数码管使能（位选）
      LIGHT    : OUT STD_LOGIC_VECTOR(2 DOWNTO 0));     --LED LIGHT
END TRAFFIC;

ARCHITECTURE ARCH OF TRAFFIC IS
   SIGNAL DIV_CNT   : STD_LOGIC_VECTOR(21 DOWNTO 0);    --分频计数信号
   SIGNAL DATA4     : STD_LOGIC_VECTOR(3 DOWNTO 0);
   SIGNAL FIRST     : STD_LOGIC_VECTOR(3 DOWNTO 0);     --时间的个位
   SIGNAL SECOND    : STD_LOGIC_VECTOR(3 DOWNTO 0);     --时间的十位
   SIGNAL STATE     : STD_LOGIC_VECTOR(1 DOWNTO 0);
   CONSTANT RED     : STD_LOGIC_VECTOR(1 DOWNTO 0) := "00";
   CONSTANT YELLOW  : STD_LOGIC_VECTOR(1 DOWNTO 0) := "01";
   CONSTANT GREEN   : STD_LOGIC_VECTOR(1 DOWNTO 0) := "10";
   SIGNAL DATAOUT_0 : STD_LOGIC_VECTOR(6 DOWNTO 0);
   SIGNAL ENA       : STD_LOGIC_VECTOR(1 DOWNTO 0);
BEGIN
P1:PROCESS(CLK,RST)
   BEGIN
      IF (NOT RST = '1') THEN
         DIV_CNT <= "0000000000000000000000";
      ELSIF(CLK'EVENT AND CLK = '1')THEN
         DIV_CNT <= DIV_CNT + 1;
      END IF;
   END PROCESS;


P2:PROCESS(DIV_CNT(21),RST)
   BEGIN
```

```
                    IF (NOT RST = '1') THEN
                       STATE <= RED;
                       FIRST <= "0000";
                       SECOND <= "0011";
                    ELSIF(DIV_CNT(21)'EVENT AND DIV_CNT(21) = '1')THEN
                         CASE STATE IS
                           WHEN RED =>
                                   IF (FIRST /= "0000") THEN
                                      FIRST <= FIRST - "0001";
                                   ELSE
                                      IF (SECOND /= "0000") THEN
                                         SECOND <= SECOND - "0001";
                                         FIRST <= "1001";
                                      ELSE
                                         STATE <= GREEN;
                                         SECOND <= "0011";
                                      END IF;
                                   END IF;
                           WHEN GREEN =>
                                   IF (FIRST /= "0000") THEN
                                      FIRST <= FIRST - "0001";
                                   ELSE
                                      IF (SECOND /= "0000") THEN
                                         FIRST <= "1001";
                                         SECOND <= SECOND - "0001";
                                      ELSE
                                         STATE <= YELLOW;
                                         SECOND <= "0000";
                                         FIRST <= "0101";
                                      END IF;
                                   END IF;
                           WHEN YELLOW =>
                                   IF (FIRST /= "0000" OR SECOND /= "0000") THEN
                                      IF (SECOND /= "0000") THEN
                                         FIRST <= "1001";
                                         SECOND <= SECOND - "0001";
                                      ELSE
                                         FIRST <= FIRST - "0001";
                                      END IF;
                                   ELSE
                                      STATE <= RED;
                                      SECOND <= "0011";
                                   END IF;
                           WHEN OTHERS =>
                                   FIRST <= "0000";
                                   SECOND <= "0000";
                         END CASE;
                      END IF;
                   END PROCESS;

        P3: PROCESS(STATE)
```

```
        BEGIN
          CASE STATE IS
            WHEN RED =>
                    LIGHT <= "100";
            WHEN YELLOW =>
                    LIGHT <= "010";
            WHEN GREEN =>
                    LIGHT <= "001";
            WHEN OTHERS =>
                    LIGHT <= "000";
          END CASE;
        END PROCESS;

---*********显示部分**********---
    EN<=ENA;
    DATAOUT<=DATAOUT_0;

    P4:PROCESS(DIV_CNT(14),RST)
    BEGIN
      IF(RST='0')THEN
      ENA<="10";
      ELSIF(DIV_CNT(14)'EVENT AND DIV_CNT(14)='1')THEN
      ENA(1)<= NOT ENA(1);
      ENA(0)<= NOT ENA(0);
      END IF;
    END PROCESS;

    P5: PROCESS(ENA,DATA4,FIRST,SECOND)
    BEGIN
     IF(ENA="10")THEN
       DATA4<=FIRST;
     ELSE
       DATA4<=SECOND;
    END IF;
    END PROCESS;

    P6: PROCESS(DATA4)
    BEGIN
      CASE DATA4 IS
      WHEN "0000" => DATAOUT_0 <= "0111111";
      WHEN "0001" => DATAOUT_0 <= "0000110";
      WHEN "0010" => DATAOUT_0 <= "1011011";
      WHEN "0011" => DATAOUT_0 <= "1001111";
      WHEN "0100" => DATAOUT_0 <= "1100110";
      WHEN "0101" => DATAOUT_0 <= "1101101";
      WHEN "0110" => DATAOUT_0 <= "1111101";
      WHEN "0111" => DATAOUT_0 <= "0000111";
      WHEN "1000" => DATAOUT_0 <= "1111111";
      WHEN "1001" => DATAOUT_0 <= "1101111";
      WHEN "1010" => DATAOUT_0 <= "1110111";
      WHEN "1011" => DATAOUT_0 <= "1111100";
```

```
        WHEN "1100" => DATAOUT_0 <= "0111001";
        WHEN "1101" => DATAOUT_0 <= "1011110";
        WHEN "1110" => DATAOUT_0 <= "1111001";
        WHEN "1111" => DATAOUT_0 <= "1110001";
        WHEN OTHERS => DATAOUT_0 <= "0000000";
        END CASE;
    END PROCESS;
END ARCH;
```

【程序说明】：

（1）进程 P1 实现了一个 22 位的计数器 DIV_CNT，由 5.2.7 小节可知，该计数器同时还是一个分频器。程序中 DIV_CNT(21)的频率计算可得 $\dfrac{4\text{MHz}}{2^{22}} \approx 1\text{Hz}$，DIV_CNT(14)的频率计算可得 $\dfrac{4\text{MHz}}{2^{15}} = 122\text{Hz}$。

（2）进程 P2 实现红、绿、黄 3 种灯的状态转换和倒计时。倒计时的秒时钟是由 DIV_CNT(21)提供的。

（3）进程 P3 实现各状态到 LED 灯的译码。LIGHT 是一个 3 位的矢量，驱动 3 种颜色的灯发光。当其值为 "100" 时，LIGHT(2)为高电平，其余为低电平，红灯亮。依次类推。

（4）进程 P4 使数码管位选使能信号 ENA 在 10 和 01 之间变化，实现 2 个数码管的动态扫描，扫描时钟 DIV_CNT(14)等于 122Hz。

（5）进程 P5 确定 2 个数码管与时间的个位和十位的对应关系。

（6）进程 P6 实现 4 位 BCD 码到 7 段显示译码。

6.3 序列检测器的设计

6.3.1 设计原理

序列检测器可用于检测一组或多组由二进制码组成的脉冲序列信号，当序列检测器连续收到一组串行码后，如果这组码与检测器中预先设置的码相同，则输出 1，否则输出 0。由于这种检测的关键在于正确码的收到必须是连续的，这就要求检测器必须记住前一次的正确码以及正确序列，直到连续的检测中所收到每一位码都与预置数的对应码相同。在检测过程中，任何一位不相等都将回到初始状态重新开始检测。

6.3.2 设计模块

8 位序列检测器逻辑图如图 6-7 所示。

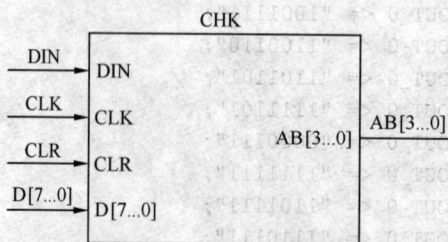

图 6-7 8 位序列检测器逻辑图

6.3.3 程序实现

序列检测器的 VHDL 描述如下：

```vhdl
LIBRARY IEEE;
USE IEEE.STD_LOGIC_1164.ALL;
ENTITY CHK IS
    PORT(DIN:     IN  STD_LOGIC;                    --串行输入数据位
         CLK,CLR: IN  STD_LOGIC;                    --工作时钟，复位信号
         D:       IN  STD_LOGIC_VECTOR(7 DOWNTO 0); --8 位待检测预置数
         AB:      OUT STD_LOGIC;                     --检测结果输出
END ENTITY CHK;
ARCHITECTURE ART OF CHK IS
    SIGNAL Q : INTEGER RANGE 0 TO 8;
    BEGIN
    PROCESS (CLK, CLR) IS
    BEGIN
        IF CLR = '1' THEN Q<=0;
        ELSIF CLK'EVENT AND CLK = '1' THEN
        CASE Q IS
        WHEN 0=> IF DIN=D(7) THEN Q<=1;ELSE Q<=0;END IF;
        WHEN 1=> IF DIN=D(6) THEN Q<=2;ELSE Q<=0;END IF;
        WHEN 2=> IF DIN=D(5) THEN Q<=3;ELSE Q<=0;END IF;
        WHEN 3=> IF DIN=D(4) THEN Q<=4;ELSE Q<=0;END IF;
        WHEN 4=> IF DIN=D(3) THEN Q<=5;ELSE Q<=0;END IF;
        WHEN 5=> IF DIN=D(2) THEN Q<=6;ELSE Q<=0;END IF;
        WHEN 6=> IF DIN=D(1) THEN Q<=7;ELSE Q<=0;END IF;
        WHEN 7=> IF DIN=D(0) THEN Q<=8;ELSE Q<=0;END IF;
        WHEN OTHERS=> Q<=0;
        END CASE;
        END IF;
        END PROCESS;
        PROCESS(Q) IS
        BEGIN
            IF Q=8 THEN AB<='1';
            ELSE        AB<='0';
            END IF;
        END PROCESS;
END ARCHITECTURE ART;
```

6.3.4 仿真分析

8 位序列检测器仿真波形如图 6-8 所示。

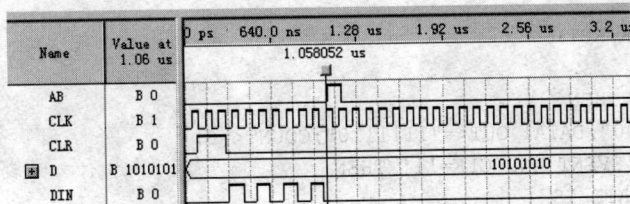

图 6-8 仿真波形

检测器中的预先设置码 D 为 10101010，当串行输入数据 DIN 连续出现了 10101010 时，检测结果 AB 为 1，其他都为 0。

6.4 花样计数器的设计

6.4.1 设计要求

花样计数器设计要求如下。

- 设计一个异步复位的 5 进制计数器。
- 要求有至少 4 种计数方式，正序显示、倒序显示、奇数显示以及偶数显示等，通过按键控制计数方式。

6.4.2 设计模块

花样计数器框图如图 6-9 所示。

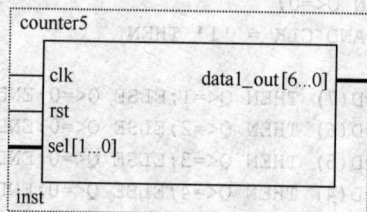

图 6-9 花样计数器框图

6.4.3 程序实现

花样计数器的 VHDL 描述如下。

```
LIBRARY IEEE;
USE IEEE.STD_LOGIC_1164.ALL;
USE IEEE.STD_LOGIC_UNSIGNED.ALL;
ENTITY COUNTER5 IS
PORT(CLK,RST:IN STD_LOGIC;
     SEL:IN STD_LOGIC_VECTOR(1 DOWNTO 0);
     DATA1_OUT:OUT STD_LOGIC_VECTOR(6 DOWNTO 0));
END COUNTER5;

ARCHITECTURE ARCH OF COUNTER5 IS
SIGNAL COUNT:INTEGER RANGE 0 TO 9;
SIGNAL STATE:STD_LOGIC_VECTOR(1 DOWNTO 0);
BEGIN
    PROCESS(CLK,RST)
    BEGIN
    IF RST='1' THEN
      STATE<="00";DATA1_OUT<="1111110";COUNT<=0;
    ELSIF CLK'EVENT AND CLK='1' THEN
      CASE STATE IS
      WHEN "00" =>                          -- 计数方式: 0, 1, 2, 3, 4
```

```
        IF COUNT=4 THEN COUNT<=0;
          ELSE COUNT<=COUNT+1;
        END IF;
     CASE SEL IS
         WHEN "01" => STATE<="01";COUNT<=0;
         WHEN "10" => STATE<="10";COUNT<=1;
         WHEN "11" => STATE<="11";COUNT<=5;
         WHEN OTHERS => NULL;
     END CASE;
  WHEN "01" =>                                   -- 计数方式: 0, 2, 4, 6, 8
        IF COUNT=8 THEN COUNT<=0;
          ELSE COUNT<=COUNT+2;
        END IF;
      CASE SEL IS
         WHEN "00" => STATE<="00";COUNT<=0;
         WHEN "10" => STATE<="10";COUNT<=1;
         WHEN "11" => STATE<="11";COUNT<=5;
         WHEN OTHERS => NULL;
     END CASE;
  WHEN "10" =>                                   -- 计数方式: 1, 3, 5, 7, 9
     IF COUNT=9 THEN COUNT<=1;
       ELSE COUNT<=COUNT+2;
     END IF;
     CASE SEL IS
         WHEN "00" => STATE<="00";COUNT<=0;
         WHEN "01" => STATE<="01";COUNT<=0;
         WHEN "11" => STATE<="11";COUNT<=5;
         WHEN OTHERS => NULL;
     END CASE;
  WHEN "11" =>                                   -- 计数方式: 5, 4, 3, 2, 1
     IF COUNT=1 THEN COUNT<=5;
       ELSE COUNT<=COUNT-1;
     END IF;
     CASE SEL IS
         WHEN "00" => STATE<="00";COUNT<=0;
         WHEN "01" => STATE<="01";COUNT<=0;
         WHEN "10" => STATE<="10";COUNT<=1;
         WHEN OTHERS => NULL;
     END CASE;
  WHEN OTHERS => STATE <= "00";
  END CASE;

  CASE COUNT IS                                  --7 段显示译码
     WHEN 0 => DATA1_OUT<="1111110";--0
     WHEN 1 => DATA1_OUT<="0110000";--1
     WHEN 2 => DATA1_OUT<="1101101";--2
     WHEN 3 => DATA1_OUT<="1111001";--3
     WHEN 4 => DATA1_OUT<="0110011";--4
     WHEN 5 => DATA1_OUT<="1011011";--5
     WHEN 6 => DATA1_OUT<="1011111";--6
```

```
            WHEN 7 => DATA1_OUT<="1110000";--7
            WHEN 8 => DATA1_OUT<="1111111";--8
            WHEN 9 => DATA1_OUT<="1111011"; --9
            WHEN OTHERS => DATA1_OUT<="0000000";
        END CASE;
        END IF;
     END PROCESS;
   END ARCH;
```

6.4.4 仿真分析

（1）Sel = "00"，第 1 种计数方式：0，1，2，3，4。仿真波形如图 6-10 所示。

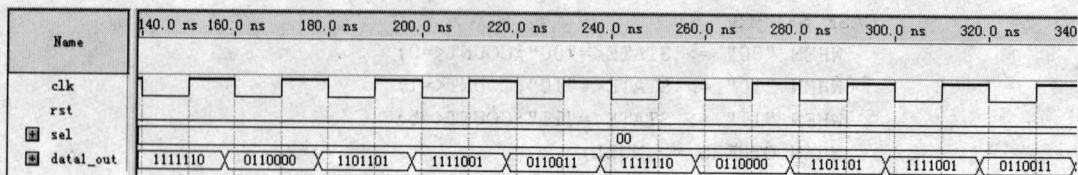

图 6-10　第 1 种计数方式仿真波形

（2）Sel = "01"，第 2 种计数方式：0，2，4，6，8。仿真波形如图 6-11 所示。

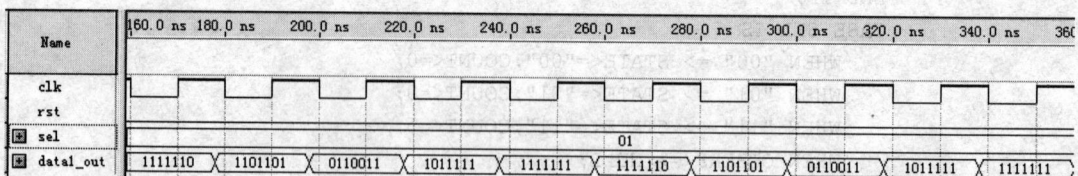

图 6-11　第 2 种计数方式仿真波形

（3）Sel = "10"，第 3 种计数方式：1，3，5，7，9。仿真波形如图 6-12 所示。

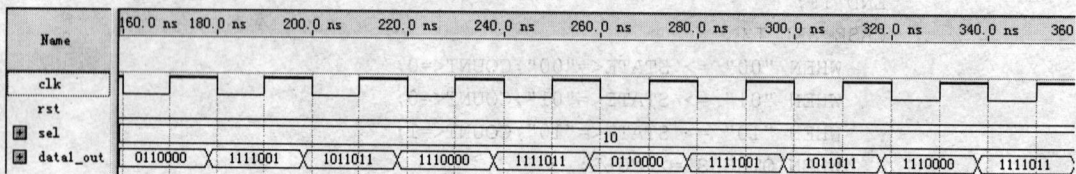

图 6-12　第 3 种计数方式仿真波形

（4）Sel = "11"，第 4 种计数方式：5，4，3，2，1。仿真波形如图 6-13 所示。

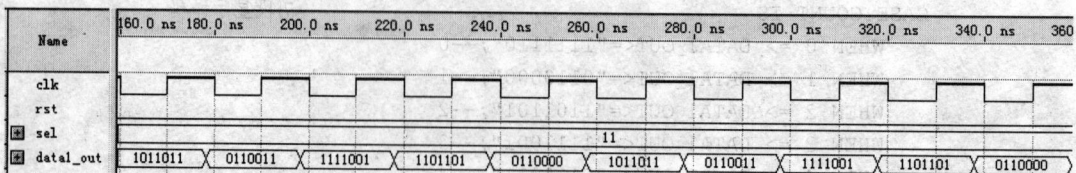

图 6-13　第 4 种计数方式仿真波形

6.5 电子抢答器的设计

6.5.1 设计要求

电子抢答器设计要求如下。

- 两人抢答，先抢为有效，用发光二极管显示是否抢到优先答题权。
- 每 1 位计分显示，答错了不加分，答对了可加 1 分、2 分。
- 累计加分可由裁判随时清除。

6.5.2 设计模块

电子抢答器由以下模块组成。

- 顶层抢答器主控模块，包括抢答、加分以及指示灯驱动功能，如图 6-14 所示。
- 分数显示模块如图 6-15 所示。这里采用动态扫描的方法来控制 LED 数码管的显示。

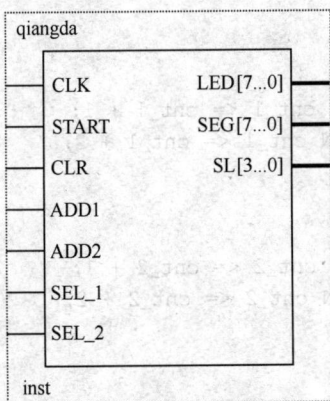

图 6-14 顶层抢答器主控模块

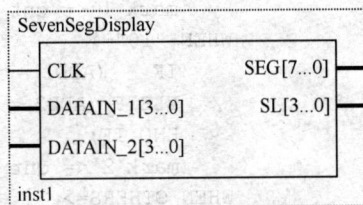

图 6-15 分数显示模块

6.5.3 程序实现

注：本例是按照按键低电平有效设计的。

```
LIBRARY IEEE;
USE IEEE.STD_LOGIC_1164.ALL;
ENTITY qiangda IS
PORT( CLK,START,CLR: IN STD_LOGIC;          --时钟，开始键，复位
      ADD1,ADD2    : IN STD_LOGIC;          --加分1，加分2
      SEL_1,SEL_2 : IN STD_LOGIC;           --选手1，2抢答键，
      LED : OUT STD_LOGIC_VECTOR(7 DOWNTO 0);  --指示灯
      SEG : OUT STD_LOGIC_VECTOR(7 DOWNTO 0);  --数码管段选择
      SL  : OUT STD_LOGIC_VECTOR(3 DOWNTO 0)   --数码管位选择
      );
END qiangda;
ARCHITECTURE rtl OF qiangda IS
  COMPONENT SevenSegDisplay IS
     PORT(CLK :IN STD_LOGIC;
      DATAIN_1:IN INTEGER RANGE 0 TO 15;
```

```vhdl
         DATAIN_2:IN INTEGER RANGE 0 TO 15;
         SEG    :OUT STD_LOGIC_VECTOR(7 DOWNTO 0);
         SL     :OUT STD_LOGIC_VECTOR(3 DOWNTO 0));
    END COMPONENT SevenSegDisplay;
  SIGNAL cnt_1 : INTEGER RANGE 0 TO 15;
  SIGNAL cnt_2 : INTEGER RANGE 0 TO 15;
  SIGNAL mark_1: INTEGER RANGE 0 TO 15;
  SIGNAL mark_2: INTEGER RANGE 0 TO 15;
  SIGNAL SEL   : STD_LOGIC_VECTOR(1 DOWNTO 0);
BEGIN
SEL<=SEL_2&SEL_1;
PROCESS (CLK,CLR)IS
 BEGIN
    IF(CLR='0') THEN
        cnt_1 <=0;
        cnt_2 <=0;
    ELSIF (CLK'EVENT AND CLK = '1') THEN              --抢答和加分
      IF (START='0') THEN
            CASE SEL IS
                WHEN "01"=>
                    IF   (ADD1 = '0') THEN cnt_1 <= cnt_1 + 1;
                    ELSIF (ADD2 = '0') THEN cnt_1 <= cnt_1 + 2;
                    END IF;
                    mark_1 <= cnt_1;
                WHEN "10"=>
                    IF   (ADD1 = '0') THEN cnt_2 <= cnt_2 + 1;
                    ELSIF (ADD2 = '0') THEN cnt_2 <= cnt_2 + 2;
                    END IF;
                    mark_2 <= cnt_2;
                WHEN OTHERS=>
                    mark_1 <= cnt_1;
                    mark_2 <= cnt_2;
                END CASE;
        END IF;
    END IF;
END PROCESS;
PROCESS (SEL,START)IS                     --指示灯驱动
    BEGIN
      IF (START='0')     THEN
        IF (SEL="01")   THEN LED<="11111100";
        ELSIF (SEL="10")THEN LED<="11111010";
        ELSE LED<="11111110";
        END IF;
      ELSE
        LED<="11111111";
      END IF;
    END PROCESS;
U1:SevenSegDisplay PORT MAP(CLK=>CLK,DATAIN_1=>mark_1,
                    DATAIN_2=>mark_2,SEG=>SEG,
                    SL=>SL);
END ARCHITECTURE rtl;
```

```vhdl
--数码管分数显示模块
LIBRARY IEEE;
USE IEEE.STD_LOGIC_1164.ALL;
USE IEEE.STD_LOGIC_ARITH.ALL;
USE IEEE.STD_LOGIC_UNSIGNED.ALL;
ENTITY SevenSegDisplay IS
PORT(CLK : IN STD_LOGIC;
    DATAIN_1: IN INTEGER RANGE 0 TO 15;
    DATAIN_2: IN INTEGER RANGE 0 TO 15;
    SEG :OUT STD_LOGIC_VECTOR(7 DOWNTO 0);
    SL  :OUT STD_LOGIC_VECTOR(3 DOWNTO 0)
    );
END ENTITY SevenSegDisplay;
ARCHITECTURE ART OF SevenSegDisplay IS
 SIGNAL COUNT:STD_LOGIC_VECTOR(15 DOWNTO 0);
 SIGNAL DATA: STD_LOGIC_VECTOR(3 DOWNTO 0);
 SIGNAL DATABUF_1,DATABUF_2: STD_LOGIC_VECTOR(3 DOWNTO 0);
BEGIN
  DATABUF_1<=CONV_STD_LOGIC_VECTOR(DATAIN_1,4);
  DATABUF_2<=CONV_STD_LOGIC_VECTOR(DATAIN_2,4);

  PROCESS(CLK) IS
    BEGIN
      IF CLK'EVENT AND CLK='1' THEN
        COUNT<=COUNT+'1';
      END IF;
    END PROCESS;

    PROCESS(COUNT(15),DATABUF_1,DATABUF_2) IS      --选择数码管
      BEGIN
      CASE COUNT(15) IS
      WHEN    '0'=>SL<="1110";DATA<=DATABUF_1;      --选择第一个数码管
      WHEN    '1'=>SL<="1101";DATA<=DATABUF_2;      --选择第二个数码管
      END CASE;
    END PROCESS;

    PROCESS(DATA) IS                               --数码管段显示译码
    BEGIN
     CASE DATA IS
     WHEN "0000"=>SEG<=X"C0";--显示 0
     WHEN "0001"=>SEG<=X"F9";--显示 1
     WHEN "0010"=>SEG<=X"A4";--显示 2
     WHEN "0011"=>SEG<=X"B0";--显示 3
     WHEN "0100"=>SEG<=X"99";--显示 4
     WHEN "0101"=>SEG<=X"92";--显示 5
     WHEN "0110"=>SEG<=X"82";--显示 6
     WHEN "0111"=>SEG<=X"F8";--显示 7
     WHEN "1000"=>SEG<=X"80";--显示 8
     WHEN "1001"=>SEG<=X"90";--显示 9
     WHEN OTHERS=>SEG<=X"8E";--显示 F
     END CASE;
   END PROCESS;
END ARCHITECTURE ART;
```

6.5.4 仿真分析

电子抢答器仿真波形如图 6-16 所示。

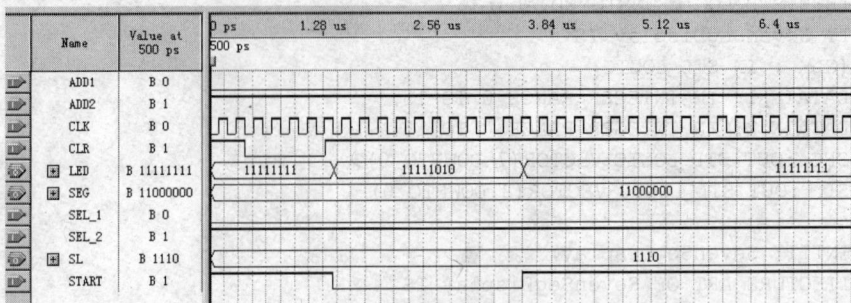

图 6-16 电子抢答器仿真波形

从仿真图可以看出只有按了开始键 START 后，抢答结果 LED 才有效。

6.6 数字秒表的设计

6.6.1 设计要求

数字秒表的设计要求如下。

- 要求设置复位开关。当按下复位开关时，秒表清零并做好计时准备。在任何情况下，只要按下复位开关，秒表都要无条件地进行复位操作。
- 要求设置启/停开关。当按下启/停开关后，将启动秒表并开始计时，当放开启/停开关时，将终止秒表计时操作，并显示计时结果。
- 要求计时精度大于 0.01s。要求设计的计时器能够显示分（2 位）、秒（2 位）、0.01 秒（2 位）的时间。
- 要求秒表的最长计时时间为 1 小时。

6.6.2 设计模块

数字秒表计时模块和秒表显示模块组成。

- 计时模块如图 6-17 所示。
- 秒表显示模块如图 6-18 所示。

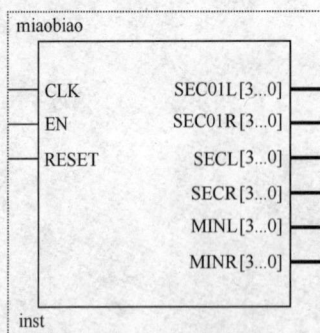

图 6-17 计时模块

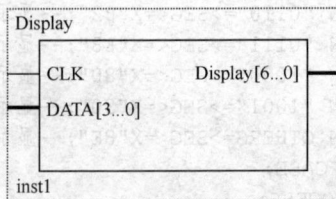

图 6-18 秒表显示模块

- 顶层设计实体原理图如图 6-19 所示。

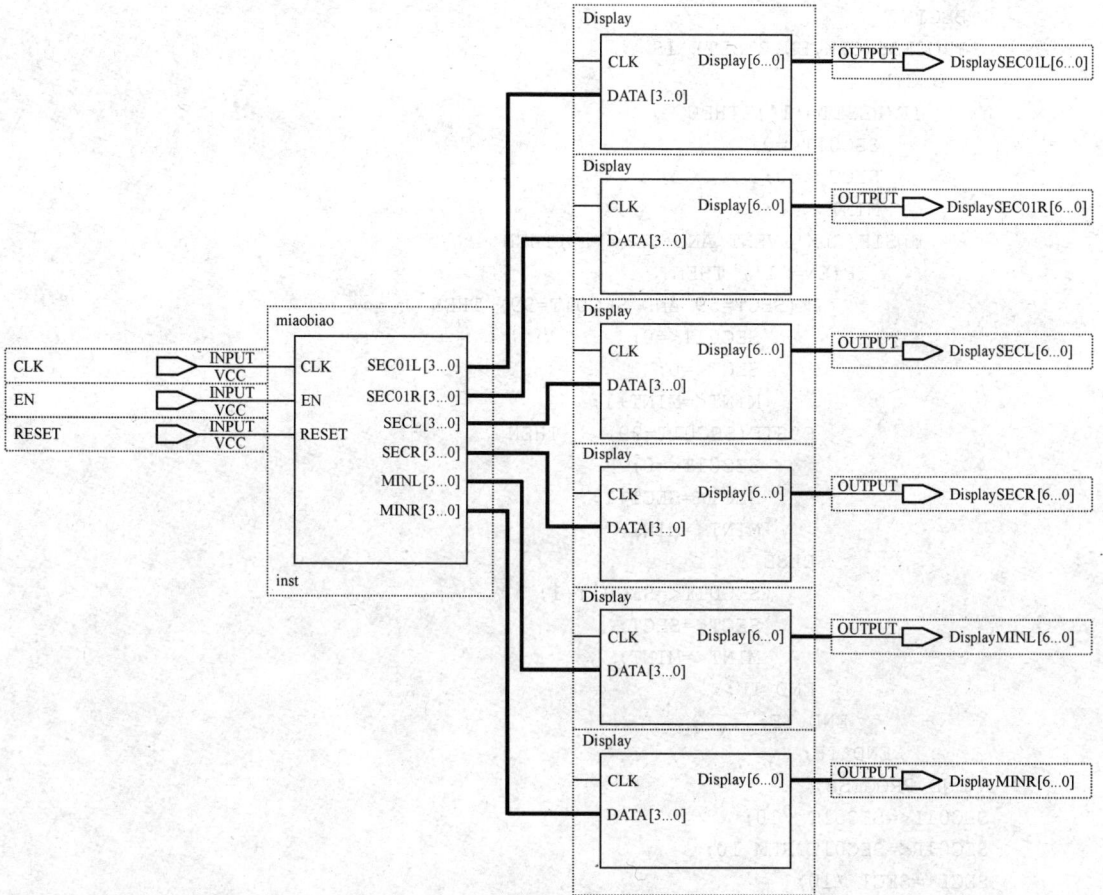

图 6-19 顶层实体原理图

6.6.3 程序实现

1. 计时模块

```
LIBRARY IEEE;
USE IEEE.STD_LOGIC_1164.ALL;
USE IEEE.STD_LOGIC_ARITH.ALL;
USE IEEE.STD_LOGIC_UNSIGNED.ALL;
ENTITY miaobiao IS
PORT(CLK,EN,RESET :IN STD_LOGIC;              --时钟频率要求100Hz
    SEC01L,SEC01R :OUT INTEGER RANGE 0 TO 9;  --0.01秒的左右显示位
    SECL, SECR   :OUT INTEGER RANGE 0 TO 9;   --秒的左右显示位
    MINL ,MINR   :OUT INTEGER RANGE 0 TO 9    --分的左右显示位
    );
END ENTITY miaobiao;
ARCHITECTURE ART OF miaobiao IS
    SIGNAL SEC01T:INTEGER RANGE 0 TO 99;
```

```
SIGNAL SECT  :INTEGER RANGE 0 TO 59;
SIGNAL MINT  :INTEGER RANGE 0 TO 59;
BEGIN
PROCESS(CLK,EN,RESET) IS
  BEGIN
    IF(RESET='1') THEN
        SEC01T<=0;
        SECT <=0;
        MINT <=0;
      ELSIF(CLK'EVENT AND CLK='1')THEN
        IF(EN='1') THEN
          IF(SECT=59 AND SEC01T=99) THEN
              SEC01T<=0;
              SECT<=0;
              MINT<=MINT+1;
          ELSIF(SEC01T=99)    THEN
              SEC01T<=0;
              SECT<=SECT+1;
              MINT<=MINT;
          ELSE
              SEC01T<=SEC01T+1;
              SECT<=SECT;
              MINT<=MINT;
          END IF;
        END IF;
      END IF;
    END PROCESS;
  SEC01L<=SEC01T /10;
  SEC01R<=SEC01T REM 10;
  SECL<=SECT /10;
  SECR<=SECT REM 10;
  MINL<=MINT /10;
  MINR<=MINT REM 10;
END ARCHITECTURE ART;
```

2. 秒表显示模块

```
LIBRARY IEEE;
USE IEEE.STD_LOGIC_1164.ALL;
ENTITY Display IS
PORT(CLK  :IN  STD_LOGIC;
    DATA  :IN  INTEGER RANGE 0 TO 9;
    Display:OUT STD_LOGIC_VECTOR(6 DOWNTO 0)
    );
END ENTITY Display;
ARCHITECTURE ART OF Display IS
 BEGIN
  PROCESS(CLK,DATA)
   BEGIN
    IF(CLK'EVENT AND CLK='1') THEN
```

```
          CASE DATA IS
            WHEN 0=>Display<="0111111";
            WHEN 1=>Display<="0110000";
             WHEN 2=>Display<="1101101";
            WHEN 3=>Display<="1111001";
            WHEN 4=>Display<="0110011";
            WHEN 5=>Display<="1011011";
            WHEN 6=>Display<="0011111";
            WHEN 7=>Display<="1110000";
            WHEN 8=>Display<="1111111";
            WHEN 9=>Display<="1110011";
            WHEN OTHERS=>Display<="0000000";
          END CASE;
        END IF;
      END PROCESS;
END ARCHITECTURE ART;
```

3. 顶层模块

```
LIBRARY IEEE;
USE IEEE.STD_LOGIC_1164.ALL;
ENTITY TopMiaobiao IS
PORT(CLK,EN,RESET   :IN STD_LOGIC;
    DisplaySEC01L:OUT STD_LOGIC_VECTOR(6 DOWNTO 0);
    DisplaySEC01R:OUT STD_LOGIC_VECTOR(6 DOWNTO 0);
    DisplaySECL  :OUT STD_LOGIC_VECTOR(6 DOWNTO 0);
    DisplaySECR  :OUT STD_LOGIC_VECTOR(6 DOWNTO 0);
    DisplayMINL  :OUT STD_LOGIC_VECTOR(6 DOWNTO 0);
    DisplayMINR  :OUT STD_LOGIC_VECTOR(6 DOWNTO 0)
    );
END ENTITY TopMiaobiao;
ARCHITECTURE ART OF TopMiaobiao IS
    COMPONENT miaobiao IS
        PORT(CLK,EN,RESET :IN STD_LOGIC;
            SEC01L,SEC01R :OUT INTEGER RANGE 0 TO 9;
            SECL, SECR   :OUT INTEGER RANGE 0 TO 9;
            MINL ,MINR   :OUT INTEGER RANGE 0 TO 9
            );
        END COMPONENT miaobiao;
    COMPONENT Display IS
        PORT(CLK   :IN  STD_LOGIC;
            DATA   :IN  INTEGER RANGE 0 TO 9;
            Display:OUT STD_LOGIC_VECTOR(6 DOWNTO 0)
            );
        END COMPONENT Display;
    SIGNAL SEC01L,SEC01R:INTEGER RANGE 0 TO 9;
    SIGNAL SECL,SECR   :INTEGER RANGE 0 TO 9;
    SIGNAL MINL,MINR   :INTEGER RANGE 0 TO 9;
    BEGIN
```

```
      MiaoBContr:miaobiao PORT MAP(CLK=>CLK,EN=>EN,RESET=>RESET,
                         SEC01L=>SEC01L,SEC01R=>SEC01R,
                         SECL=>SECL, SECR=>SECR,
                         MINL=>MINL ,MINR=>MINR);
      DisSEC01L:Display  PORT MAP(CLK=>CLK,DATA=>SEC01L,
  Display=>DisplaySEC01L);
      DisSEC01R:Display  PORT MAP(CLK=>CLK,DATA=>SEC01R,
  Display=>DisplaySEC01R);
      DisSECL  :Display  PORT MAP(CLK=>CLK,DATA=>SECL,
    Display=>DisplaySECL);
      DisSECR  :Display  PORT MAP(CLK=>CLK,DATA=>SECR,
  Display=>DisplaySECR);
      DisMINL  :Display  PORT MAP(CLK=>CLK,DATA=>MINL,
  Display=>DisplayMINL);
      DisMINR  :Display  PORT MAP(CLK=>CLK,DATA=>MINR,
                         Display=>DisplayMINR);
  END ARCHITECTURE ART;
```

6.6.4 仿真分析

数字秒表计时模块仿真波形如图 6-20 所示。

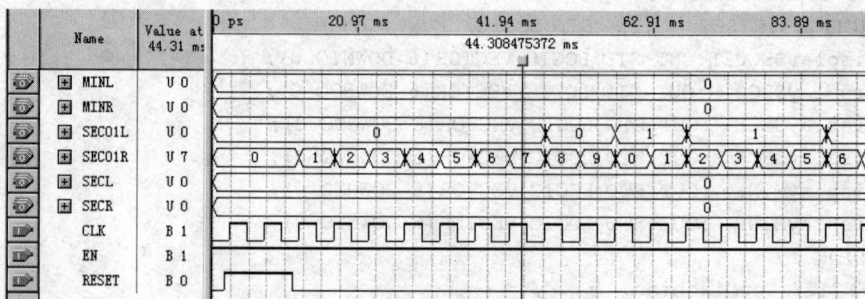

图 6-20 计时模块的仿真图

时钟输入 CLK 周期为 0.01s，作为计数时钟。EN 是使能信号。当按下使能信号 EN 时，开始计数。RESET 具有清零作用。

6.7 汽车尾灯控制器的设计

6.7.1 设计原理

汽车尾灯主要提醒后方行使的汽车司机注意。为了使尾灯的光信号更明显，采用亮灭交替的闪烁信号。

- 当左转弯时，左尾灯交替闪烁，右尾灯灭。
- 当右转弯时，右尾灯交替闪烁，左尾灯灭。
- 当慢行或紧急情况发生采取紧急制动，左右尾灯同时交替闪烁。
- 当汽车保持一定速度的直行或静止不动，左尾灯和右尾灯不闪烁发光。

6.7.2　设计要求

输入信号：左转弯传感器 LH，右转弯传感器 RH 和紧急制动或慢行传感器 JMH，尾灯的光信号采用亮灭交替的闪烁信号，其闪烁周期为 2 秒，即尾灯亮 1 秒，灭 1 秒，再亮 1 秒。在图 6-21 中设置了一个 1 秒时钟的输入信号 CP。

输出信号：输出共设两个，左面一个尾灯，右面一个尾灯，既左转弯时指示灯 LD 和右转弯时指示灯 RD。

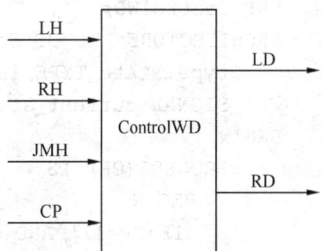

图 6-21　汽车尾灯控制系统的框图

6.7.3　设计模块

从上至下的设计方法首先是从系统级分析，然后进行模块划分，分为受控部分和控制器部分。此尾灯控制系统的受控部分是传感器和指示灯，仅用几个二进制信号就可以完成，所以我们把精力放在设计控制器模块上。

汽车尾灯控制系统设置为 4 个状态，它们有以下定义。

A 状态：传感器 LH，RH，JMH 信号无效，皆为 0，表示汽车保持一定速度的直行或静止不动，左尾灯 LD 和右尾灯 RD 不闪烁发光。

B 状态：传感器 LH 有效，RH，JMH 无效，此时 LH，RH，JMH 状态为 100，表示汽车向左转，左尾灯交替闪烁，右尾灯灭。

C 状态：传感器 RH 有效，LH，JMH 无效，此时 LH，RH，JMH 状态为 010，表示汽车向右转，右尾灯交替闪烁，左尾灯灭。

D 状态：传感器 JMH 有效，LH，RH 无效，此时 LH，RH，JMH 状态为 001，表示汽车慢行或紧急情况发生采取紧急制动，左右尾灯同时交替闪烁。

另外，汽车在左转弯或右转弯时，相对应的左侧灯或右侧灯闪烁，但汽车同时有可能要放慢速度，JMH 传感器有效，这种情况把它作为 D 状态。

根据上述情况可以初步画出汽车尾灯控制系统的 MDS 图，如图 6-22 所示。

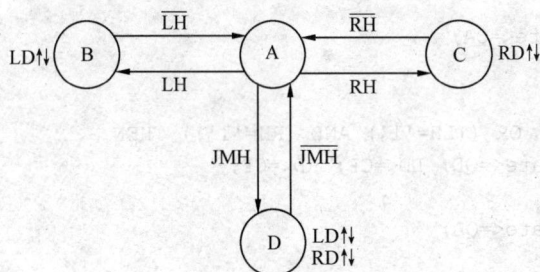

图 6-22　汽车尾灯控制系统的 MDS 图

6.7.4　程序实现

```
LIBRARY ieee;
USE ieee.std_logic_1164.all;
ENTITY ControlWD IS
```

```
    PORT(LH, RH,JMH,CP:IN std_logic;          --左转弯信号，右转弯信号，刹车信号，时钟信号
        LD,RD:OUT std_logic);
END ControlWD;
ARCHITECTURE ARC OF ControlWD IS
    type state_TYPE is (QA,QB,QC,QD);
    SIGNAL current_state,next_state:state_TYPE:=QA;
BEGIN
    PROCESS(CP) IS
      BEGIN
      IF(CP='1' AND CP'EVENT) THEN
      current_state<=next_state;
      END IF;
    END PROCESS;
    PROCESS(LH,RH,JMH,CP,current_state)IS
    BEGIN
    CASE current_state IS
      WHEN QA=>
        IF LH='1' AND RH='0' AND JMH='0' THEN
           next_state<=QB;
        ELSIF LH='0' AND RH='1' AND JMH='0' THEN
           next_state<=QC;
        ELSIF LH='0' AND RH='0' AND JMH='0' THEN
           next_state<=QA; RD<='0'; LD<='0';
        ELSE next_state<=QD;
        END IF ;
      WHEN QB=>
        IF LH='1' AND RH='0' AND JMH='0' THEN
           next_state<=QB; RD<='0'; LD<=CP;
        ELSE
           next_state<=QA;
        END IF ;
      WHEN QC=>
        IF LH='0' AND RH='1' AND JMH='0' THEN
          next_state<=QC; RD<=CP; LD<='0';
        ELSE
          next_state<=QA;
        END IF ;
      WHEN QD=>
        IF JMH='1' OR ((LH='1') AND (RH='1')) THEN
           next_state<=QD; LD<=CP; RD<=CP;
        ELSE
           next_state<=QA;
        END IF ;
    END CASE;
  END PROCESS ;
END ARC;
```

6.7.5 仿真分析

（1）当左转弯信号 LH 有效时，左转弯灯 LD 在不断的闪烁，其仿真波形如图 6-23 所示。

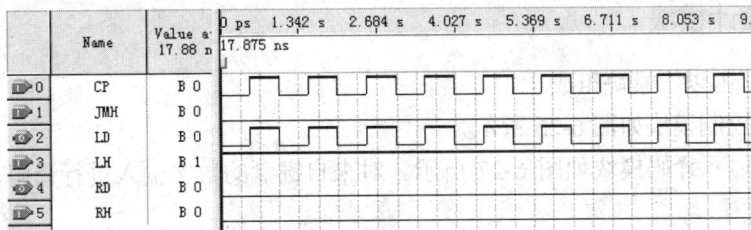

图 6-23 左转弯时的仿真波形

（2）当右转弯信号 RH 有效时，右转弯灯 RD 在不断的闪烁，其仿真波形如图 6-24 所示。

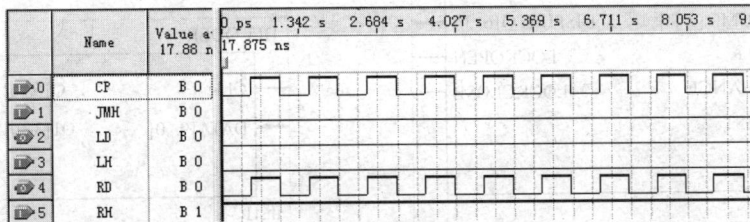

图 6-24 右转弯时的仿真波形

（3）紧急制动或慢行信号 JMH 有效时，左右尾灯同时交替闪烁，其仿真波形如图 6-25 所示。

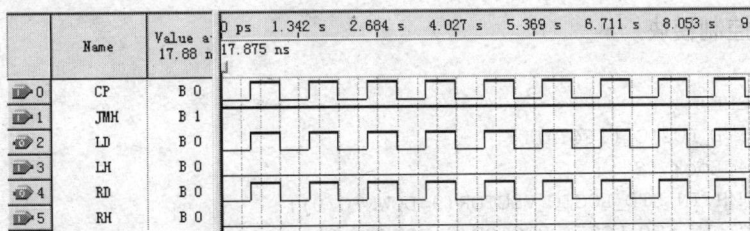

图 6-25 紧急制动或慢行时的仿真波形

6.8 电子密码锁的设计

6.8.1 设计要求

电子密码锁设计要求如下。

- 设计一个 3 位数的电子密码锁，通过输入的数字控制密码锁的开关。
- 开锁期间用户可通过 CHANGE 键自行设置密码。
- 开锁时，输入密码后，按下 TEST 键检测，密码正确时开锁；输出 LOCKOPEN 为高电平，LOCKCLOSE 为低电平，密码锁开启；否则 LOCKOPEN 为低电平，LOCKCLOSE 为高电平，密码锁关闭。LOCKOPEN，LOCKCLOSE 分别用来驱动绿色和红色发光二极管，作为密码锁状态显示标志。任何状态下输入的 3 位数字（百位，十位，个位）将在七段共阴极数码管上显示。

6.8.2　设计模块

电子密码锁由以下模块组成。

- 顶层主控制模块如图 6-26 所示。
- 输入和显示译码模块如图 6-27 所示。对来自键盘的数字输入进行译码，以用于显示和密码验证。

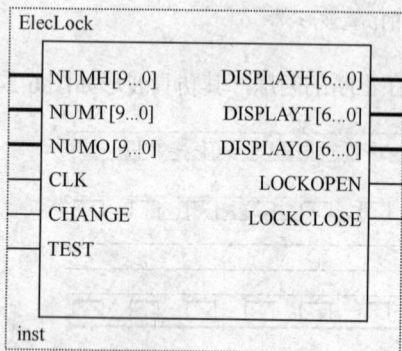

图 6-26　顶层主控制模块

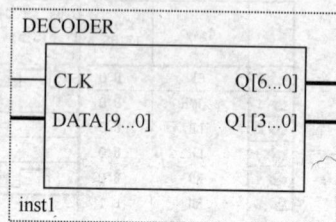

图 6-27　输入和显示译码模块

6.8.3　程序实现

1. 顶层主控制模块

```
LIBRARY IEEE;
USE IEEE.STD_LOGIC_1164.ALL;
ENTITY ElecLock IS
  PORT( NUMH:IN STD_LOGIC_VECTOR(9 DOWNTO 0);
       NUMT:IN STD_LOGIC_VECTOR(9 DOWNTO 0);
       NUMO:IN STD_LOGIC_VECTOR(9 DOWNTO 0);
       DISPLAYH :OUT STD_LOGIC_VECTOR(6 DOWNTO 0);
       DISPLAYT :OUT STD_LOGIC_VECTOR(6 DOWNTO 0);
       DISPLAYO :OUT STD_LOGIC_VECTOR(6 DOWNTO 0);
       CLK :IN STD_LOGIC;
       CHANGE,TEST:IN STD_LOGIC;
       LOCKOPEN,LOCKCLOSE:OUT STD_LOGIC);
END ENTITY ElecLock;
ARCHITECTURE ART OF ElecLock IS
  COMPONENT DECODER IS
     PORT(CLK:IN STD_LOGIC;
         DATA:IN STD_LOGIC_VECTOR(9 DOWNTO 0);
         Q:   OUT STD_LOGIC_VECTOR(6 DOWNTO 0);--DISPLAY
         Q1:  OUT STD_LOGIC_VECTOR(3 DOWNTO 0) --JUDGE
         );
  END COMPONENT DECODER;
SIGNAL ENABLE,C0,C1,S,ENABLE1:STD_LOGIC;
SIGNAL TEMPH,TEMPT,TEMPO,DECO_H,DECO_T,DECO_O:STD_LOGIC_VECTOR(3 DOWNTO 0);
BEGIN
```

```
    ENABLE <=CHANGE AND (NOT TEST);
    ENABLE1<=TEST   AND (NOT CHANGE);
   U0: DECODER
   PORT MAP(CLK=>CLK,DATA=>NUMH,Q=>DISPLAYH,Q1=>DECO_H);
   U1: DECODER
   PORT MAP(CLK=>CLK,DATA=>NUMT,Q=>DISPLAYT,Q1=>DECO_T);
   U2: DECODER
   PORT MAP(CLK=>CLK,DATA=>NUMO,Q=>DISPLAYO,Q1=>DECO_O);
   PROCESS(CLK,DECO_H,DECO_T,DECO_O)
     BEGIN
       IF(CLK'EVENT AND CLK='1') THEN
          IF (ENABLE='1')THEN
             TEMPH<=DECO_H;
             TEMPT<=DECO_T;
             TEMPO<=DECO_O;
          END IF;
          IF (ENABLE1='1')THEN
           IF(TEMPH=DECO_H AND TEMPT=DECO_T AND TEMPO=DECO_O)THEN
              LOCKOPEN<='1';
              LOCKCLOSE<='0';
           ELSE
              LOCKOPEN<='0';
              LOCKCLOSE<='1';
            END IF;
          END IF;
        END IF;
   END PROCESS;
END ARCHITECTURE ART;
```

2. 输入和显示译码模块

```
LIBRARY IEEE;
USE IEEE.STD_LOGIC_1164.ALL;
ENTITY DECODER IS
PORT(CLK: IN STD_LOGIC;
    DATA:IN STD_LOGIC_VECTOR(9 DOWNTO 0);
    Q:   OUT STD_LOGIC_VECTOR(6 DOWNTO 0);
    Q1  :OUT STD_LOGIC_VECTOR(3 DOWNTO 0)
    );
END ENTITY;
ARCHITECTURE ART OF DECODER IS
 BEGIN
   PROCESS(CLK,DATA)
    BEGIN
     IF(CLK'EVENT AND CLK='1') THEN
      CASE DATA IS
      WHEN"0000000000"=>Q<="0111111";Q1<="0000";
      WHEN"0000000001"=>Q<="0111111";Q1<="0000";
      WHEN"0000000010"=>Q<="0110000";Q1<="0001";
```

```
            WHEN"0000000100"=>Q<="1101101";Q1<="0010";
            WHEN"0000001000"=>Q<="1111001";Q1<="0011";
            WHEN"0000010000"=>Q<="0110011";Q1<="0100";
            WHEN"0000100000"=>Q<="1011011";Q1<="0101";
            WHEN"0001000000"=>Q<="1011111";Q1<="0110";
            WHEN"0010000000"=>Q<="1110000";Q1<="0111";
            WHEN"0100000000"=>Q<="1111111";Q1<="1000";
            WHEN"1000000000"=>Q<="1111011";Q1<="1001";
            WHEN OTHERS=>   Q<="0000000";Q1<="0000";
            END CASE;
        END IF;
    END PROCESS;
 END ARCHITECTURE ART;
```

6.8.4 仿真分析

电子密码锁仿真波形如图 6-28 所示。

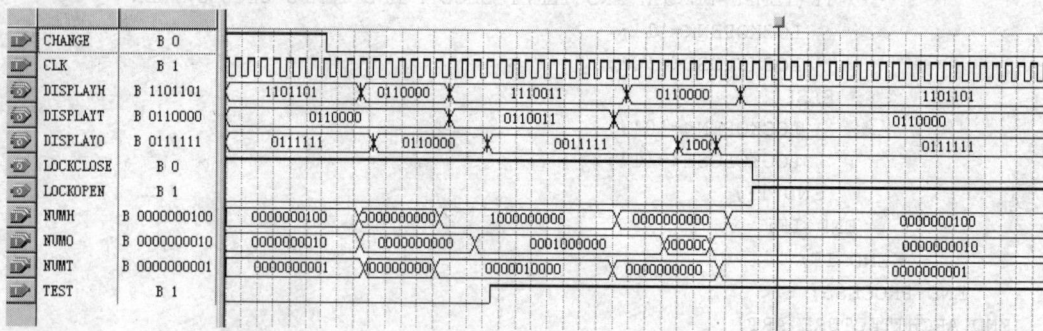

图 6-28 仿真波形

CHANGE 信号为高电平，TEST 为低电平时设定密码。输入的数字用十位二进制向量表示：第 N 位数字是高电平时，表示数字 $N-1$。仿真中，三位数的密码是"210"。TEST 为高电平，CHANGE 为低电平时，可以验证密码，密码正确（与设定相同），则电子密码锁打开，LOCKOPEN 输出高电平，LOCKCLOSE 输出低电平；否则 LOCKOPEN 为低电平，LOCKCLOSE 为高电平，密码锁关闭。仿真中输出的七位向量信号 DISPLAYH，DISPLAYT，DISPLAYO，用来驱动 7 段数码管，它们是输入数字信号的译码。

6.9 音乐电子琴的设计

6.9.1 设计要求

音乐电子琴的设计要求如下。
- 音乐自动播放，存储 2 首歌，由键控选择播放。
- 琴键演奏，含高低 16 个音符。
- 配有随音乐节奏而闪烁变化的 LED 以及乐谱显示。

音乐电子琴的系统设计框图如图 6-29 所示。

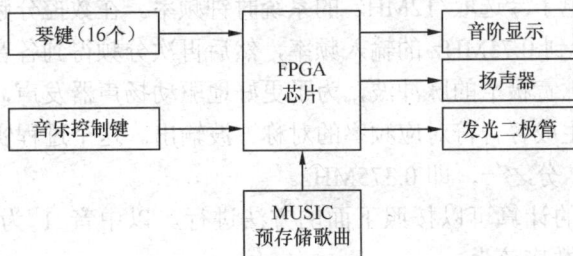

图 6-29 音乐电子琴的系统框图

6.9.2 设计原理

乐曲都是由一连串的音符组成，因此按照乐曲的乐谱依次输出这些音符所对应的频率，就可以在扬声器上连续地发出各个音符的音调。而要准确地演奏出一首乐曲，仅仅让扬声器能够发声是不够的，还必须准确地控制乐曲的节奏，即每个音符的持续时间。由此可见，乐曲中每个音符的发音频率及其持续的时间是乐曲能够连续演奏的两个关键因素。

乐曲的 12 平均率规定：每 2 个八度音（如简谱中的中音 1 与高音 1 之间的频率相差 1 倍。在 2 个八度音之间，又可分为 12 个半音。另外，音符 A（简谱中的低音 6）的频率为 440Hz，音符 B 到 C 之间、E 到 F 之间为半音，其余为全音。由此可以计算出简谱中从低音 1 至高音 1 之间每个音符的频率，如表 6-1 所示。

表 6-1 简谱音名与频率的对应关系

音 名	频率/Hz	音 名	频率/Hz	音 名	频率/Hz
低音 1	261.6	中音 1	523.3	高音 1	1045.5
低音 2	293.7	中音 2	587.3	高音 2	1174.7
低音 3	329.6	中音 3	659.3	高音 3	1318.5
低音 4	349.2	中音 4	698.5	高音 4	1396.9
低音 5	392	中音 5	784	高音 5	1568
低音 6	440	中音 6	880	高音 6	1760
低音 7	493.9	中音 7	987.8	高音 7	1975.5

产生各音符所需的频率可用一分频器实现，由于各音符对应的频率多为非整数，而分频系数又不能为小数，故必须将计算得到的分频数四舍五入取整。若分频器时钟频率过低，则由于分频系数过小，四舍五入取整后的误差较大；若时钟频率过高，虽然误差变小，但分频数将变大。实际的设计应综合考虑两方面的因素，在尽量减小频率误差的前提下取合适的时钟频率。实际上，只要各个音符间的相对频率关系不变，演奏出的乐曲听起来都不会走调。

音符的持续时间须根据乐曲的速度及每个音符的节拍数来确定。因此，要控制音符的音长，就必须知道乐曲的速度和每个音符所对应的节拍数，本例所演奏的乐曲的最短的音符为四分音符，如果将全音符的持续时间设为 1s 的话，那么一拍所应该持续的时间为 0.25s，则只需要提供一个 **4Hz** 的时钟频率即可产生四分音符的时长。

本例设计的音乐电子琴选取 12MHz 的系统时钟频率。在数控分频器模块，首先对时钟频率进行 16 分频，得到 0.75MHz 的输入频率，然后再次分频得到各音符的频率。由于数控分频器输出的波形是脉宽极窄的脉冲波，为了更好地驱动扬声器发声，在到达扬声器之前需要均衡占空比，从而生成各音符对应频率的对称方波输出。这个过程实际上进行了一次二分频，频率变为原来的二分之一，即 0.375MHz。

因此，分频系数的计算可以按照下面的方法进行。以中音 1 为例，对应的频率值为 523.3Hz，它的分频系数应该为：

$$\frac{0.375\text{MHz}}{523.3} = \frac{0.375 \times 10^6}{523.3} = 716$$

至于其他音符，同样可由上式求出对应的分频系数，这样利用程序可以很轻松地得到相应的乐声。各音名对应的分频系数如表 6-2 所示。

表 6-2 各音名对应的分频系数

音 名	频率/Hz	分 频 系 数	音 名	频率/Hz	分 频 系 数
低音 1	261.6	1433	高音 1	1045.5	358
低音 2	293.7	1277	高音 2	1174.7	319
低音 3	329.6	1138	高音 3	1318.5	284
低音 4	349.2	1074	高音 4	1396.9	268
低音 5	392	960	高音 5	1568	239
低音 6	440	853	高音 6	1760	213
低音 7	493.9	759	高音 7	1975.5	190
中音 1	523.3	716	中音 2	587.3	638

至于音长的控制，在自动演奏模块，每个乐曲的音符是按地址存放的，播放乐曲时按 4Hz 的时钟频率依次读取简谱，每个音符持续时间为 0.25s。如果乐谱中某个音符为 3 拍音长，那又该如何控制呢？其实只要在 3 个连续地址存放该音符，这时就会发 3 个 0.25s 的音长，即持续了 3 拍的时间，通过这样一个简单的操作就可以控制音长了。

6.9.3 设计模块

本系统主要由三个功能模块组成：music.vhd，tone.vhd 和 speaker.vhd。系统顶层设计原理图如图 6-30 所示，该系统有 4 个输入，3 个输出端口。

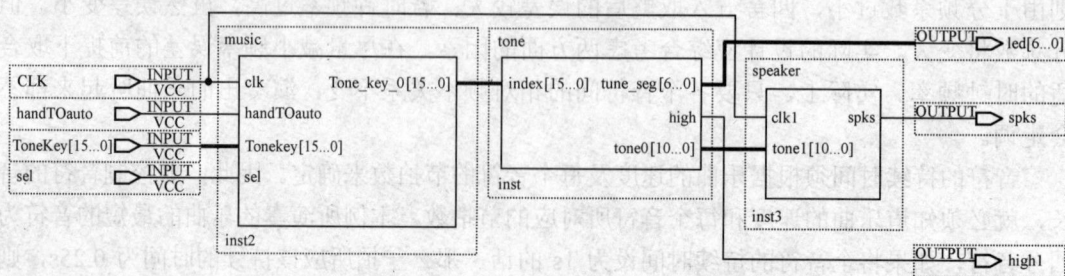

图 6-30 系统顶层设计原理图

【输入端口】：

- CLK：12MHz 系统时钟输入端口。
- handTOauto：电子琴模式控制端口，高电平 1 时是按键弹奏模式，低电平 0 时是播放预存储的歌曲。
- Tonekey：电子琴音符输入端口。
- Sel：播放模式下，乐曲选择控制端口。

【输出端口】：

- Led：音符简码输出 LED 显示端口。
- SPKS：乐曲的声音输出端口，输出的是对应各音符频率的方波信号。
- HIGH1：音符高音指示端口。

1．自动演奏模块

自动演奏模块（如图 6-31 所示）可以自动播放电子琴内置乐曲，按节拍读取内置乐谱。在弹奏模式下，是将键盘输入的音符信号输出。因此，本模块是向 Tone 模块提供音符信息。

2．音阶发生器模块

音阶发生器模块（如图 6-32 所示）根据 music 模块提供的音符，完成音符到音符的分频系数，音符的显示，高低音阶的译码。

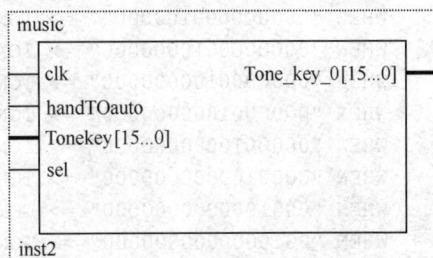

图 6-31　自动演奏模块

3．数控分频器模块

根据音阶发生器 Tone 提供的分频系数产生对应的发音频率，实现乐曲播放。数控分频器模块如图 6-33 所示。

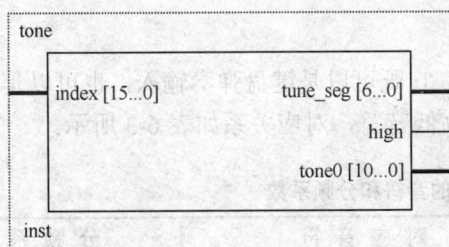

图 6-32　音阶发生器模块

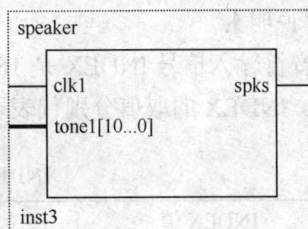

图 6-33　数控分频器模块

6.9.4　程序实现

1．音阶发生器的 VHDL 程序

```
LIBRARY IEEE;
USE IEEE.STD_LOGIC_1164.ALL;
USE IEEE.STD_LOGIC_ARITH.ALL;
```

```
USE IEEE.STD_LOGIC_UNSIGNED.ALL;
ENTITY TONE IS
PORT ( INDEX : IN STD_LOGIC_VECTOR(15 DOWNTO 0);        --音符输入信号
TUNE_SEG  : OUT STD_LOGIC_VECTOR(6 DOWNTO 0);          --音符显示信号
HIGH  : OUT STD_LOGIC;                                  --高低音显示信号
TONE0 : OUT INTEGER RANGE 0 TO 2047);                  --音符的分频系数
END TONE;
ARCHITECTURE BEHAVIORAL OF TONE IS
BEGIN
SEARCH :PROCESS(INDEX)  --此进程完成音符到音符的分频系数译码，音符的显示，高低音阶
BEGIN
CASE INDEX IS
WHEN "0000000000000001" => TONE0<=1433;TUNE_SEG<="0000110";HIGH<='0';
WHEN "0000000000000010" => TONE0<=1277; TUNE_SEG <="1011011";HIGH<='0';
WHEN "0000000000000100" => TONE0<=1138; TUNE_SEG <="1001111";HIGH<='0';
WHEN "0000000000001000" => TONE0<=1074; TUNE_SEG <="1100110";HIGH<='0';
WHEN "0000000000010000" => TONE0<=960; TUNE_SEG <="1101101";HIGH<='0';
WHEN "0000000000100000" => TONE0<=853; TUNE_SEG <="1111101";HIGH<='0';
WHEN "0000000001000000" => TONE0<=759; TUNE_SEG <="0000111";HIGH<='0';
WHEN "0000000010000000" => TONE0<=716; TUNE_SEG <="0000110";HIGH<='1';
WHEN "0000000100000000" => TONE0<=358; TUNE_SEG <="0000110";HIGH<='1';
WHEN "0000001000000000" => TONE0<=319; TUNE_SEG <="1011011";HIGH<='1';
WHEN "0000010000000000" => TONE0<=284; TUNE_SEG <="1001111";HIGH<='1';
WHEN "0000100000000000" => TONE0<=268; TUNE_SEG <="1100110";HIGH<='1';
WHEN "0001000000000000" => TONE0<=239; TUNE_SEG <="1101101";HIGH<='1';
WHEN "0010000000000000" => TONE0<=213; TUNE_SEG <="1111101";HIGH<='1';
WHEN "0100000000000000" => TONE0<=190; TUNE_SEG <="0000111";HIGH<='1';
WHEN "1000000000000000" => TONE0<=638; TUNE_SEG <="1011011";HIGH<='0';
WHEN  OTHERS        => TONE0<=0; TUNE_SEG <="0000000";HIGH<='0';
END CASE;
END PROCESS;
END BEHAVIORAL;
```

【程序说明】：

（1）音符输入信号 INDEX 是 16 位矢量，它既可以是键盘弹奏输入，也可以是预存储的音符数据。INDEX 的取值分别代表了 16 个高低音符，对应关系如表 6-3 所示。

表 6-3　　　　　　　　　INDEX 值对应的音符和分频系数

INDEX 值	对 应 音 符	分 频 系 数
0000000000000001	低音 1	1433
0000000000000010	低音 2	1277
0000000000000100	低音 3	1138
0000000000001000	低音 4	1074
0000000000010000	低音 5	960
0000000000100000	低音 6	853
0000000001000000	低音 7	759
0000000010000000	中音 1	716

续表

INDEX 值	对 应 音 符	分 频 系 数
0000000100000000	高音 1	358
0000001000000000	高音 2	319
0000010000000000	高音 3	284
0000100000000000	高音 4	268
0001000000000000	高音 5	239
0010000000000000	高音 6	213
0100000000000000	高音 7	190
1000000000000000	中音 2	638

（2）进程 SEARCH 完成音符到音符的分频系数译码，音符的显示，高低音阶。
音阶发生器的仿真波形如图 6-34 所示。

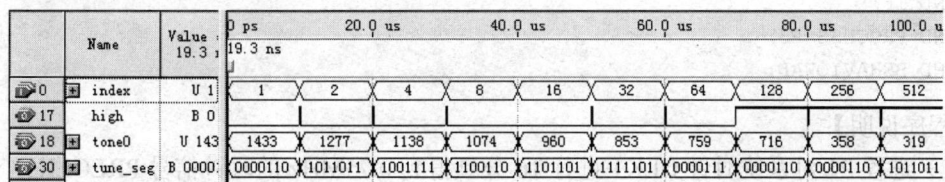

图 6-34 音阶发生器的仿真波形

由仿真图可以验证各音符的分频系数、高低音以及 7 段显示代码。

2. 数控分频器的 VHDL 程序

```
LIBRARY IEEE;
USE IEEE.STD_LOGIC_1164.ALL;
USE IEEE.STD_LOGIC_ARITH.ALL;
USE IEEE.STD_LOGIC_UNSIGNED.ALL;
ENTITY SPEAKER IS
PORT ( CLK1 : IN STD_LOGIC;                     --系统时钟 12MHz
TONE1 : IN INTEGER RANGE 0 TO 2047;            --音符分频系数
SPKS  : OUT STD_LOGIC);                         --驱动扬声器的音频信号
END SPEAKER;
ARCHITECTURE BEHAVIORAL OF SPEAKER IS
SIGNAL  PRECLK, FULLSPKS:STD_LOGIC;
BEGIN
P1:PROCESS(CLK1)                                --此进程对系统时钟进行 16 分频
VARIABLE COUNT: INTEGER RANGE 0 TO 16;
BEGIN
IF CLK1'EVENT AND CLK1='1' THEN COUNT:=COUNT+1;
    IF COUNT=8 THEN PRECLK<='1';
    ELSIF COUNT=16 THEN PRECLK<='0'; COUNT:=0;
    END IF;
END IF;
END PROCESS P1;
```

```
P2:PROCESS(PRECLK,TONE1)              --对 0.75MHz 的脉冲再次分频，得到所需要的音符频率
VARIABLE COUNT11:INTEGER RANGE 0 TO 2047;
BEGIN
IF PRECLK'EVENT AND PRECLK='1' THEN
   IF COUNT11<TONE1 THEN COUNT11:=COUNT11+1; FULLSPKS<='0';
   ELSE COUNT11:=0; FULLSPKS<='1';
   END IF;
END IF;
END PROCESS P2;
P3:PROCESS(FULLSPKS)            --此进程对 FULLSPKS 进行 2 分频
VARIABLE COUNT2: STD_LOGIC:='0';
BEGIN
IF FULLSPKS'EVENT AND FULLSPKS='1' THEN COUNT2:=NOT COUNT2;
   IF COUNT2='1' THEN SPKS<='1';
   ELSE SPKS<='0';
   END IF;
END IF;
END PROCESS P3;
END BEHAVIORAL;
```

【程序说明】：

（1）进程 P1 对系统时钟 CLK1 进行 16 分频得到 0.75MHz 的时钟信号 PRECLK。

（2）进程 P2 实现分频功能，按照 TONE1 输入的分频系数对 0.75MHz 的脉冲再次分频，得到所需要的音符频率。

（3）由于数控分频器输出的波形是脉宽极窄的脉冲波，为了更好地驱动扬声器发声，需要均衡占空比，从而生成各音符对应频率的对称方波输出。进程 P3 对 FULLSPKS 信号进行了一次二分频，输出的 SPKS 信号频率变为 FULLSPKS 的 1/2。

数控分频器的仿真波形如图 6-35 所示。

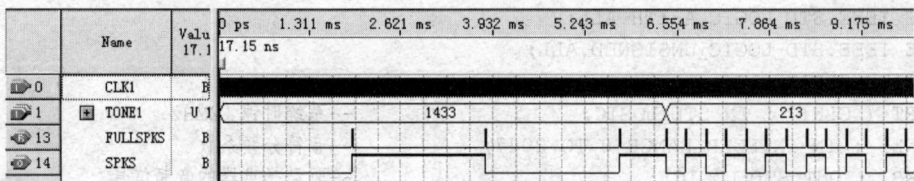

图 6-35 数控分频器的仿真波形

图 6-35 中 TONE1 输入的分频系数为 1433（低音 1）和 213（高音 6），SPKS 仿真输出了各音符的频率波形。由仿真图也可以看出，FULLSPKS 是脉宽极窄的脉冲波，SPKS 信号频率是 FULLSPKS 的 1/2，的确是进行了二分频。

3. 自动演奏模块的 VHDL 程序

自动演奏模块可以实现自动播放电子琴内置乐曲，本例内置了 2 首乐曲，两只老虎（laohu.vhd）和字母歌（abc.vhd），由键控 sel 选择播放。在弹奏模式下，是将键盘输入的音符信号输出。

【程序说明】：自动演奏模块。

由二选一的数据选择器实现内置歌曲的选择播放，该模块包含 3 个元件，采用元件例化语句实现，非常方便。

```
--自动演奏模块程序
LIBRARY IEEE;
USE IEEE.STD_LOGIC_1164.ALL;
USE IEEE.STD_LOGIC_ARITH.ALL;
USE IEEE.STD_LOGIC_UNSIGNED.ALL;
ENTITY MUSIC IS
PORT ( CLK :IN STD_LOGIC;
HANDTOAUTO : IN STD_LOGIC;
TONEKEY   :IN STD_LOGIC_VECTOR(15 DOWNTO 0);
SEL      :IN STD_LOGIC;
TONE_KEY_0 : OUT STD_LOGIC_VECTOR(15 DOWNTO 0));
END MUSIC;
ARCHITECTURE BEHAVIORAL OF MUSIC IS
COMPONENT LAOHU
PORT ( CLK :IN STD_LOGIC;
AUTO: IN STD_LOGIC;
TONE_KEY2:IN STD_LOGIC_VECTOR(15 DOWNTO 0);
TONE_KEY_0: OUT STD_LOGIC_VECTOR(15 DOWNTO 0));
END COMPONENT;
COMPONENT ABC
PORT ( CLK :IN STD_LOGIC;
AUTO: IN STD_LOGIC;
TONE_KEY2:IN STD_LOGIC_VECTOR(15 DOWNTO 0);
TONE_KEY_0: OUT STD_LOGIC_VECTOR(15 DOWNTO 0));
END COMPONENT;
COMPONENT MUX21
PORT ( A,B :IN STD_LOGIC_VECTOR(15 DOWNTO 0);
S: IN STD_LOGIC;
Y: OUT STD_LOGIC_VECTOR(15 DOWNTO 0) );
END COMPONENT;
SIGNAL S1,S2:STD_LOGIC_VECTOR(15 DOWNTO 0);
BEGIN
U0:LAOHU PORT MAP(CLK=>CLK, TONE_KEY2=> TONEKEY, TONE_KEY_0=>S1,AUTO=>HANDTOAUTO);
U1:ABC PORT MAP(CLK=>CLK, TONE_KEY2=> TONEKEY, TONE_KEY_0=>S2,AUTO=>HANDTOAUTO);
U2:MUX21 PORT MAP(A=>S1, B=> S2, S=>SEL, Y=>TONE_KEY_0);
END BEHAVIORAL;
```

【程序说明】：两首乐曲 Laohu、vhd 和 ABC、vhd。

（1）进程 P1 对 12MHz 系统时钟进行 3000000 的分频，得到 4Hz 的时钟信号 CLK2。CLK2 一个周期是 0.25s，1/4 拍。

（2）进程 P2 完成自动演奏部分乐曲的地址累加，实现乐曲音符的逐个播放。

（3）在进程 P3 中，Auto 为低电平 0 时，电子琴是演奏模式，播放预存储的乐曲。因此，在 Case 语句部分实现自动演奏乐曲的存储。Auto 为高电平 1 时，电子琴是弹奏模式，将键盘输入的音符信号输出。

```
--乐曲（两只老虎 LAOHU.VHD）
LIBRARY IEEE;
USE IEEE.STD_LOGIC_1164.ALL;
USE IEEE.STD_LOGIC_ARITH.ALL;
USE IEEE.STD_LOGIC_UNSIGNED.ALL;
ENTITY LAOHU IS
PORT ( CLK,AUTO : IN STD_LOGIC;                     --系统时钟；键盘输入/自动演奏
TONE_KEY2: IN STD_LOGIC_VECTOR(15 DOWNTO 0);       --键盘输入信号
TONE_KEY_0: OUT STD_LOGIC_VECTOR(15 DOWNTO 0));    --音符信号输出
END LAOHU;
ARCHITECTURE BEHAVIORAL OF LAOHU IS
SIGNAL COUNT0:INTEGER RANGE 0 TO 31;--CHANGE
SIGNAL CLK2:STD_LOGIC;
BEGIN
P1:PROCESS(CLK,AUTO)            --对 12MHz 系统时钟进行 3M 的分频,得到 4Hz 的信号 CLK2
VARIABLE COUNT:INTEGER RANGE 0 TO 3000000;
BEGIN
IF AUTO='1' THEN COUNT:=0;CLK2<='0';
ELSIF CLK'EVENT AND CLK='1' THEN COUNT:=COUNT+1;
 IF COUNT=1500000 THEN CLK2<='1';
 ELSIF COUNT=3000000 THEN CLK2<='0';COUNT:=0;
 END IF;
END IF;
END PROCESS P1;
P2:PROCESS(CLK2)                         --此进程完成自动演奏部分乐曲的地址累加
BEGIN
IF CLK2'EVENT AND CLK2='1' THEN
IF COUNT0=31 THEN COUNT0<=0;
ELSE COUNT0<=COUNT0+1;
END IF;
END IF;
END PROCESS P2;
P3:PROCESS(COUNT0,AUTO, TONE_KEY2)
BEGIN
IF AUTO='0' THEN
CASE COUNT0 IS                          --此 CASE 语句：存储自动演奏部分的乐曲
WHEN 0 => TONE_KEY_0<=B"00000001_00000000"; --1
WHEN 1 => TONE_KEY_0<=B"00000010_00000000"; --2
WHEN 2 => TONE_KEY_0<=B"00000100_00000000"; --3
WHEN 3 => TONE_KEY_0<=B"00000001_00000000"; --1
WHEN 4 => TONE_KEY_0<=B"00000001_00000000"; --1
WHEN 5 => TONE_KEY_0<=B"00000010_00000000"; --2
WHEN 6 => TONE_KEY_0<=B"00000100_00000000"; --3
WHEN 7 => TONE_KEY_0<=B"00000001_00000000"; --1
WHEN 8 => TONE_KEY_0<=B"00000100_00000000"; --3
WHEN 9 => TONE_KEY_0<=B"00001000_00000000"; --4
WHEN 10 => TONE_KEY_0<=B"00010000_00000000"; --5
WHEN 11 => TONE_KEY_0<=B"00000100_00000000"; --3
WHEN 12 => TONE_KEY_0<=B"00001000_00000000"; --4
WHEN 13 => TONE_KEY_0<=B"00010000_00000000"; --5
WHEN 14 => TONE_KEY_0<=B"00010000_00000000"; --5
```

```
WHEN 15 => TONE_KEY_0<=B"00100000_00000000";   --6
WHEN 16 => TONE_KEY_0<=B"00010000_00000000";   --5
WHEN 17 => TONE_KEY_0<=B"00001000_00000000";   --4
WHEN 18 => TONE_KEY_0<=B"00000100_00000000";   --3
WHEN 19 => TONE_KEY_0<=B"00000001_00000000";   --1
WHEN 20 => TONE_KEY_0<=B"00010000_00000000";   --5
WHEN 21 => TONE_KEY_0<=B"00100000_00000000";   --6
WHEN 22 => TONE_KEY_0<=B"00010000_00000000";   --5
WHEN 23 => TONE_KEY_0<=B"00001000_00000000";   --4
WHEN 24 => TONE_KEY_0<=B"00000100_00000000";   --3
WHEN 25 => TONE_KEY_0<=B"00000001_00000000";   --1
WHEN 26 => TONE_KEY_0<=B"00000100_00000000";   --3
WHEN 27 => TONE_KEY_0<=B"00000000_00100000";   --DI6
WHEN 28 => TONE_KEY_0<=B"00000001_00000000";   --1
WHEN OTHERS => NULL;
END CASE;
ELSE TONE_KEY_0<= TONE_KEY2;                    --键盘输入音符信号输出
END IF;
END PROCESS P3;
END BEHAVIORAL;


--乐曲字母歌 ABC.VHD
LIBRARY IEEE;
USE IEEE.STD_LOGIC_1164.ALL;
USE IEEE.STD_LOGIC_ARITH.ALL;
USE IEEE.STD_LOGIC_UNSIGNED.ALL;
ENTITY ABC IS
PORT ( CLK,AUTO : IN STD_LOGIC;                 --系统时钟；键盘输入/自动演奏
TONE_KEY2: IN STD_LOGIC_VECTOR(15 DOWNTO 0);    --键盘输入信号
TONE_KEY_0: OUT STD_LOGIC_VECTOR(15 DOWNTO 0)); --音符信号输出
END ABC;
ARCHITECTURE BEHAVIORAL OF ABC IS
SIGNAL COUNT0:INTEGER RANGE 0 TO 31;--CHANGE
SIGNAL CLK2:STD_LOGIC;
BEGIN
P1:PROCESS(CLK,AUTO)          --对 12MHz 系统时钟进行 3M 的分频，得到 4Hz 的信号 CLK2
VARIABLE COUNT:INTEGER RANGE 0 TO 3000000;
BEGIN
IF AUTO='1' THEN COUNT:=0;CLK2<='0';
ELSIF CLK'EVENT AND CLK='1' THEN COUNT:=COUNT+1;
 IF COUNT=1500000 THEN CLK2<='1';
 ELSIF COUNT=3000000 THEN CLK2<='0';COUNT:=0;
 END IF;
END IF;
END PROCESS P1;
P2:PROCESS(CLK2)                       --此进程完成自动演奏部分曲的地址累加
BEGIN
IF CLK2'EVENT AND CLK2='1' THEN
IF COUNT0=31 THEN COUNT0<=0;
ELSE COUNT0<=COUNT0+1;
END IF;
```

```
END IF;
END PROCESS P2;
P3: PROCESS(COUNT0,AUTO, TONE_KEY2)
BEGIN
IF AUTO='0' THEN
CASE COUNT0 IS                                    --此CASE语句：存储自动演奏部分的乐曲
WHEN 0 => TONE_KEY_0<=B"00000001_00000000";  --1
WHEN 1 => TONE_KEY_0<=B"00000001_00000000";  --1
WHEN 2 => TONE_KEY_0<=B"00010000_00000000";  --5
WHEN 3 => TONE_KEY_0<=B"00010000_00000000";  --5
WHEN 4 => TONE_KEY_0<=B"00100000_00000000";  --6
WHEN 5 => TONE_KEY_0<=B"00100000_00000000";  --6
WHEN 6 => TONE_KEY_0<=B"00010000_00000000";  --5
WHEN 7 => TONE_KEY_0<=B"00001000_00000000";  --4
WHEN 8 => TONE_KEY_0<=B"00001000_00000000";  --4
WHEN 9 => TONE_KEY_0<=B"00000100_00000000";  --3
WHEN 10 => TONE_KEY_0<=B"00000100_00000000";  --3
WHEN 11 => TONE_KEY_0<=B"00000010_00000000";  --2
WHEN 12 => TONE_KEY_0<=B"00000010_00000000";  --2
WHEN 13 => TONE_KEY_0<=B"00000001_00000000";  --1
WHEN OTHERS => NULL;
END CASE;
ELSE TONE_KEY_0<= TONE_KEY2;                      --键盘输入音符信号输出
END IF;
END PROCESS P3;
END BEHAVIORAL;


--二选一的数据选择器mux21.vhd
LIBRARY IEEE;
USE IEEE.STD_LOGIC_1164.ALL;
ENTITY mux21 IS
    PORT (a,b: IN std_logic_vector(15 downto 0);
          s: IN std_logic;
          y: OUT std_logic_vector(15 downto 0));
END ENTITY mux21;
ARCHITECTURE one OF mux21 IS
 BEGIN
    y <= a WHEN s = '0' ELSE b;
END ARCHITECTURE one;
```

设置不同的仿真条件，自动演奏模块的仿真波形如下。

（1）HANDTOAUTO = '0'，SEL = '0'，自动播放第 1 首歌（两只老虎）。**Tone_key_0** 输出的是第 1 首歌的乐谱。其仿真波形如图 6-36 所示。

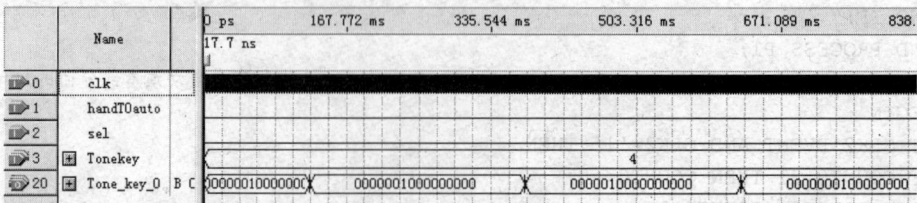

图 6-36　设置第 1 首歌自动演奏的仿真波形

（2）HANDTOAUTO = '0'，SEL = '1'，自动播放第 2 首歌（字母歌）。Tone_key_0 输出的是第 2 首歌的乐谱。其仿真波形如图 6-37 所示。

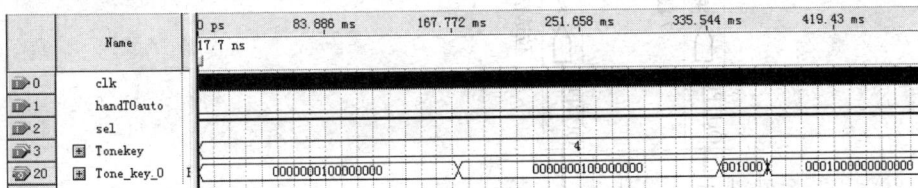

图 6-37　设置第 2 首歌自动演奏的仿真波形

（3）HANDTOAUTO = '1'，处于弹奏模式。Tone_key_0 输出的是 Tonekey 端输入的乐曲音符。其仿真波形如图 6-38 所示。

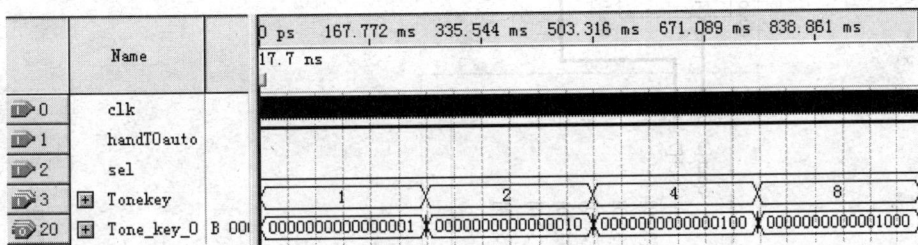

图 6-38　处于弹奏模式的仿真波形

6.10　数字时钟的设计

6.10.1　设计要求

数字时钟的设计要求如下。

- 具有时、分、秒计数显示功能，小时为 24 进制，分钟和秒为 60 进制。
- 设置复位功能。复位时间为【12：00：00】。

6.10.2　设计模块

本系统由秒计数模块、分计数模块、时计数模块、六选一控制模块、译码模块以及分频模块组成。系统顶层实体原理图如图 6-39 所示。

1．秒和分钟计数器

秒和分钟计数器模块如图 6-40 所示。

2．小时计数器

小时计数器模块如图 6-41 所示。

3．六选一控制模块

六选一控制模块如图 6-42 所示。

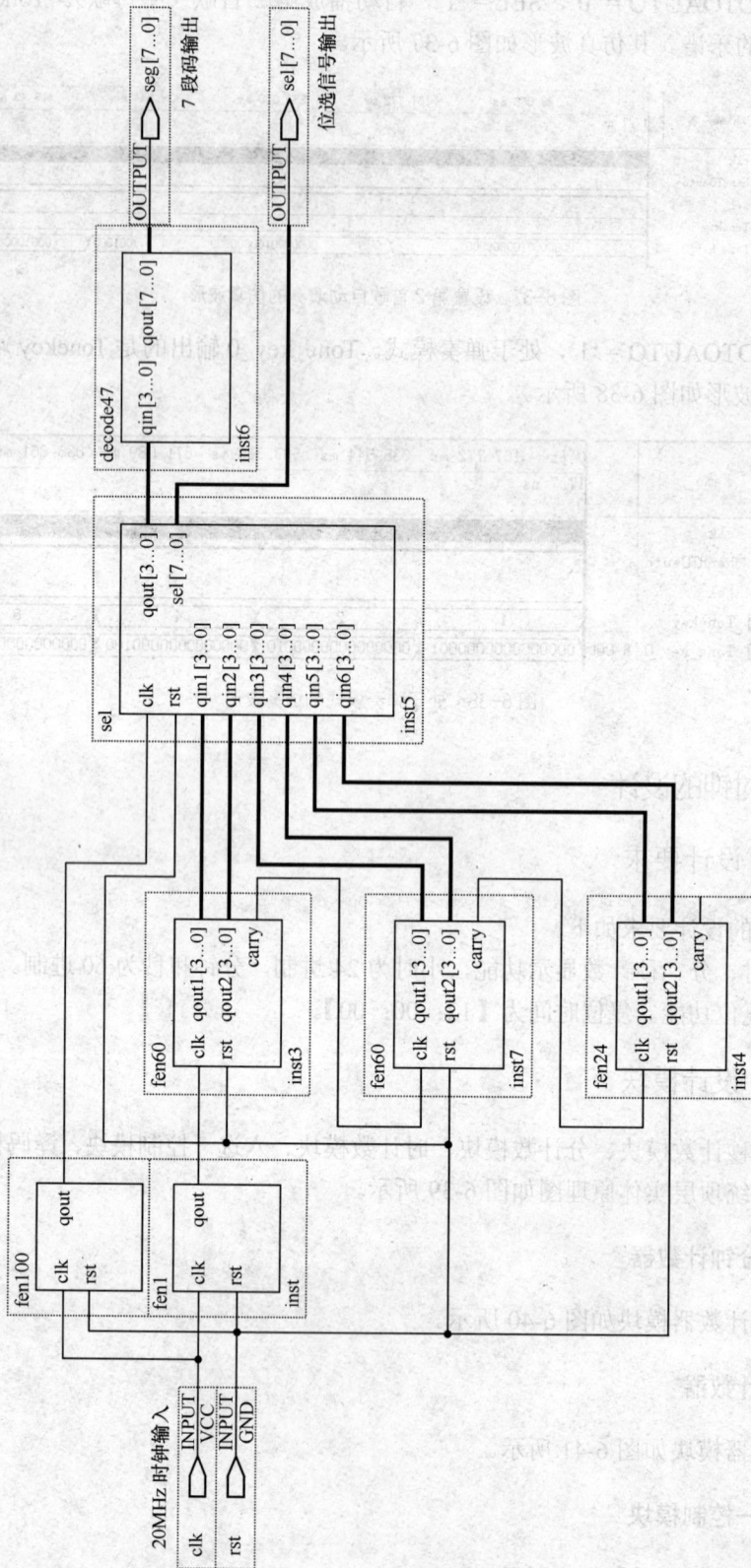

图 6-39 数字时钟顶层原理图

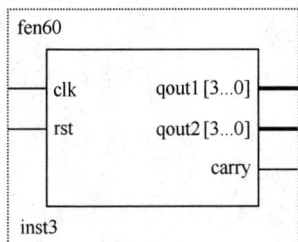

图 6-40 秒和分钟计数器模块

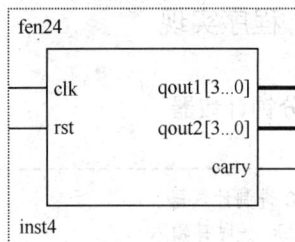

图 6-41 小时计数器模块

4．7 段译码显示

7 段译码显示模块如图 6-43 所示。

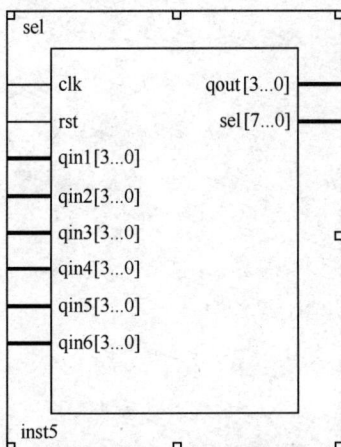

图 6-42 六选一控制模块

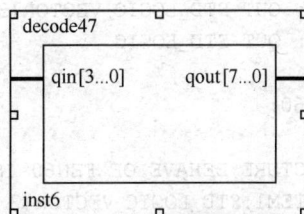

图 6-43 7 段译码器模块

5．分频时钟模块

本例外部时钟为 **20MHz**，对系统时钟分频分别得到两个内部时钟：1Hz 的秒脉冲信号和 100Hz 的动态扫描时钟。1Hz 信号为秒计数器提供时钟，100Hz 信号为时间显示提供动态扫描时钟。1Hz 秒脉信号模块如图 6-44 所示，100Hz 动态扫描时钟模块如图 6-45 所示。

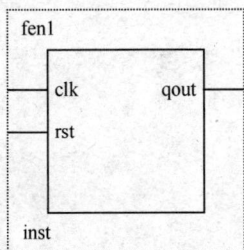

图 6-44 1Hz 的秒脉冲信号模块

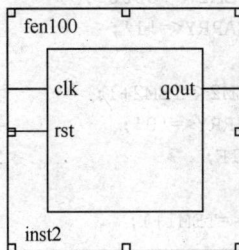

图 6-45 100Hz 的动态扫描时钟模块

6.10.3　程序实现

1. 秒和分钟计数器

```
-------------------------------------------------------
--功　能：60 进制计数器
--接　口：clk  -时钟输入
--        qout1-个位 BCD 输出
--        qout2-十位 BCD 输出
--        carry-进位信号输出
-------------------------------------------------------

LIBRARY IEEE;
USE IEEE.STD_LOGIC_1164.ALL;
USE IEEE.STD_LOGIC_UNSIGNED.ALL;
USE IEEE.STD_LOGIC_ARITH.ALL;

ENTITY FEN60 IS
PORT
(CLK  : IN  STD_LOGIC;
 RST  : IN  STD_LOGIC;
 QOUT1 : OUT STD_LOGIC_VECTOR(3 DOWNTO 0);
 QOUT2 : OUT STD_LOGIC_VECTOR(3 DOWNTO 0);
 CARRY : OUT STD_LOGIC
);
END FEN60;

ARCHITECTURE BEHAVE OF FEN60 IS
SIGNAL TEM1:STD_LOGIC_VECTOR(3 DOWNTO 0);
SIGNAL TEM2:STD_LOGIC_VECTOR(3 DOWNTO 0);
BEGIN
  PROCESS(CLK,RST)
  BEGIN
    IF(RST='0')THEN
       TEM1<="0000";
       TEM2<="0000";
    ELSIF CLK'EVENT AND CLK='1' THEN
       IF TEM1="1001" THEN
          TEM1<="0000";
        IF TEM2="0101" THEN
           TEM2<="0000";
           CARRY<='1';
        ELSE
           TEM2<=TEM2+1;
           CARRY<='0';
        END IF;
       ELSE
          TEM1<=TEM1+1;
       END IF;
    END IF;
```

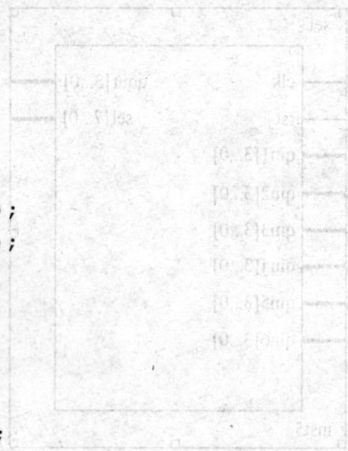

```
      QOUT1<=TEM1;
      QOUT2<=TEM2;
   END PROCESS;
END BEHAVE;
```

60 进制秒计数器和分钟计数器的仿真波形如图 6-46 所示。

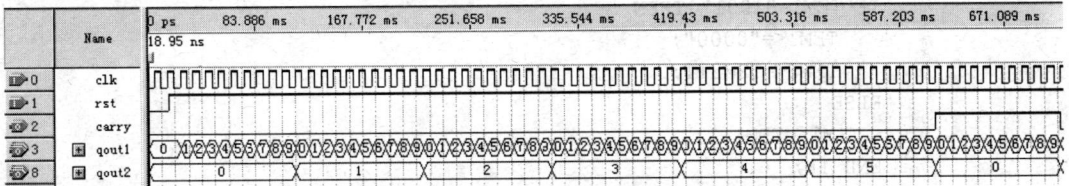

图 6-46　60 进制秒计数器和分钟计数器的仿真

2. 小时计数器

```
------------------------------------------------
--实体名: fen24
--功  能: 24 进制计数器
--接  口: clk-时钟输入
--        qout1-个位 BCD 输出
--        qout2-十位 BCD 输出
--        carry-进位信号输出
------------------------------------------------
  LIBRARY IEEE;
  USE IEEE.STD_LOGIC_1164.ALL;
  USE IEEE.STD_LOGIC_UNSIGNED.ALL;
  USE IEEE.STD_LOGIC_ARITH.ALL;

  ENTITY FEN24 IS
  PORT
   (CLK   : IN  STD_LOGIC;
   RST    : IN  STD_LOGIC;
   QOUT1 : OUT STD_LOGIC_VECTOR(3 DOWNTO 0);
   QOUT2 : OUT STD_LOGIC_VECTOR(3 DOWNTO 0);
   CARRY : OUT STD_LOGIC
   );
  END FEN24;

  ARCHITECTURE BEHAVE OF FEN24 IS
  SIGNAL TEM1:STD_LOGIC_VECTOR(3 DOWNTO 0);
  SIGNAL TEM2:STD_LOGIC_VECTOR(3 DOWNTO 0);
  BEGIN
    PROCESS(CLK,RST)
    BEGIN
      IF(RST='0')THEN
          TEM1<="0010";
          TEM2<="0001";
      ELSIF CLK'EVENT AND CLK='1' THEN
```

```
            IF (TEM2="0010" AND TEM1="0011") THEN
                TEM1<="0000";
                TEM2<="0000";
                CARRY<='1';
            ELSE
                CARRY<='0';
                IF TEM1="1001" THEN
                    TEM1<="0000";
                    TEM2<=TEM2+1;
                ELSE
                    TEM1<=TEM1+1;
                END IF;
            END IF;
        END IF;
        QOUT1<=TEM1;
        QOUT2<=TEM2;
    END PROCESS;
END BEHAVE;
```

小时计数器仿真波形如图 6-47 所示。

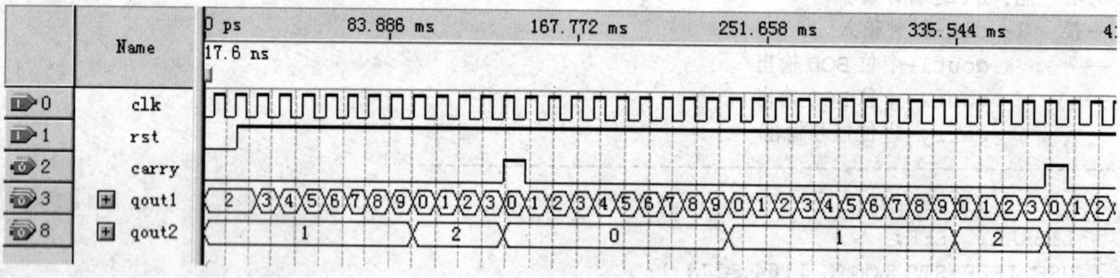

图 6-47 小时计数器仿真波形

3. 六选一的控制电路

```
-----------------------------------------------------
--实体名: sel
--功  能: 实现 6 个数码显示管扫描显示
--接  口: clk -时钟输入
--        qin1-第一个数码显示管要显示内容输入
--        qin2-第二个数码显示管要显示内容输入
--        qin3-第三个数码显示管要显示内容输入
--        qin4-第四个数码显示管要显示内容输入
--        qin5-第五个数码显示管要显示内容输入
--        qin6-第六个数码显示管要显示内容输入
--        sel -位选信号输出
-----------------------------------------------------

LIBRARY IEEE;
USE IEEE.STD_LOGIC_1164.ALL;
USE IEEE.STD_LOGIC_UNSIGNED.ALL;
USE IEEE.STD_LOGIC_ARITH.ALL;

ENTITY SEL IS
```

```
    PORT
    (CLK : IN  STD_LOGIC;
     RST : IN  STD_LOGIC;
     QIN1 : IN  STD_LOGIC_VECTOR(3 DOWNTO 0);
     QIN2 : IN  STD_LOGIC_VECTOR(3 DOWNTO 0);
     QIN3 : IN  STD_LOGIC_VECTOR(3 DOWNTO 0);
     QIN4 : IN  STD_LOGIC_VECTOR(3 DOWNTO 0);
     QIN5 : IN  STD_LOGIC_VECTOR(3 DOWNTO 0);
     QIN6 : IN  STD_LOGIC_VECTOR(3 DOWNTO 0);
     QOUT : OUT STD_LOGIC_VECTOR(3 DOWNTO 0);
     SEL  : OUT STD_LOGIC_VECTOR(7 DOWNTO 0)
    );
    END SEL;

    ARCHITECTURE BEHAVE OF SEL IS
    BEGIN
      PROCESS(CLK,RST)
      VARIABLE CNT:INTEGER RANGE 0 TO 5;
      BEGIN
        IF(RST='0')THEN
            CNT:= 0;
            SEL<="000";
            QOUT<="0000";
        ELSIF CLK'EVENT AND CLK='1' THEN
            IF CNT=5 THEN
                CNT:= 0;
            ELSE
                CNT:=CNT+1;
            END IF;
            CASE CNT IS
              WHEN 0=>QOUT<=QIN1;
                      SEL <="11111110";
              WHEN 1=>QOUT<=QIN2;
                      SEL <="11111101";
              WHEN 2=>QOUT<=QIN3;
                      SEL <="11111011";
              WHEN 3=>QOUT<=QIN4;
                      SEL <="11110111";
              WHEN 4=>QOUT<=QIN5;
                      SEL <="11101111";
              WHEN 5=>QOUT<=QIN6;
                      SEL <="11011111";
              WHEN OTHERS=>QOUT<="0000";
                      SEL <="11111111";
            END CASE;
        END IF;
      END PROCESS;
    END BEHAVE;
```

6 个数码管动态扫描显示的仿真波形如图 6-48 所示。本例设置时间为 14:28:59，通过仿真可以验证 qout 输出是正确的。

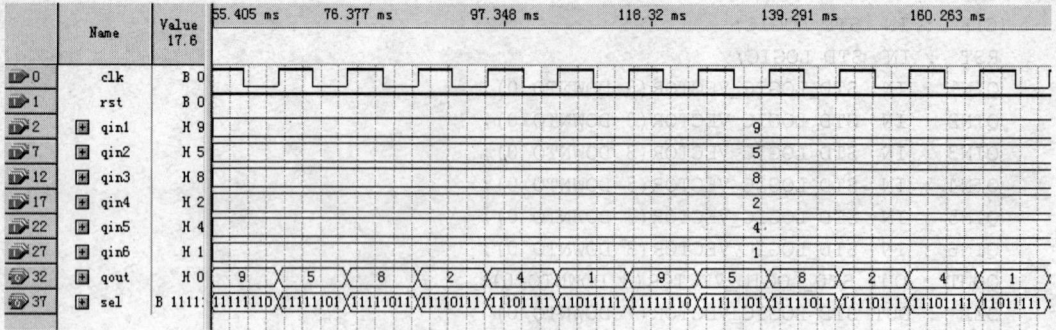

图 6-48　数码管动态扫描显示

4.7 段译码显示

```
---------------------------------------------------
--实体名: decode47
--功  能: 实现数码显示管的编码显示
--接  口: qin -BCD 码输入
--        qout-段码输出
---------------------------------------------------

    LIBRARY IEEE;
    USE IEEE.STD_LOGIC_1164.ALL;
    USE IEEE.STD_LOGIC_UNSIGNED.ALL;
    USE IEEE.STD_LOGIC_ARITH.ALL;

    ENTITY DECODE47 IS
    PORT
    (QIN : IN  STD_LOGIC_VECTOR(3 DOWNTO 0);
     QOUT : OUT STD_LOGIC_VECTOR(7 DOWNTO 0)
    );
    END DECODE47;
    ARCHITECTURE BEHAVE OF DECODE47 IS
    BEGIN
      WITH QIN SELECT
      QOUT<="00000011" WHEN "0000",     --显示 0
            "10011111" WHEN "0001",     --显示 1
            "00100101" WHEN "0010",     --显示 2
            "00001101" WHEN "0011",     --显示 3
            "10011001" WHEN "0100",     --显示 4
            "01001001" WHEN "0101",     --显示 5
            "01000001" WHEN "0110",     --显示 6
            "00011111" WHEN "0111",     --显示 7
            "00000001" WHEN "1000",     --显示 8
            "00011001" WHEN "1001",     --显示 9
            "00010001" WHEN "1010",     --显示 A
            "11000001" WHEN "1011",     --显示 B
            "01100011" WHEN "1100",     --显示 C
            "10000101" WHEN "1101",     --显示 D
```

```
                "01100001" WHEN "1110",      --显示 E
                "11111101" WHEN "1111",      --显示-
                "00000011" WHEN OTHERS;
     END BEHAVE;
```

5. 1Hz 的秒脉冲信号

```
-------------------------------------------------
--实体名: fen1
--功  能: 对输入时钟进行 20000000 分频, 得到 1Hz 信号
--接  口: clk -时钟输入
--       qout-秒输出信号
-------------------------------------------------

   LIBRARY IEEE;
   USE IEEE.STD_LOGIC_1164.ALL;
   USE IEEE.STD_LOGIC_UNSIGNED.ALL;
   USE IEEE.STD_LOGIC_ARITH.ALL;

   ENTITY FEN1 IS
   PORT(CLK:IN STD_LOGIC;
    RST:IN STD_LOGIC;
    QOUT:OUT STD_LOGIC);
   END FEN1;

   ARCHITECTURE BEHAVE OF FEN1 IS
   CONSTANT COUNTER_LEN:INTEGER:=19999999;
   BEGIN
     PROCESS(CLK,RST)
     VARIABLE CNT:INTEGER RANGE 0 TO COUNTER_LEN;
     BEGIN
       IF(RST='0')THEN
          CNT:=0;
       ELSIF CLK'EVENT AND CLK='1' THEN
         IF CNT=COUNTER_LEN THEN
            CNT:=0;
         ELSE
            CNT:=CNT+1;
         END IF;
         CASE CNT IS
           WHEN 0 TO COUNTER_LEN/2=>QOUT<='0';
           WHEN OTHERS              =>QOUT<='1';
         END CASE;
       END IF;
     END PROCESS;
   END BEHAVE;
```

6. 数码管的动态扫描时钟

```
-------------------------------------------------
--实体名: fen100
```

--功　能：对输入时钟进行 200000 分频，得到 100Hz 信号，
--　　　　作为数码显示管位扫描信号
--接　口：clk -时钟输入
--　　　　qout-100Hz 输出信号

```
LIBRARY IEEE;
USE IEEE.STD_LOGIC_1164.ALL;
USE IEEE.STD_LOGIC_UNSIGNED.ALL;
USE IEEE.STD_LOGIC_ARITH.ALL;

ENTITY FEN100 IS
PORT
(CLK:IN STD_LOGIC;
 RST:IN STD_LOGIC;
 QOUT:OUT STD_LOGIC
);
END FEN100;

ARCHITECTURE BEHAVE OF FEN100 IS
CONSTANT COUNTER_LEN:INTEGER:=199999;
BEGIN
  PROCESS(CLK,RST)
  VARIABLE CNT:INTEGER RANGE 0 TO COUNTER_LEN;
  BEGIN
    IF(RST='0')THEN
        CNT:=0;
    ELSIF CLK'EVENT AND CLK='1' THEN
      IF CNT=COUNTER_LEN THEN
          CNT:=0;
      ELSE
        CNT:=CNT+1;
      END IF;
      CASE CNT IS
        WHEN 0 TO COUNTER_LEN/2=>QOUT<='0';
        WHEN OTHERS=>QOUT<='1';
      END CASE;
    END IF;
  END PROCESS;
END BEHAVE;
```

6.11　数字频率计的设计

6.11.1　设计要求

数字频率计的设计要求如下。

- 设计一个 8 位十进制频率计。

● 为了使数据显示稳定，要有信号锁存器。

6.11.2 设计原理

数字频率计测频有两种方式：一是直接测频法，即在一定闸门时间内测量被测信号的脉冲个数；二是间接测频法，如周期测频法。直接测频法适用于高频信号的频率测量，间接测频法适用于低频信号的频率测量。本设计采用了直接测量法，在一定闸门时间内测量被测信号的脉冲个数。

6.11.3 设计模块

本系统主要由测频控制器、8 个十进制计数器和一个 32 位锁存器构成。顶层原理图如图 6-49 所示。

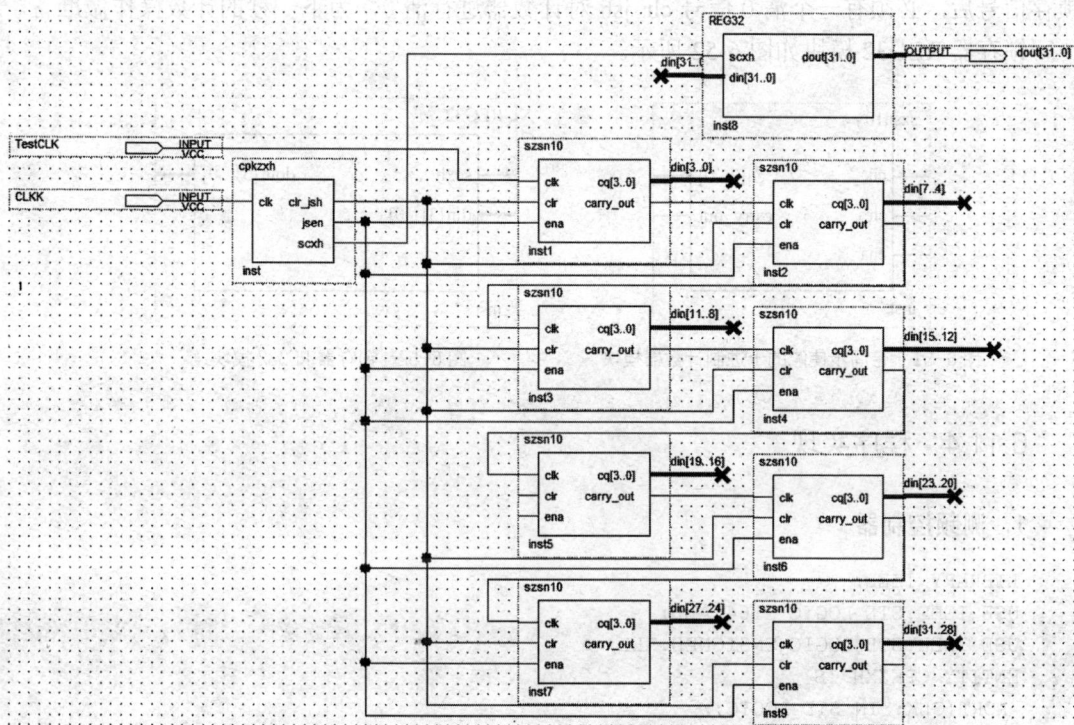

图 6-49 数字频率计顶层原理图

1. 测频控制器

测定信号的频率必须有一个脉宽为 1s 的计数允许信号。1s 计数结束后，计数值被锁入锁存器，计数器清 0，为下一测频计数周期做好准备。

设输入控制信号 clk 的频率 f1 = 1Hz，即 T1 = 1s。则通过测频控制器将产生一个周期为

2s 的输出信号 jsen，用来对十进制计数器进行同步使能。还将产生一个与 jsen 相异的 2s 清零信号 clr_jsh 用于控制十进制时钟计数器的清零，为下次计数做好准备。

测频控制器模块如图 6-50 所示。

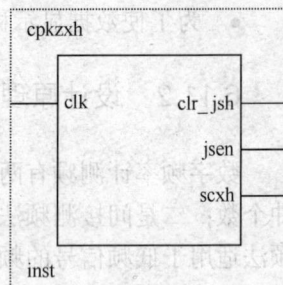

图 6-50 测频控制器模块

2. 带同步使能的十进制计数器

本频率计需要 8 个 4 位十进制计数器。当使能信号 ena 为高电平，清零信号 clr 为低电平时，开始计数，clk 的每个上升沿计一次数。每记数 10 次，由低位向高位进位。

带同步使能的十进制计数器如图 6-51 所示。

3. 锁存器 REG32

为了使数据显示稳定，不会由于周期性的清 0 信号而不断闪烁，需要设置一个锁存器。锁存信号后，必须有一个清 0 信号 clr_jsh 对计数器进行清 0，为下一秒的计数操作做准备。

锁存器 REG32 模块如图 6-52 所示。

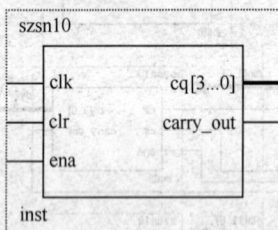

图 6-51 带同步使能的十进制计数器模块

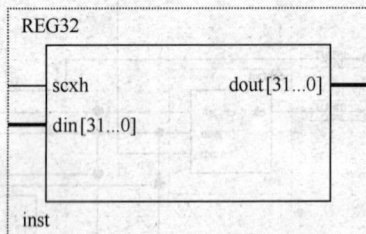

图 6-52 锁存器 REG32 模块

6.11.4 程序实现

1. 测频控制器

```
LIBRARY IEEE;
USE IEEE.STD_LOGIC_1164.ALL;
USE IEEE.STD_LOGIC_UNSIGNED.ALL;
ENTITY CPKZXH IS
 PORT(CLK: IN STD_LOGIC;
   CLR_JSH: OUT STD_LOGIC;
     JSEN: OUT STD_LOGIC;
     SCXH: OUT STD_LOGIC);
END CPKZXH;
ARCHITECTURE BEHAVE OF CPKZXH IS
 SIGNAL DIV2CLK: STD_LOGIC;
BEGIN
PROCESS(CLK)
 BEGIN
 IF CLK'EVENT AND CLK='1' THEN
  DIV2CLK<=NOT DIV2CLK;
```

```
END IF;
END PROCESS;
PROCESS(CLK,DIV2CLK)
BEGIN
IF CLK='0' AND DIV2CLK='0' THEN
    CLR_JSH<='1';
ELSE CLR_JSH<='0';
END IF;
END PROCESS;
SCXH<=NOT DIV2CLK;
JSEN<=DIV2CLK;
END BEHAVE;
```

频率计测频控制器的仿真波形如图 6-53 所示。

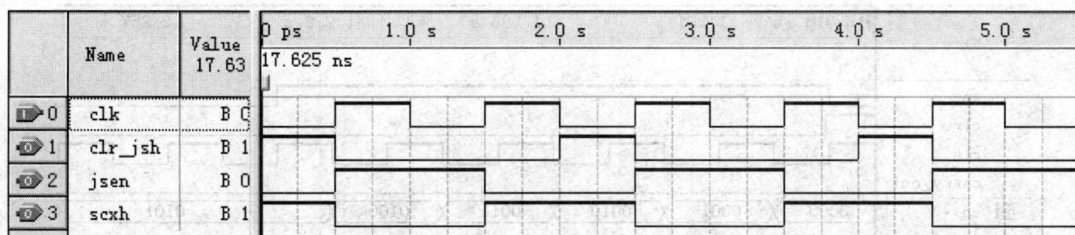

图 6-53　频率计测频控制器仿真波形

2. 带同步使能的十进制计数器

```
LIBRARY IEEE;
USE IEEE.STD_LOGIC_1164.ALL;
USE IEEE.STD_LOGIC_UNSIGNED.ALL;
ENTITY SZSN10 IS
PORT (CLK: IN STD_LOGIC;
     CLR: IN STD_LOGIC;
     ENA: IN STD_LOGIC;
     CQ: OUT STD_LOGIC_VECTOR(3 DOWNTO 0);
     CARRY_OUT: OUT STD_LOGIC);
END ·SZSN10;
ARCHITECTURE BEHAVE OF SZSN10 IS
 SIGNAL CQ1: STD_LOGIC_VECTOR(3 DOWNTO 0);
 BEGIN
 PROCESS(CLK,CLR,ENA)
BEGIN
 IF CLR='1' THEN CQ1<="0000";
 ELSIF CLK'EVENT AND CLK='1' THEN
   IF ENA='1' THEN
     IF CQ1<="1001" THEN CQ1<=CQ1+1;
        ELSE CQ1<="0000";
     END IF;
   END IF;
  END IF;
END PROCESS;
```

```
PROCESS(CQ1)
BEGIN
IF CQ1="1001" THEN CARRY_OUT<='1';
ELSE CARRY_OUT<='0';
END IF;
END PROCESS;
CQ<=CQ1;
END BEHAVE;
```

设待测信号频率 f2 = 5Hz，即周期 T2 = 200ms。则计数器测得信号数为 f2/f1 = 5/1 = 5 个。即当使能信号 ena 为高电平，清零信号 clr 为低电平时，开始计数，clk 的每个上升沿计一次数，因为在使能信号 ena 为高电平的范围内有 5 个上升沿，所以计数结果为 5，即输出 0101。十进制计数器的仿真波形如图 6-54 所示。

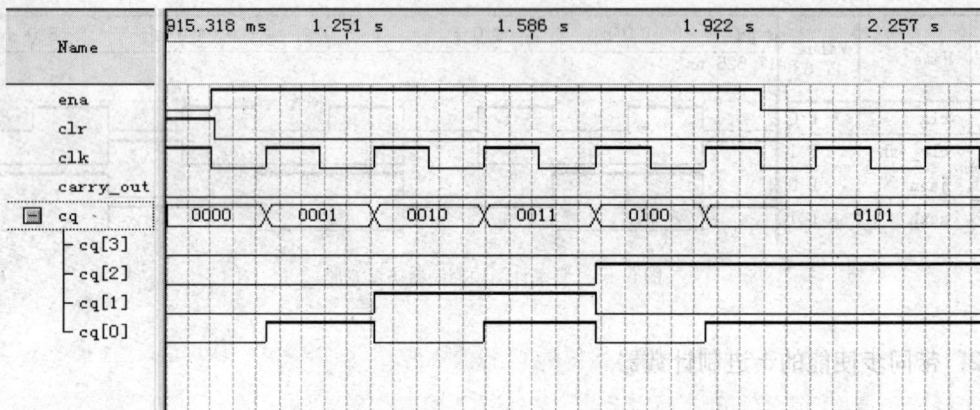

图 6-54　十进制计算器的仿真波形

3. 锁存器 REG32

```
LIBRARY IEEE;
USE IEEE.STD_LOGIC_1164.ALL;
ENTITY REG32 IS
 PORT (SCXH: IN STD_LOGIC;
       DIN: IN STD_LOGIC_VECTOR(31 DOWNTO 0);
       DOUT: OUT STD_LOGIC_VECTOR(31 DOWNTO 0));
  END REG32;
ARCHITECTURE BEHAVE OF REG32 IS
BEGIN
  PROCESS(SCXH,DIN)
   BEGIN
   IF SCXH'EVENT AND SCXH='1' THEN DOUT<=DIN;
END IF;
END PROCESS;
END BEHAVE;
```

6.11.5　仿真分析

对顶层原理图文件进行仿真，如图 6-55 所示。

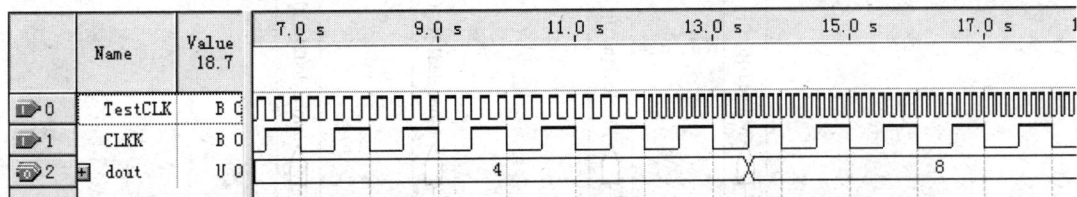

图 6-55　顶层原理图文件仿真波形

由仿真波形可以看出，这里输入的待测信号周期分别为 250ms 和 125ms，dout 输出了正确的频率值 4Hz 和 8Hz。

6.12　出租车计费器的设计

6.12.1　设计要求

设计一个基于 FPGA 的出租车计费器，组成框图如图 6-56 所示。各个部分主要功能描述如下。

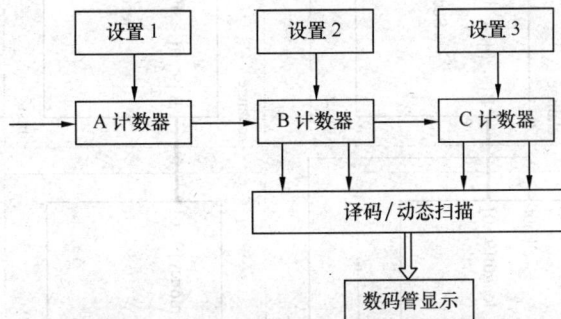

图 6-56　系统框图

（1）A 计数器对车轮传感器送来的脉冲信号进行计数（每转一圈送出一个脉冲）。不同车型的车轮直径可能不一样，可以通过"设置 1"对车型做出选择，以实现对不同车轮直径的车进行调整。

（2）B 计数器对百米脉冲进行累加，并输出实际公里数的 BCD 码给译码动态扫描模块。每计满 500 送出一个脉冲给 C 计数器。"设置 2"用来实现起步公里数预制。

（3）C 计数器实现步长可变（即单价可调）的累加计数，每 500m 计费一次。"设置 3"则用来完成超价加费、起步价预制等。

（4）译码/动态扫描将路程与费用的数值译码后用动态扫描的方式驱动数码管。

（5）数码管显示将公里数和计费金额均用 LED 数码管显示。

6.12.2　设计模块

本设计将出租车计费器分成 4 个功能模块，即车型调整模块、计程模块、计费模块和显示模块。出租车计费系统顶层原理图如图 6-57 所示，该系统有 5 个输入端口，4 个输出端口。

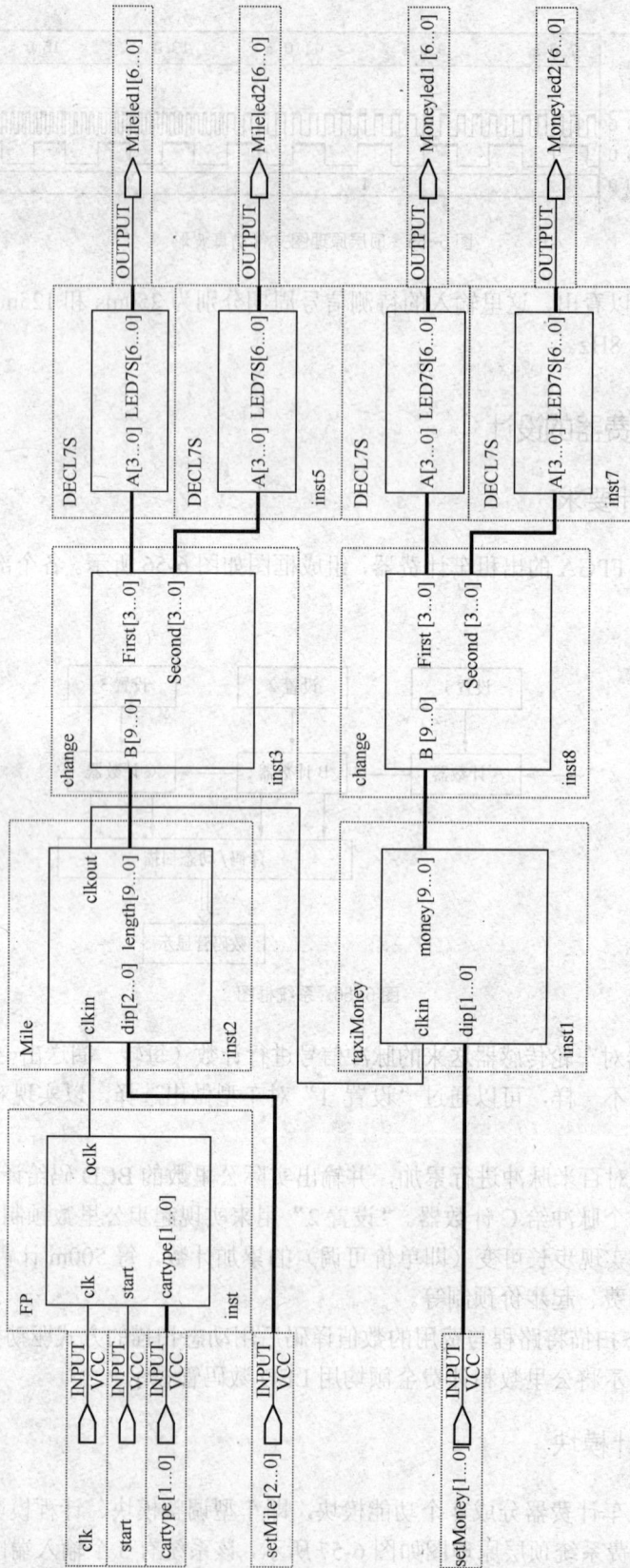

图 6-57　出租车计费器顶层原理图

【输入端口】:

- clk: 时钟输入端口。
- start: 使能端口。
- cartype: 车型类型端口, 分别代表不同车轮直径的车。
- setMile: 起步里程设定端口。
- setMoney: 起步价设定端口。

【输出端口】:

- Mileled1: 显示里程的个位。
- Mileled2: 显示里程的十位。
- Moneyled1: 显示金额的个位。
- Moneyled2: 显示金额的十位。

1. 车型调整模块

出租车车型并不是单一的, 各个车型的轮胎直径也是不同的。据调查统计, 现行的出租车轮胎直径大致有 4 种, 直径分别为 520mm, 540mm, 560mm 和 580mm。若要使不同车型的出租车每行驶 100m 均送出一个脉冲, 可以通过设置 "可预制分频器" 的系数来完成。根据上述车轮直径计算分频系数如下:

$100/(0.52*3.14) = 61.244487996$

$100/(0.54*3.14) = 58.976173626$

$100/(0.56*3.14) = 56.869881711$

$100/(0.58*3.14) = 54.908851307$

分别取整得到车轮直径 520mm, 540mm, 560mm 和 580mm 的出租车的分频系数为 61, 59, 57 和 55。用车型设置开关 (DIP) 来控制预制数据, 两位 DIP 开关状态与车轮直径对应关系如表 6-4 所示。

表 6-4　　　　　　　　　　　　DIP 开关状态与车轮直径对应表

车轮直径/mm	520	540	560	580
DIP 开关 (两位)	00	01	10	11
计数器分频系数	61	59	57	55

车型调整模块如图 6-58 所示。

2. 计程模块

计程模块是一个模为 10、步长为 1 的加法计数器。该模块可以预制参数, 作为起步里程, 使其实际计数值大于预置数值后, 每 500m 送出一个脉冲, 并将计数值送译码动态扫描模块进行显示。此模块使用 3 位 DIP 开关进行设置。参数预制使用 With_Select 语句。"起步里程" 和 "开关设置" 对应关系如表 6-5 所示。

表 6-5　　　　　　　　　　　　DIP 开关状态与起步里程对应表

起步里程/km	1.0	2.0	3.0	4.0	5.0	6.0	7.0	8.0
DIP 开关 (3 位)	000	001	010	011	100	101	110	111

计程模块如图 6-59 所示。

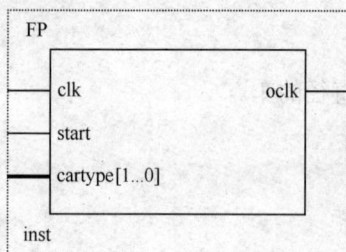

图 6-58 车型调整模块

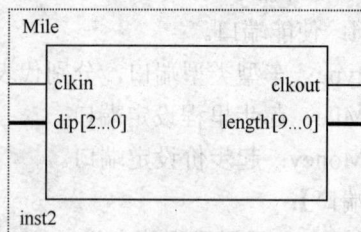

图 6-59 计程模块

3. 计费模块

计费模块是一个模为 10、步长可变的加法计数器。该模块通过 2 位的 DIP 开关量预制步长，当超过一定预制参数时改变步长。对应关系如表 6-6 所示。

表 6-6 DIP 开关状态与起步价格对应表

起步价格/元	5	6	8	10
DIP 开关（2 位）	00	01	10	11

计费模块如图 6-60 所示。

4. 显示模块

由于计费模块和计程模块输出的费用和里程都是 10 位的矢量，因此，显示模块首先要将其转换成 BCD 码，然后再进行 7 段译码。用 4 个共阴极 LED 七段数码管输出显示，两位显示路程，两位显示费用。因此，显示模块包含两部分：change 和 DECL7S，如图 6-61、图 6-62 所示。

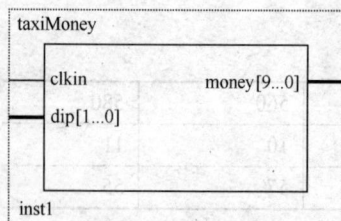

图 6-60 计费模块

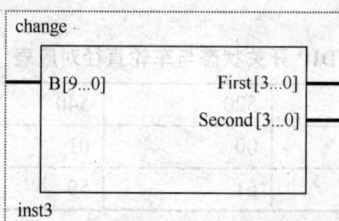

图 6-61 矢量到 BCD 码的转换模块

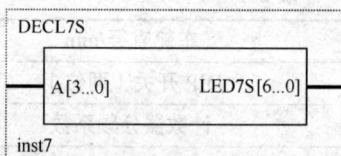

图 6-62 BCD 码到 7 段显示译码模块

6.12.3 程序实现

1. 车型调整模块

```
LIBRARY IEEE;
USE IEEE.STD_LOGIC_1164.ALL;
USE IEEE.NUMERIC_STD.ALL;
USE IEEE.STD_LOGIC_ARITH.ALL;
USE IEEE.STD_LOGIC_UNSIGNED.ALL;
ENTITY FP IS
```

```
PORT(
    CLK: IN STD_LOGIC;
    START: IN STD_LOGIC;
    CARTYPE: IN STD_LOGIC_VECTOR(1 DOWNTO 0);
    OCLK: OUT STD_LOGIC
    );
END FP;
ARCHITECTURE RTL OF FP IS
SIGNAL TYPECOUNTER:STD_LOGIC_VECTOR(5 DOWNTO 0);
SIGNAL TEMP : STD_LOGIC_VECTOR(5 DOWNTO 0);
BEGIN
  TYPECOUNTER<="111101"WHEN CARTYPE="00"----520MM/61 分频
         ELSE "111011"WHEN CARTYPE="01"----540MM/59 分频
         ELSE "111001"WHEN CARTYPE="10"----560MM/57 分频
         ELSE "110111"WHEN CARTYPE="11"----580MM/55 分频
         ELSE "000000";
PROCESS (CLK,TEMP,TYPECOUNTER)
   BEGIN
    IF START='1' THEN
      IF RISING_EDGE(CLK) THEN
          TEMP<=TEMP+'1';
      END IF;
      IF TEMP=(TYPECOUNTER) THEN
          TEMP<=(OTHERS=>'0');
      END IF;
    END IF;
END PROCESS;
 OCLK<='1' WHEN (TEMP=TYPECOUNTER-'1') ELSE '0';
END RTL;
```

车型调整模块仿真波形如图 6-63 所示。

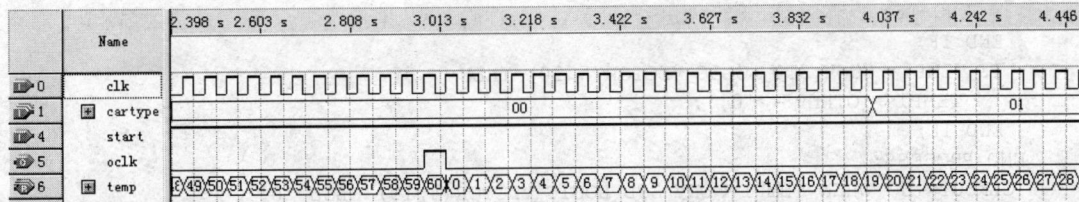

图 6-63   车型调整模块仿真波形

从前面的表 6-4 中可以看到，DIP 开关状态为 00 时，选择车轮直径为 520mm 车型，分频系数为 61。从仿真图可以看到，cartype 状态设置为 00，即 DIP 开关状态为 00，temp 在 60 的时候 oclk 输出一个脉冲（从 0 计数到 60，计数周期为 61）。即 DIP 状态为 00 时，选的是车轮直径为 520mm 的车型，在第 61 个时钟周期到来时送出一个百米脉冲。所以此仿真是正确的。

2. 计程模块

```
LIBRARY IEEE;
USE IEEE.STD_LOGIC_1164.ALL;
USE IEEE.NUMERIC_STD.ALL;
```

```
USE IEEE.STD_LOGIC_ARITH.ALL;
USE IEEE.STD_LOGIC_UNSIGNED.ALL;
ENTITY MILE IS
PORT(CLKIN:IN STD_LOGIC;
    DIP:IN STD_LOGIC_VECTOR(2 DOWNTO 0);
    CLKOUT: OUT STD_LOGIC;
    LENGTH: OUT STD_LOGIC_VECTOR(9 DOWNTO 0));
END MILE;
ARCHITECTURE RTL OF MILE IS
 SIGNAL LICHENG : STD_LOGIC_VECTOR(9 DOWNTO 0);
 SIGNAL TEMP0,TEMP1:STD_LOGIC_VECTOR(9 DOWNTO 0);
BEGIN
WITH DIP SELECT
    LICHENG  <= CONV_STD_LOGIC_VECTOR(10,10) WHEN "000",
                CONV_STD_LOGIC_VECTOR(20,10) WHEN "001",
                CONV_STD_LOGIC_VECTOR(30,10) WHEN "010",
                CONV_STD_LOGIC_VECTOR(40,10) WHEN "011",
                CONV_STD_LOGIC_VECTOR(50,10) WHEN "100",
                CONV_STD_LOGIC_VECTOR(60,10) WHEN "101",
                CONV_STD_LOGIC_VECTOR(70,10) WHEN "110",
                CONV_STD_LOGIC_VECTOR(80,10) WHEN "111";
PROCESS (CLKIN,TEMP0,TEMP1)
 BEGIN
    IF RISING_EDGE(CLKIN) THEN
        TEMP0<=TEMP0+'1';
    END IF;
END PROCESS;
PROCESS (CLKIN,TEMP0,TEMP1,LICHENG)
BEGIN
 IF TEMP0>=LICHENG THEN
    IF RISING_EDGE(CLKIN) THEN
        TEMP1<=TEMP1+'1';
    END IF;
 END IF;
 IF TEMP1= CONV_STD_LOGIC_VECTOR(5,10) THEN
    TEMP1<=(OTHERS=>'0');
 END IF;
END PROCESS;
 CLKOUT<='1' WHEN TEMP1=CONV_STD_LOGIC_VECTOR(4,10) ELSE '0';
 LENGTH<=LICHENG WHEN TEMP0<=LICHENG ELSE TEMP0;
END RTL;
```

计程模块仿真波形如图 6-64 所示。

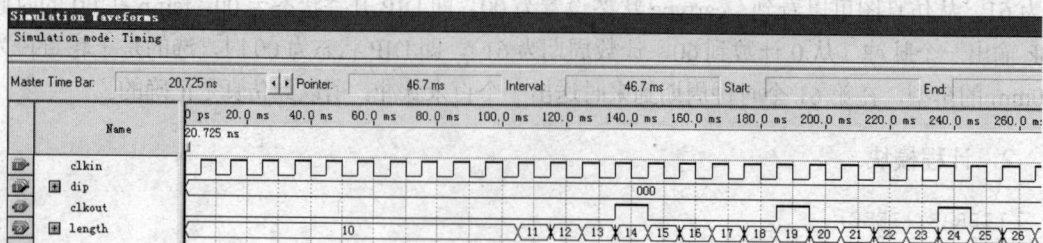

图 6-64 计程模块仿真波形

从图 6-64 上可以看到 dip 状态为 000 即开关状态为 000，length 初始值为 10，即 10 个 100m，也就是 1km，也就是说设置的起步里程为 1km，在超过 1km 之后，每计满 500m，clkout 就送出一个脉冲，如图上 length 为 14，19，24 时，clkout 就送出脉冲（从 10 计到 14、14 计到 19、19 计到 24 都刚好为 5 个百米脉冲）。

3. 计费模块

```
LIBRARY IEEE;
USE IEEE.STD_LOGIC_1164.ALL;
USE IEEE.NUMERIC_STD.ALL;
USE IEEE.STD_LOGIC_ARITH.ALL;
USE IEEE.STD_LOGIC_UNSIGNED.ALL;
ENTITY TAXIMONEY IS
PORT(CLKIN: IN STD_LOGIC;
     DIP : IN STD_LOGIC_VECTOR(1 DOWNTO 0);
     MONEY: OUT STD_LOGIC_VECTOR(9 DOWNTO 0));
END TAXIMONEY;
ARCHITECTURE RTL OF TAXIMONEY IS
 SIGNAL QIBU :STD_LOGIC_VECTOR(9 DOWNTO 0);
 SIGNAL TEMP0,TEMP1:STD_LOGIC_VECTOR(9 DOWNTO 0);
BEGIN
WITH DIP SELECT
 QIBU  <=  CONV_STD_LOGIC_VECTOR(5,10)    WHEN    "00",
           CONV_STD_LOGIC_VECTOR(6,10)    WHEN    "01",
           CONV_STD_LOGIC_VECTOR(8,10)    WHEN    "10",
           CONV_STD_LOGIC_VECTOR(10,10)   WHEN    "11";
PROCESS(CLKIN,TEMP0,TEMP1)IS
 BEGIN
  IF RISING_EDGE(CLKIN) THEN
    TEMP0<=TEMP0+'1';
  END IF;
END PROCESS;
  MONEY<=QIBU WHEN TEMP0<=QIBU ELSE TEMP0;
END RTL;
```

根据以步长为 1 所编写的程序，设置起步价 5 和 8 分别进行仿真，仿真波形如图 6-65、图 6-66 所示。

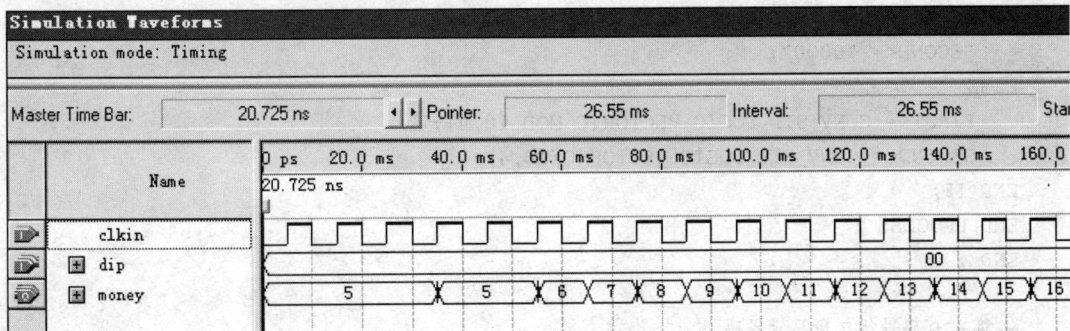

图 6-65 Dip＝00 起步价为 5 的仿真波形

DIP 开关状态设置为 00，money 端口开始一段时间一直为 5，这就是起步价 5，在超过预制里程后开始以步长 1 累加。

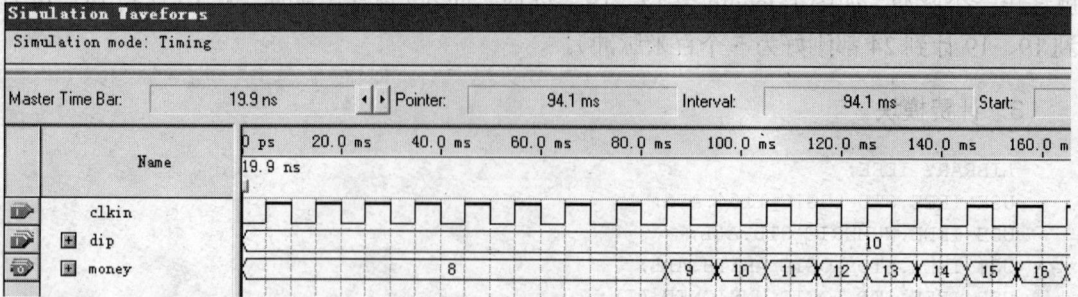

图 6-66　Dip = 10　起步价为 8 的仿真波形

dip 开关状态为 10，money 端口开始一段时间一直为 8，即起步价为 8，待超过预制里程后，以步长 1 开始累加。

4. 显示模块

```
--将计费模块和计程模块输出的费用和里程转换成 BCD 码
    LIBRARY IEEE ;
    USE IEEE.STD_LOGIC_1164.ALL ;
    USE IEEE.NUMERIC_STD.ALL;
    USE IEEE.STD_LOGIC_ARITH.ALL;
    USE IEEE.STD_LOGIC_UNSIGNED.ALL;
    ENTITY CHANGE IS
    PORT ( B : IN STD_LOGIC_VECTOR(9 DOWNTO 0);
    FIRST : OUT STD_LOGIC_VECTOR(3 DOWNTO 0); --个位
    SECOND : OUT STD_LOGIC_VECTOR(3 DOWNTO 0) ) ; --十位
    END ;
    ARCHITECTURE ONE OF CHANGE IS
    SIGNAL C: INTEGER;
    BEGIN
    C <=CONV_INTEGER(B); --将矢量转换成整数
    PROCESS(C)
    BEGIN
    IF C<10 THEN
        FIRST<= CONV_STD_LOGIC_VECTOR(C,4);
        SECOND<= "0000";
    ELSE
        FIRST<= CONV_STD_LOGIC_VECTOR(C MOD 10,4);
        SECOND<= CONV_STD_LOGIC_VECTOR(C/10,4);
    END IF;
    END PROCESS ;
    END ;

--将 BCD 码进行 7 段显示译码
    LIBRARY IEEE ;
```

```
USE IEEE.STD_LOGIC_1164.ALL ;
ENTITY DECL7S IS
PORT ( A : IN STD_LOGIC_VECTOR(3 DOWNTO 0);
LED7S : OUT STD_LOGIC_VECTOR(6 DOWNTO 0) ) ;
END ;
ARCHITECTURE one OF DECL7S IS
BEGIN
PROCESS( A )
BEGIN
CASE A IS
WHEN "0000" => LED7S <= "0111111" ;--0
WHEN "0001" => LED7S <= "0000110" ;--1
WHEN "0010" => LED7S <= "1011011" ;--2
WHEN "0011" => LED7S <= "1001111" ;--3
WHEN "0100" => LED7S <= "1100110" ;--4
WHEN "0101" => LED7S <= "1101101" ;--5
WHEN "0110" => LED7S <= "1111101" ;--6
WHEN "0111" => LED7S <= "0000111" ;--7
WHEN "1000" => LED7S <= "1111111" ;--8
WHEN "1001" => LED7S <= "1101111" ;--9
WHEN OTHERS => NULL ;
END CASE ;
END PROCESS ;
END ;
```

6.12.4 仿真分析

对整个系统进行仿真，这里设定起步价 5 元（setMoney = "00"），起步里程为 5km（setMile = "100"）。

在 5km 以内，显示费用金额为起步价 5 元，如图 6-67 所示。

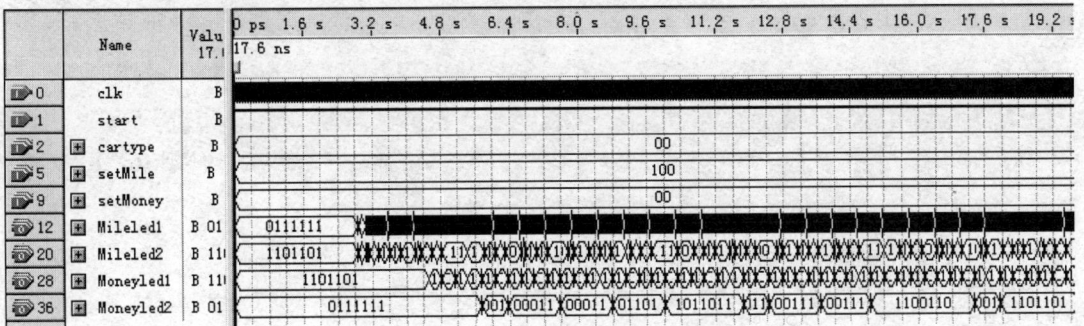

图 6-67 设定 5km 以内起步价 5 元的仿真波形

放大仿真波形，超出起步公里以后，每 500m 计费一次（加 1 元），即 5 个 100m 脉冲金额增加 1 元。Mileled1 是里程的个位，Mileled2 是里程的十位。Moneyled1 是费用的个位，Moneyled2 是费用的十位，仿真波形上显示的都是 7 段译码值。在线框部分，里程从 80 计数到 84 刚好 5 个 100m 脉冲，这时，Moneyled1 从 7 元变成 8 元。

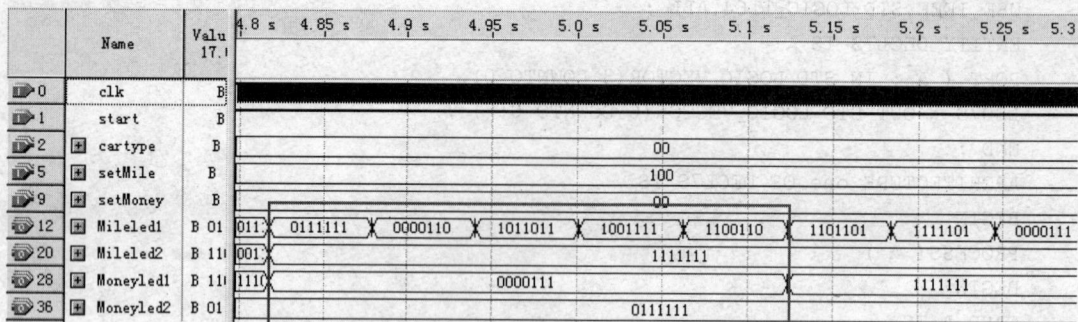

图 6-68　仿真波形细节

通过仿真，验证了系统设计的正确性。

习　　题

1. 根据本章所讲的内容设计一个数字闹钟，要求完成如下功能。

（1）时钟计时功能：每隔一分钟计时一次，并在显示屏上显示当前时间。

（2）闹钟功能：如果当前时间与设置的闹钟时间相同，扬声器发出蜂鸣声。

（3）时间校正功能：用户利用数字键"0"～"9"输入新的时间然后按"TIME"键确认。

（4）设置闹钟时间功能：用户用数字键"0"～"9"输入新的闹钟时间，然后按"ALARM"键确认。

（5）显示所设置的闹钟时间：在正常计时显示状态下，用户直接按下"ALARM"键，则已设置的时间将显示在显示屏上。

某个 DSP 系统某核部分在算法设计阶段必然涉及 PLD 设计,这时就要用 Quartus II 中的 SOPC 等工具。在算法设计阶段涉及到的底层硬件设计、仿真等工作,可以使用 DSP Builder 集成在 MATLAB 中的界面工具来设计与仿真验证。

第 7 章 如虎添翼——DSP Builder 设计

DSP Builder 是 Altera 2002 年推出的一个数字信号处理(DSP)开发工具,它可以帮助设计者完成基于 FPGA 的不同类型的应用系统设计。DSP Builder 将 MathWorks MATLAB 和 Simulink 系统级设计工具的算法开发、仿真和验证功能与 VHDL 综合、仿真和 Altera 开发工具整合在一起,实现了这些工具的集成。Altera 的 DSP 系统体系解决方案是一项具有开创性的解决方案,它将 FPGA 的应用领域从多通道高性能信号处理扩展到很广泛的基于主流 DSP 的应用。

本章以一个简单的电路模型设计为示例,详细介绍 MATLAB,DSP Builder 和 Quartus II 三个工具软件联合开发的设计流程。

【教学目的】

➢ 掌握 DSP Builder 的安装。

➢ 了解 MATLAB Simulink 的使用。

➢ 掌握 DSP Builder 的设计流程和使用技巧。

7.1 DSP Builder 简介

Altera 可编程逻辑器件(PLD)中的 DSP 系统设计需要高级算法和 HDL 开发工具。DSP Builder 在算法友好的开发环境中帮助设计者生成 DSP 设计硬件表征,从而缩短了 DSP 设计周期。已有的 MATLAB 函数和 Simulink 模块可以和 Altera DSP Builder 模块以及 Altera 知识产权(IP)MegaCore 功能相结合,将系统级设计实现和 DSP 算法开发相链接。DSP Builder 支持系统、算法和硬件设计共享一个公共开发平台。

设计者可以使用 DSP Builder 模块迅速生成 Simulink 系统建模硬件。DSP Builder 中包含了按位和按周期精确的 Simulink 块,这些块覆盖了最基本的操作,例如运算和存储功能。

Altera MegaCore 是高级参数化 IP 功能,例如有限冲击响应(FIR)滤波器和快速傅立叶变换(FFT)等,经过配置能够迅速方便地达到系统性能要求。通过使用 MageCore 功能,复杂的功能也可以被集成进来。MegaCore 功能支持 Altera 的 IP 评估特性,用户在购买授权之前可以进行功能和时序上的验证。

● OpenCore 使工程师能够不用任何花费在 Quartus II 软件中测试 IP 核,但不能生成器件的编程文件,从而无法在硬件上测试 IP 核。

● OpenCore Plus 是增强的 OpenCore,可以支持免费在硬件上对 IP 进行评估。这个特性允许用户为包含了 Altera MageCore 功能的设计产生一个有时间限制的编程文件。通过这个文件，设计者可以在购买授权许可之前就在板级对 MegaCore 功能进行验证。

使用 DSP Builder 工具，设计者可以生成寄存器传输级（RTL）设计，并且在 Simulink 中自动生成 RTL 测试文件。这些文件是已经被优化的预验证 RTL 输出文件，可以直接用于 Altera Quartus II 软件中进行时序仿真比较。这种开发流程对于没有丰富可编程逻辑设计软件开发经验的设计者来说非常直观、易学。

7.2 DSP Builder 安装

7.2.1 软件要求

要使 MATLAB，DSP Builder 和 Quartus II 3 个工具软件成功实现联合开发，在软件的版本方面有一定的要求。这里，可以打开 Altera 官方网站 http://www.altera.com.cn/support/ip/dsp/ips-dsp-version.html，上面给出了各软件版本的要求，如图 7-1 所示。

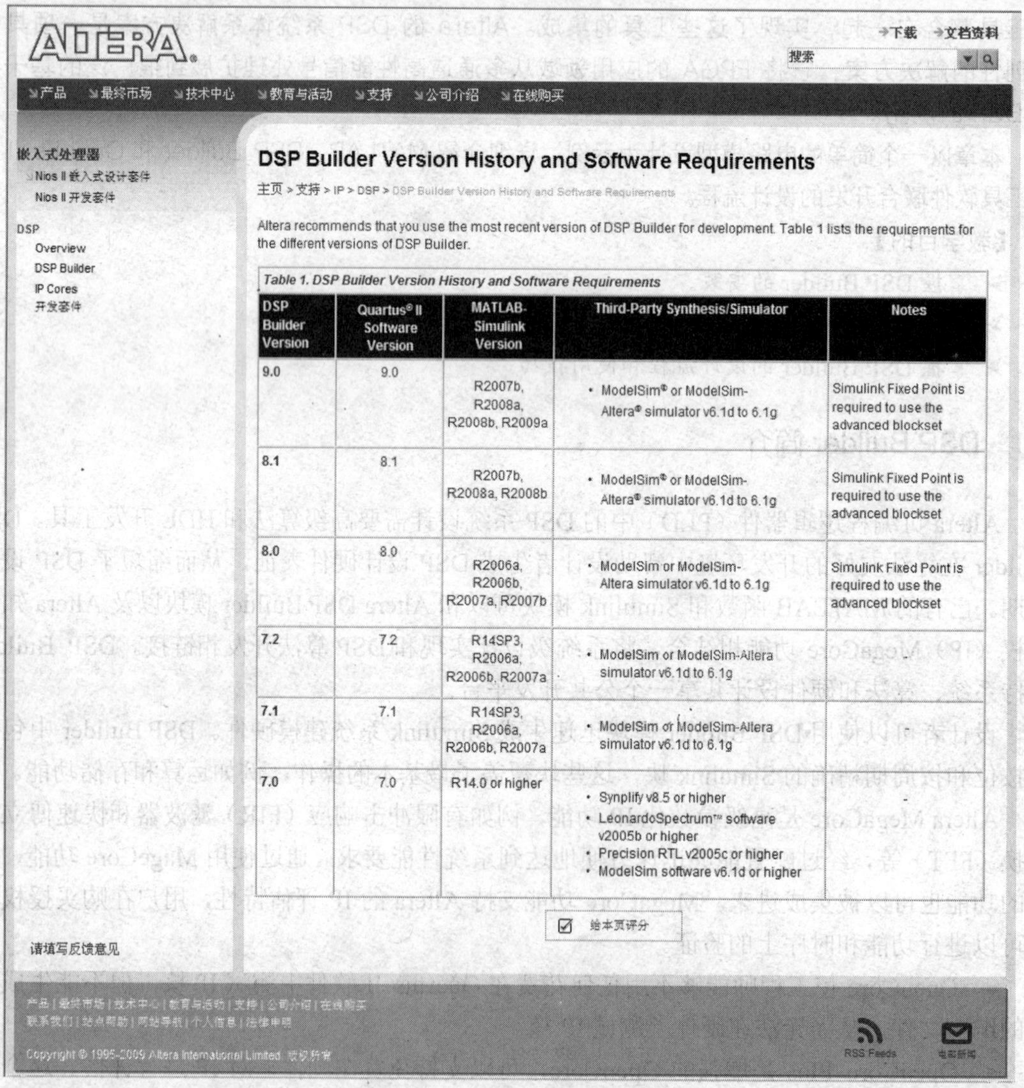

DSP Builder Version History and Software Requirements

主页 > 支持 > IP > DSP > DSP Builder Version History and Software Requirements

Altera recommends that you use the most recent version of DSP Builder for development. Table 1 lists the requirements for the different versions of DSP Builder.

Table 1. DSP Builder Version History and Software Requirements

DSP Builder Version	Quartus® II Software Version	MATLAB-Simulink Version	Third-Party Synthesis/Simulator	Notes
9.0	9.0	R2007b, R2008a, R2008b, R2009a	• ModelSim® or ModelSim-Altera® simulator v6.1d to 6.1g	Simulink Fixed Point is required to use the advanced blockset
8.1	8.1	R2007b, R2008a, R2008b	• ModelSim® or ModelSim-Altera® simulator v6.1d to 6.1g	Simulink Fixed Point is required to use the advanced blockset
8.0	8.0	R2006a, R2006b, R2007a, R2007b	• ModelSim or ModelSim-Altera simulator v6.1d to 6.1g	Simulink Fixed Point is required to use the advanced blockset
7.2	7.2	R14SP3, R2006a, R2006b, R2007a	• ModelSim or ModelSim-Altera simulator v6.1d to 6.1g	
7.1	7.1	R14SP3, R2006a, R2006b, R2007a	• ModelSim or ModelSim-Altera simulator v6.1d to 6.1g	
7.0	7.0	R14.0 or higher	• Synplify v8.5 or higher • LeonardoSpectrum™ software v2005b or higher • Precision RTL v2005c or higher • ModelSim software v6.1d or higher	

图 7-1 DSP Builder 软件版本要求

由网页表格中的数据可以看出，DSP Builder 和 Quartus II 的版本是一致的，主要是对 Matlab 版本的要求。读者在安装的过程中如果出现问题，请核对此表，检查 Matlab 的版本是否符合要求。

本书采用的是 DSP Builder 7.2，Quartus II7.2 和 Matlab7.1(R14SP3)。注意，对于 Matlab 的版本只要符合表格中的要求即可。

7.2.2　DSP Builder 软件安装

在安装 DSP Builder 之前，首先安装 Matlab 和 Simulink 软件以及 Quartus II 软件。如果要使用第三方 EDA 综合和仿真工具，需要安装综合工具 Synplify 以及仿真工具 ModelSim。

DSP Builder 软件安装步骤如下。

（1）关闭以下应用软件：Quartus II，MAX+plus II，Synplify，Matlab 和 Simulink 以及 ModelSim。

（2）双击 DSP Builder 软件安装程序。在弹出的安装向导中，根据提示操作即可完成 DSP Builder 的安装。

注意，在安装过程中需要选择 Quartus II 的安装目录，如图 7-2 所示。因此 Quartus II 软件的安装必须在 DSP Builder 之前。

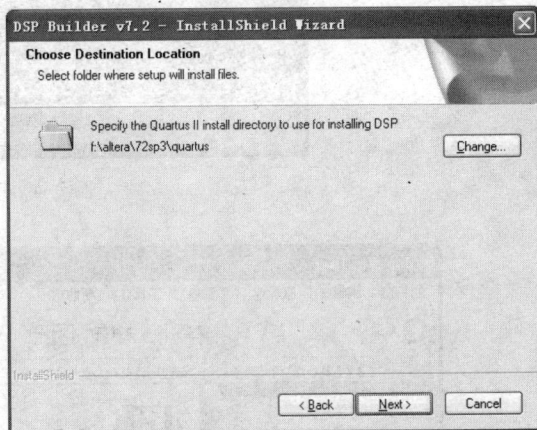

图 7-2　选择 Quartus II 的安装目录

在安装过程中还要选择与 DSP Builder 兼容的 Matlab 版本。提前安装的 Matlab7.1 会出现在该对话框中，如图 7-3 所示。如果安装的 Matlab 版本不符合要求，则不会在此对话框中出现。

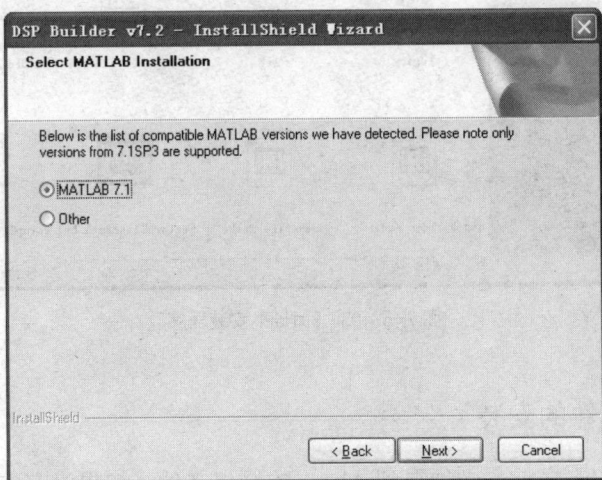

图 7-3　选择与 DSP Builder 兼容的 Matlab 版本

完成这些设置之后，就可以开始安装了，如图 7-4 所示。

安装完成之后，可以在硬盘上 Quartus II 安装目录下找到 DSP Builder 安装程序，如

图 7-5 所示。

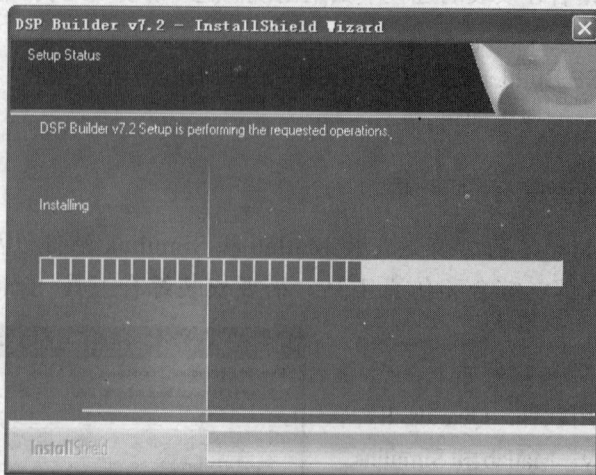

图 7-4 开始安装

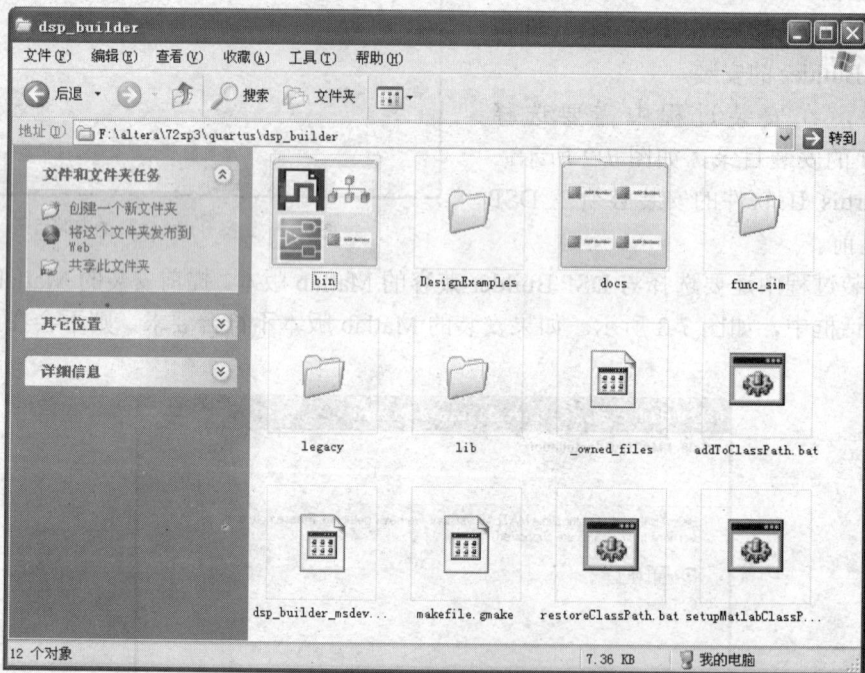

图 7-5 DSP Builder 安装程序

7.2.3 授权文件的安装

在使用 DSP Builder 之前，必须得到 Altera 的授权文件。如果没有安装 DSP Builder 的授权文件，用户只能用 DSP Builder 模块建立 Simulink 模型，但不能生成硬件描述语言（HDL）文件或 Tcl 脚本文件。没有安装授权文件，在启动 SignalCompiler 模块后会给出错误提示"Unable to obtain DSP Builder license"，如图 7-6 所示。

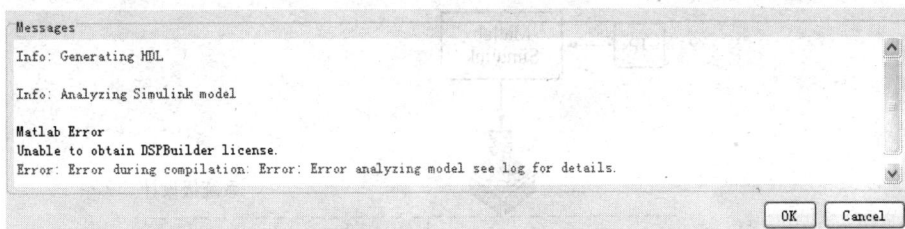

图 7-6　没有安装 DSP Builder 的授权文件的错误提示

> 注意：在安装 DSP Builder 授权之前，必须已经安装了授权的 Quartus II 软件。

DSP Builder 授权文件的安装方法有两种：直接将授权文件的内容粘贴到 Quartus II 授权文件（license.dat）中；或在 Quartus II 软件中单独指定 DSP Builder 授权文件。

方法一：直接将授权文件粘到 Quartus II 授权文件中，操作步骤如下。

（1）在文本编辑器中打开 DSP Builder 授权文件，其中包含 FEATURE 行。

（2）在文本编辑器中打开 Quartus II 授权文件 license.dat。

（3）拷贝 DSP Builder 授权文件中 FEATURE 行内容并粘贴到 Quartus II 授权文件中。保存 Quartus II 授权文件。

方法二：在 Quartus II 软件中指定 DSP Builder 授权文件，其操作步骤如下。

（1）将 DSP Builder 的授权文件以一个不同的文件名单独保存，如 dsp_builder_license.dat。

（2）启动 Quartus II 软件。选择【Tools】|【License Setup】命令，弹出【Options】对话框的【License Setup】页面。

（3）在 License File 栏中，在已经存在的 Quartus II 授权文件后面加一个分号 "；"，在分号后面输入 DSP Builder 授权文件所在的目录及文件名。单击【OK】按钮保存设置。

7.3　DSP Builder 设计流程

DSP Builder 提供了一个无缝链接的设计流程，允许设计者在 Matlab 软件中完成算法设计，在 Simulink 软件中完成系统集成，然后通过 SignalCompiler 模块生成在 Quartus II 软件中可以使用的硬件描述语言文件。

DSP Builder 的 SignalCompiler 块读入 Simulink 模型文件（.mdl），该模型文件是用 DSP Builder 和 MegaCore 块生成的，然后生成 VHDL 文件和 Tcl 脚本文件，用于综合、硬件的实现以及仿真。图 7-7 所示为 DSP Builder 的设计流程。

对 DSP 设计者而言，与以往 FPGA 厂商所需的传统的基于硬件描述语言（HDL）的设计相比，这种流程会更快、更容易。

除了全新的具有软件和硬件开发优势的设计流程之外，Altera DSP 系统体系解决方案还引入了先进的 Stratix 和 Stratix II 系列 FPGA 开发平台。Stratix 器件是 Altera 第一款提供嵌入式 DSP 块的 FPGA，其中包括能够有效完成高性能 DSP 功能的乘法累加器（MAC）结构。Stratix II FPGA 能够提供比 Stratix 器件高 4 倍的 DSP 带宽，更适合于超高性能 DSP 应用。

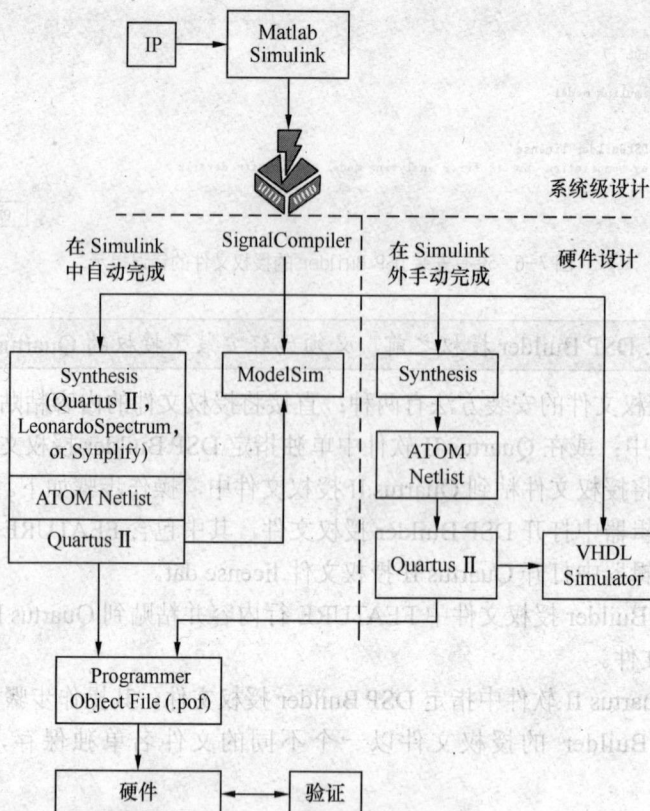

图 7-7　DSP Builder 设计流程

7.4　幅度调制器设计

本节利用 DSP Builder 软件提供的一个幅度调制设计实例来说明 DSP Builder 设计过程。该设计实例文件在<DSP Builder 安装目录>\DesignExamples\Tutorials\GettingStartedSinMdl 文件夹中，如图 7-8 所示，DSP Builder 安装目录默认都是在 Quartus 安装目录下。

图 7-8　幅度调制设计实例

该设计包括正弦波发生器模块、积分乘法器模块和延时单元，每个模块都是参数可变的，如图 7-9 所示。

下面就来看看如何完成这个设计项目。

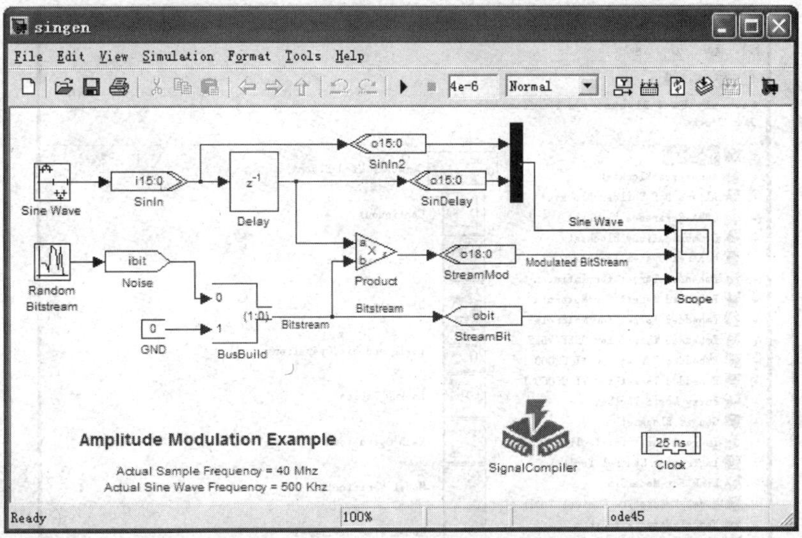

图 7-9 幅度调制设计的 Simulink 模型

7.4.1 建立 Simulink 设计模型

首先，建立一个新的设计模型，步骤如下。

（1）在硬盘上建立一个新的文件夹 sinout 作为工作目录。启动 Matlab 软件，并把 Matlab 当前的工作目录切换到新建的文件夹下，如图 7-10 所示。

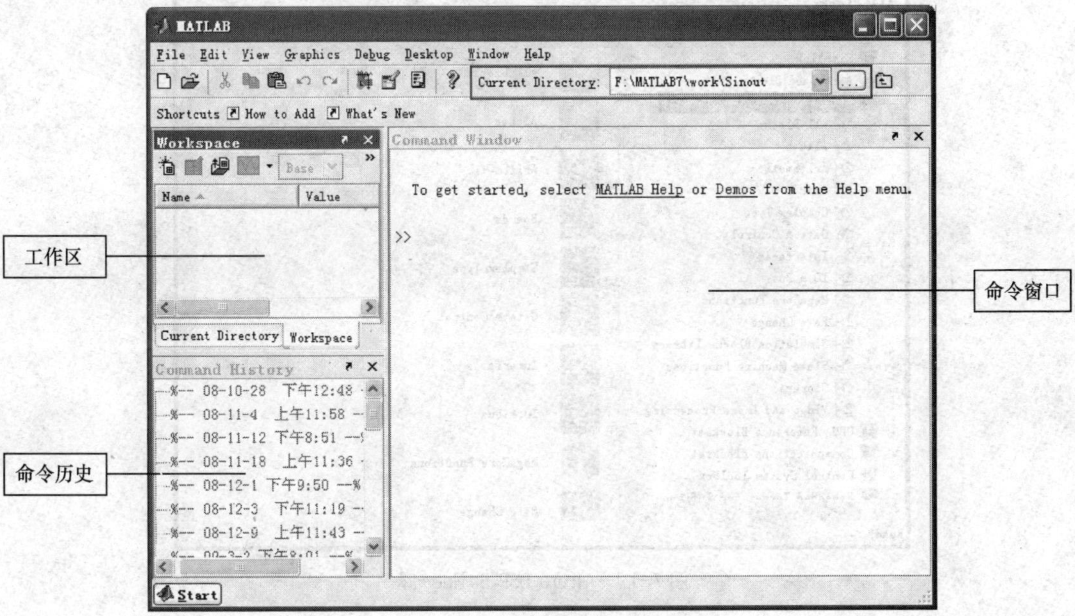

图 7-10 Matlab 界面

（2）单击 Matlab 工具栏上的【Simulink】快捷按钮，或在 Matlab 命令窗口输入【Simulink】命令，打开【Simulink Library Browser】库管理器，如图 7-11 所示。

当安装完 DSP Builder 后，在【Simulink Library Browser】库管理器中可以看到 Altera DSP Builder 出现在 Library 列表中，如图 7-12 所示。

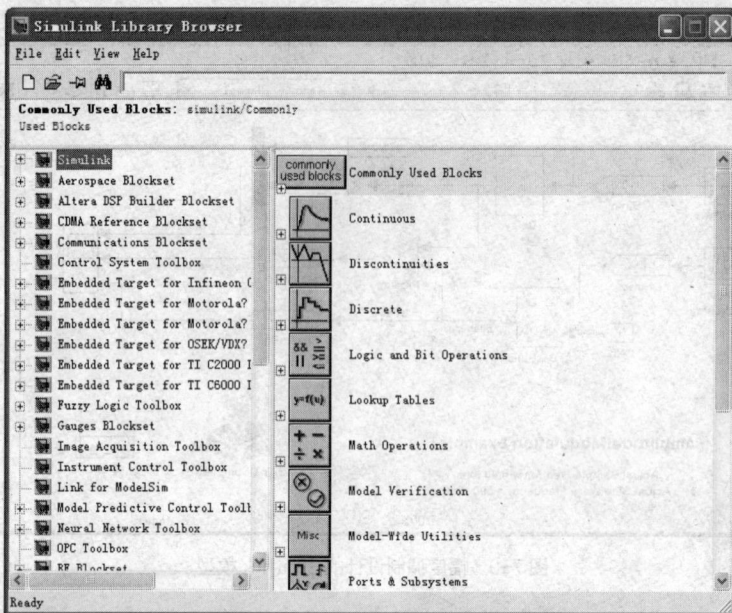

图 7-11　库管理器

图 7-12　Altera DSP Builder 库

　　只有来自 Altera DSP Builder 库中的元件模块构成的模型能被 DSP Builder 转换成 VHDL 程序，因此，我们主要是使用该库中的模型来完成各项设计。

　　（3）在 Simulink 库管理器中选择【File】|【New】|【Model】命令，建立一个新的模型文件。图 7-13 所示是新模型窗口。选择【File】|【Save】命令，保存文件到指定文件夹中，文件名保存为 Sinout.mdl。

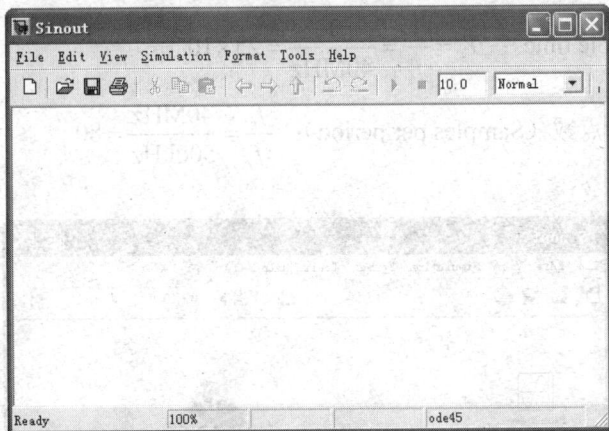

图 7-13　新模型窗口

注意: 对模型文件命名时,尽量用英文字母开头,不使用空格和中文,文件名不要过长。

(4) 在【Simulink Library Browser】库管理器中,展开 Altera DSP Builder 库。在 Altera DSP Builder 库中选择"AltLab"库,在右边的组件列表中选中"SignalCompiler",拖动模块到新建的模型文件中,如图 7-14 所示。

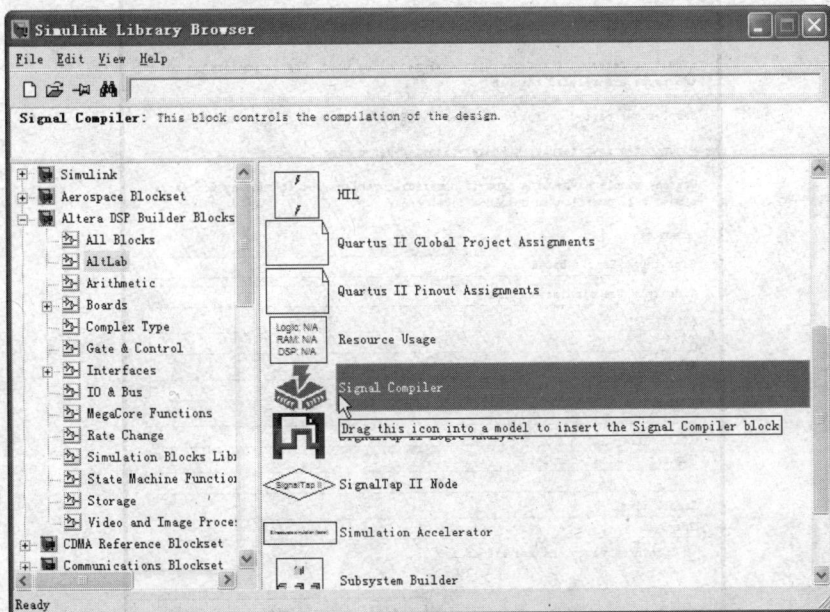

图 7-14　SignalCompiler 模块

注意: 在【Simulink Library Browser】库管理器中选中某一个模块后,在库管理器上方的提示栏中会显示对应模块的说明。

(5) 加入正弦波产生模块。在【Simulink Library Browser】库管理器中选择【Sources】库,从中找到 SineWave 模块。将 Sine Wave 模块拖动到 Sinout.mdl 文件中,如图 7-15 所示。

在 Sine Wave 模块上双击鼠标左键,弹出模块属性对话框,可以设置正弦波模块参数,如图 7-16 所示。本例正弦波数据为 16 位,频率为 500kHz,采样频率是 40MHz,据此可计算:

采样周期（Sample time）：$T_s = \dfrac{1}{f_s} = \dfrac{1}{40\text{MHz}} = 25 \times 10^{-9}$

每个周期的采样点数（Samples per period）：$\dfrac{f_s}{f} = \dfrac{40\text{MHz}}{500\text{kHz}} = 80$

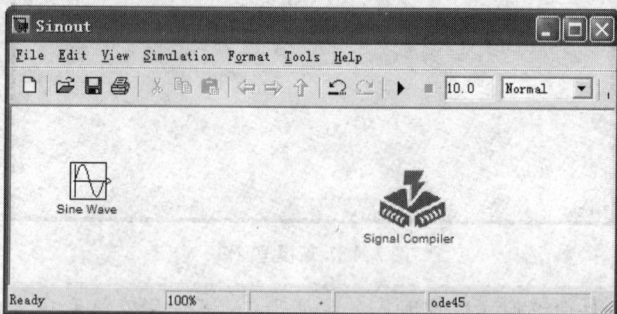

图 7-15　加入正弦波产生模块

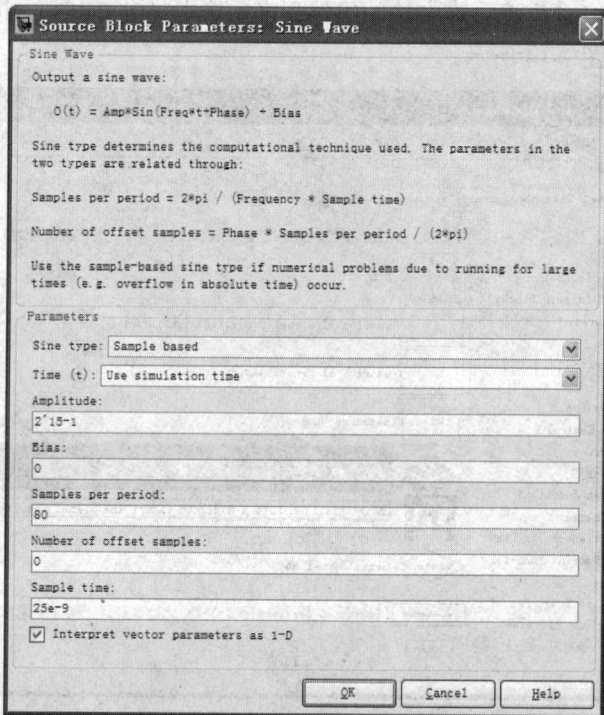

图 7-16　Sine Wave 参数设置

（6）选择【Storage】库，从中选择延时模块，拖动到模型文件中。双击 Delay 模块，在弹出的模块参数对话框中设置模块参数，如图 7-17 所示。

参数【Number of Pipeline Stages】是描述信号延时深度的参数，取大于等于 1 的整数。当等于 1 时，信号传输函数为 $1/Z$，表示通过 Delay 模块的信号延时 1 个时钟周期；当等于整数 n，其传输函数为 $1/Z^n$，表示通过 Delay 模块的信号将延时 n 个时钟周期。该模块在硬件上可以采用寄存器来实现。

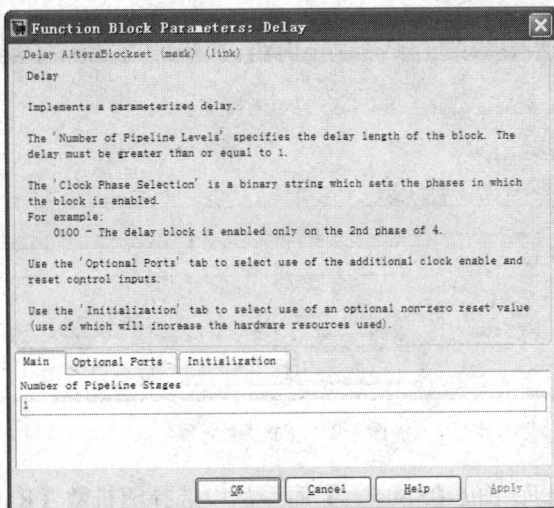

图 7-17 Delay 参数设置

Clock Phase Selection 参数主要用来控制采样，具体含义如表 7-1 所示。这里设置该参数为 01，如图 7-18 所示。

表 7-1   Clock Phase Selection 参数含义

Clock Phase Selection	含　义
1	每一主频脉冲后，数据都能通过
01	每隔一个脉冲通过一个数据
0011	每隔两个脉冲通过两个脉冲
0100	每隔第 2 个时钟时数据通过，在第 1，3，4 个时钟被禁止通过
...	依次类推

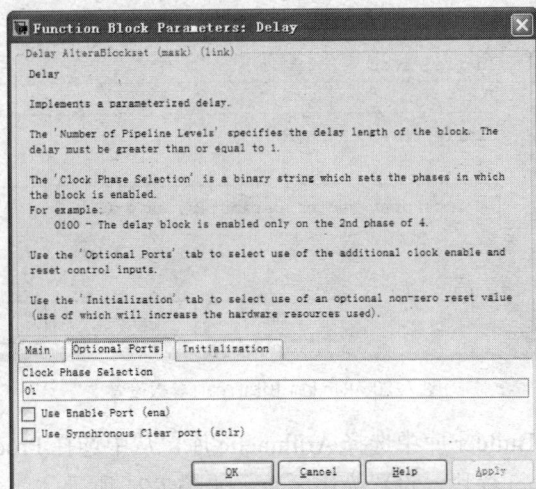

图 7-18 Delay 参数设置为 01

（7）选择 Simulink 库下的【Signal Routing】库，从中选择【Mux】模块，将其拖动到模型文件中。双击 Mux 模块，设置模块参数，如图 7-19 所示。

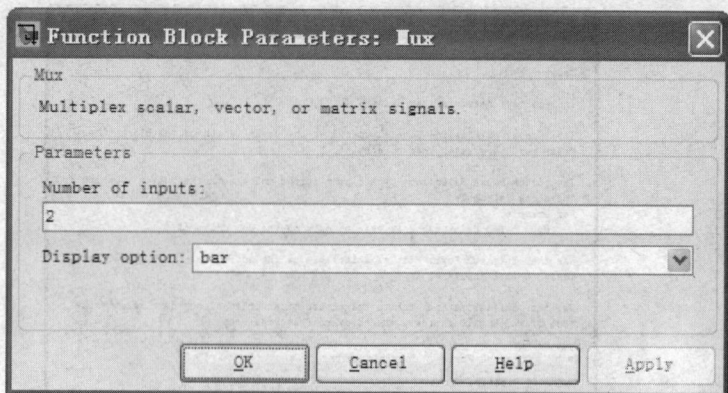

图 7-19 Max 参数设置

（8）选择 Simulink 库下的【Sources】库，从中选择随机数【Random Number】模块，将其拖动到模型文件中。单击模块下面的文本，将名称改为"Random Bitstream"。双击 Random Bitstream 模块，设置模块参数。Mean 是随机信号的均值，Variance 是方差，如图 7-20 所示。

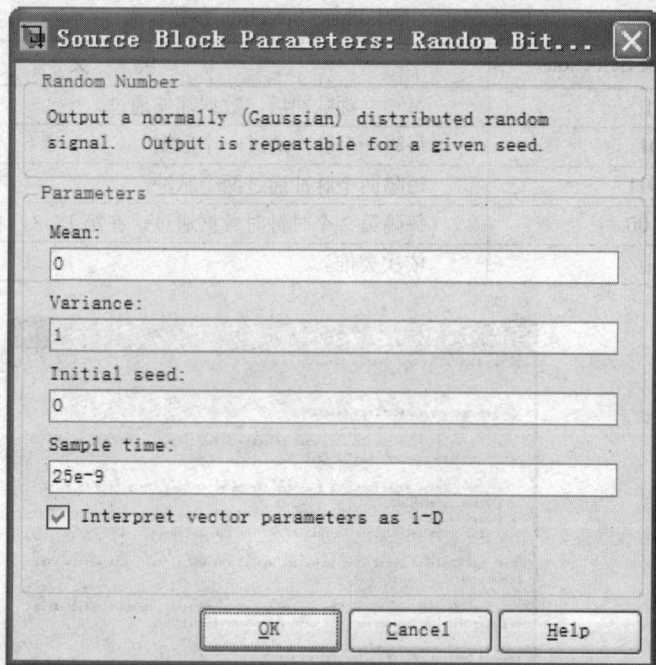

图 7-20 Random Bitstream 参数设置

（9）在 Altera DSP Builder 库中选择 Arithmetic 库，从中选择 Product 模块，将其拖动到模型文件中。双击 Product 模块，设置模块参数，如图 7-21 所示。

参数【Number of Pipeline Stages】指定该乘法器模块使用几级流水线，即乘积延时几个时钟周期后出现。选中 Use LPM 复选框，表示允许采用 LPM 模块。Use Dedicated Circuitry 复选框用于对 FPGA 中的专用模块的选择，如 Stratix、Cyclone II 等器件中的专用 DSP 模块，如图 7-22 所示。

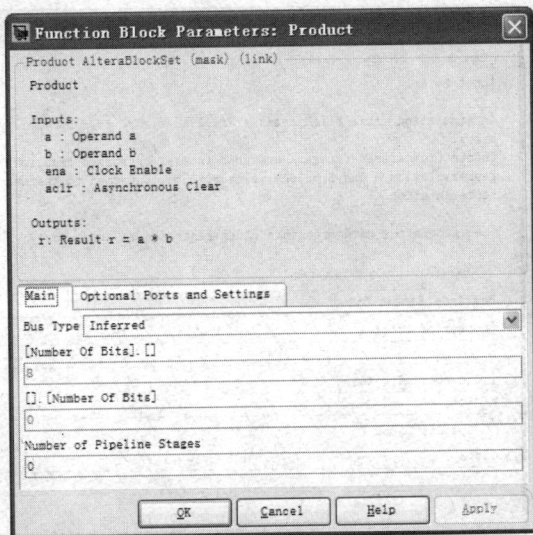

图 7-21 Product 参数设置

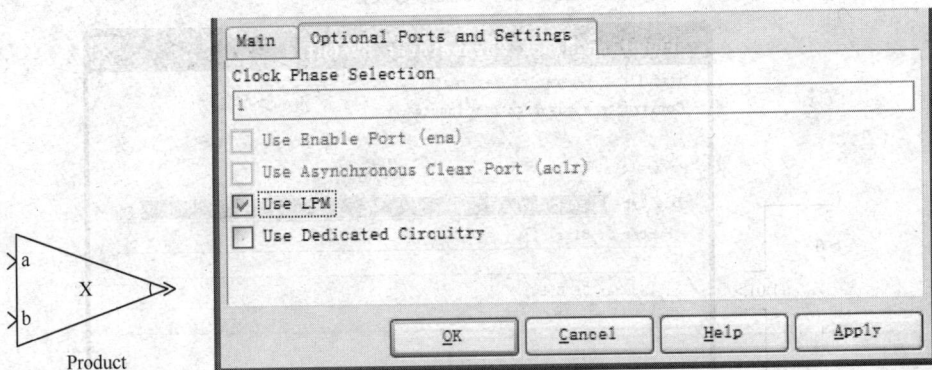

图 7-22 设置允许采用 LPM 模块

（10）选择【IO & Bus】库，从中选择 Input 模块，拖动到模型文件中。单击 Input 模块下面的文本，将名称改为 Noise，表示加入的是噪声总线。双击 Noise 模块，弹出模块参数对话框，在【Bus Type】总线类型下拉列表中选择"Single Bit"。单击【OK】即可，如图 7-23 所示。

（11）在【IO & Bus】库中选择 GND 模块加入到模型文件中。GND 模块输出的是一个 1bit 的常数 0。

（12）在【IO & Bus】库中选择 Bus Builder 模块加入到模型文件中。双击 Bus Builder 模块，弹出模块参数对话框，在【Number of Bits】文本框中设置总线宽度，如图 7-24 所示。

（13）在【IO & Bus】库中选择 Output 模块加入到模型文件中。单击 Output 模块下面的文本，将名称改为 SinIn2。SinIn2 模块是将 SinIn 模块输入的正弦波数据不经过延时直接输出，因此，SinIn2 模块的参数设置与 SinIn 一致，区别在于一个是输出端口，一个是输入端口。

（14）同样的方法加入 3 个输出模块 SinDelay，StreamMod 和 StreamBit。SinDelay 模块是将经过延时的正弦波数据输出，其参数设置与 SinIn2 模块一致。而 StreamMod 模块总线宽度是 19 位，StreamBit 模块是 1 位，参数设置如图 7-25、图 7-26 所示。

Function Block Parameters: Noise

Input AlteraBlockset (mask) (link)

Input Port

In simulation, this block casts a Simulink signal to a DSP Builder internal signal.
Choose from signed integer, unsigned integer or signed fractional representation. The Simulink value will be converted to the nearest possible representation.

When generating hardware, this block generates an input port.

Parameters

Bus Type Single Bit

[number of bits].[]
1

[].[number of bits]
0

☐ Specify Clock

Clock

[OK]　[Cancel]　[Help]　[Apply]

ibit
Noise

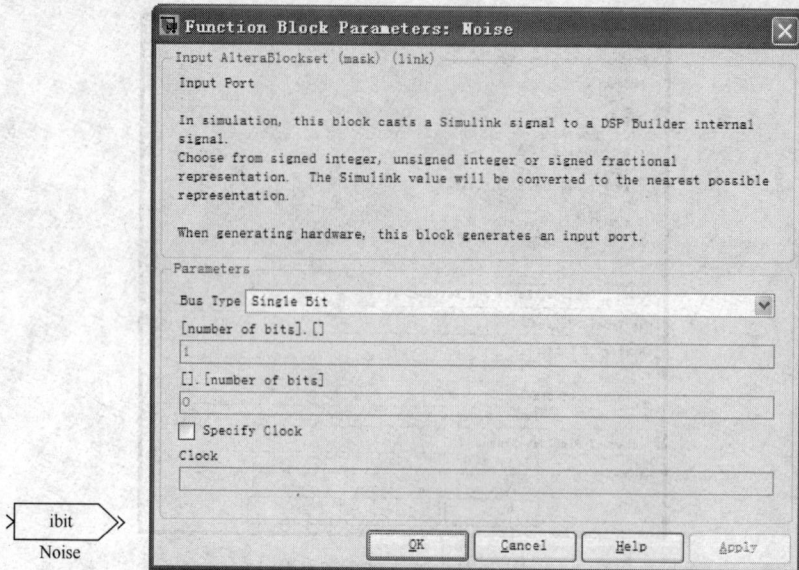

图 7-23　Noise 参数设置

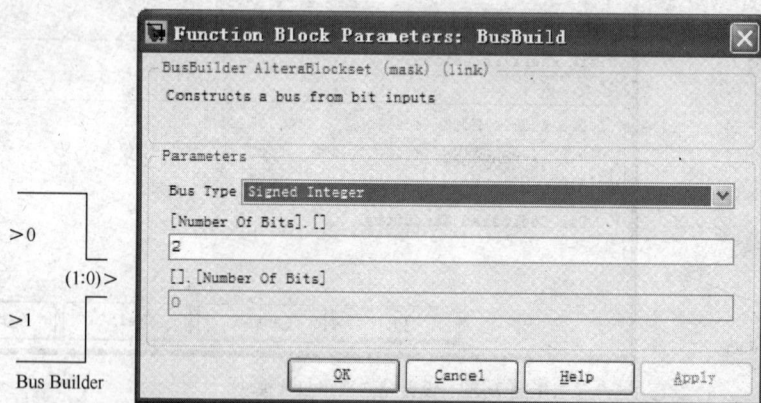

Function Block Parameters: BusBuild

BusBuilder AlteraBlockset (mask) (link)

Constructs a bus from bit inputs

Parameters

Bus Type Signed Integer

[Number Of Bits].[]
2

[].[Number Of Bits]
0

[OK]　[Cancel]　[Help]　[Apply]

>0

(1:0)>

>1

Bus Builder

图 7-24　Bus Build 参数设置

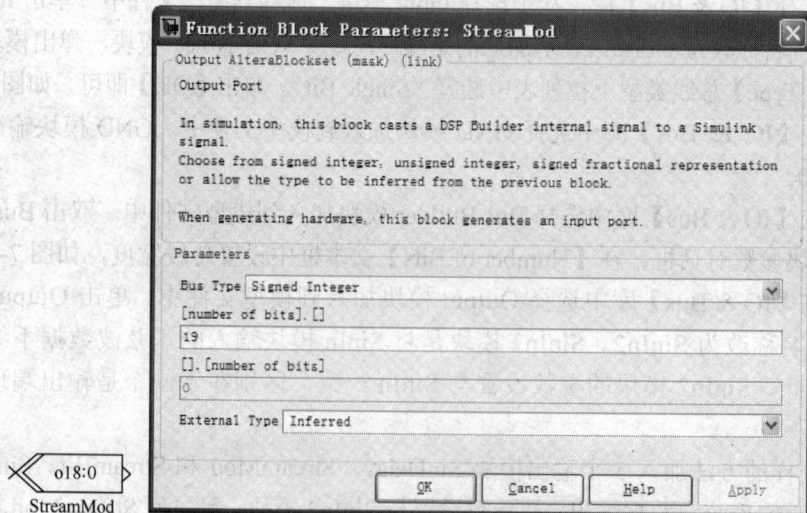

Function Block Parameters: StreamMod

Output AlteraBlockset (mask) (link)

Output Port

In simulation, this block casts a DSP Builder internal signal to a Simulink signal.
Choose from signed integer, unsigned integer, signed fractional representation or allow the type to be inferred from the previous block.

When generating hardware, this block generates an input port.

Parameters

Bus Type Signed Integer

[number of bits].[]
19

[].[number of bits]
0

External Type Inferred

[OK]　[Cancel]　[Help]　[Apply]

o18:0
StreamMod

图 7-25　StreamMod 参数设置

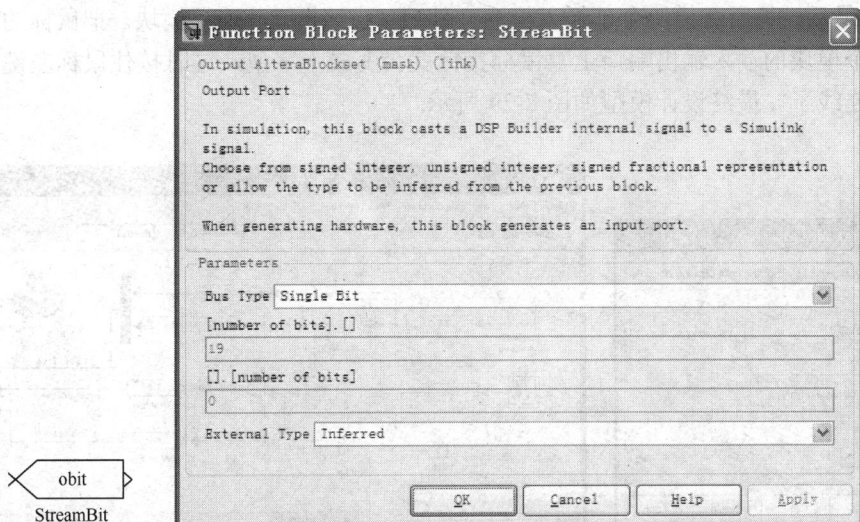

图 7-26　StreamBit 参数设置

（15）加入示波器模块。在【Simulink Library Browser】库管理器中选择 Simulink 库下面的 Sinks 库，从中选择 Scope 模块，将其拖动到模型文件中。双击 Scope 模块，弹出 Scope 波形显示对话框，如图 7-27 所示。

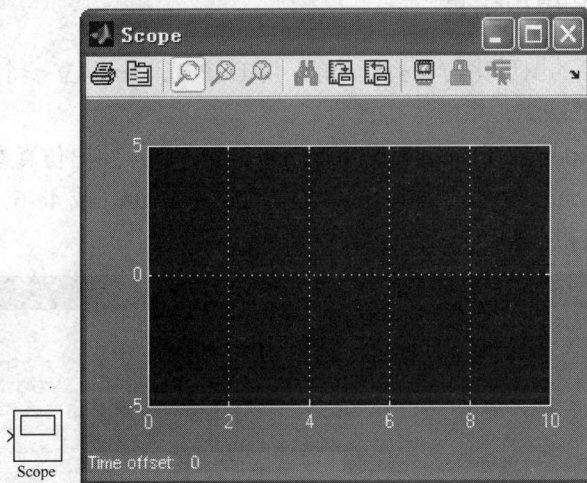

图 7-27　示波器窗口

对话框上各按钮功能如表 7-2 所示。

表 7-2　　　　　　　　　　　　　　　　　　按钮功能

🖨：打印	📋：参数设置	🔍：缩放工具
🔍：X 轴缩放	🔍：Y 轴缩放	🔭：自动范围
🖾：保存当前轴设置	🖾：恢复轴设置	🖳：浮动示波器

图 7-27 中只有一个信号的波形观察窗口，如果希望多观察几路信号，需要修改 Scope 参数。在 General（通用）选项卡中，改变 Number of axes 参数为 3，即可观察 3 路信号，如图 7-28 所示。

（16）最后，将所有模块全部插入模型文件后，按照图 7-9 连接模块。把鼠标的指针移动到上述几个模块的输入输出端口上，鼠标指针就会变成十字型，这时按住鼠标左键，拖动鼠标就可以连线了。最终设计模型如图 7-29 所示。

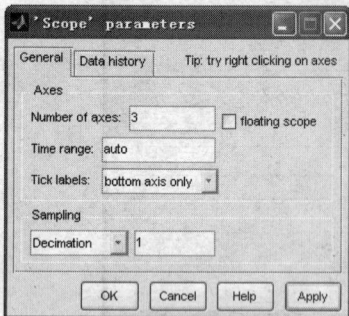

图 7-28　Scope 参数设置

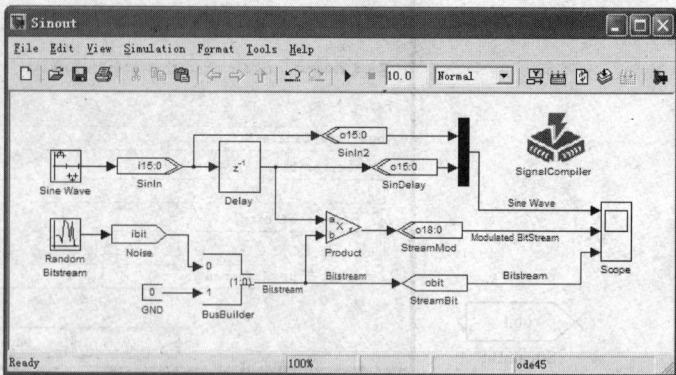

图 7-29　最终设计模型

为了在示波器显示模块中区分信号波形，在引入 Scope 模块的信号线上双击鼠标左键，分别键入 SinWave，Modulated BitStream 和 BitsStream 作为信号名。

7.4.2　Simulink 模型仿真

Simulink 具有强大的图形化仿真验证功能。用 DSP Builder 建立一个新的模型后，可以直接在 Simulink 中进行算法级、系统级仿真验证。

（1）选择【Simulation】|【Simulation Parameters】命令，弹出仿真参数设置对话框。

（2）在 Simulation time 栏中的 Stop time 框中输入 0.00004（或 4e-6），显示 2 个信号周期（160 个采样点），其他参数采用默认设置，如图 7-30 所示。

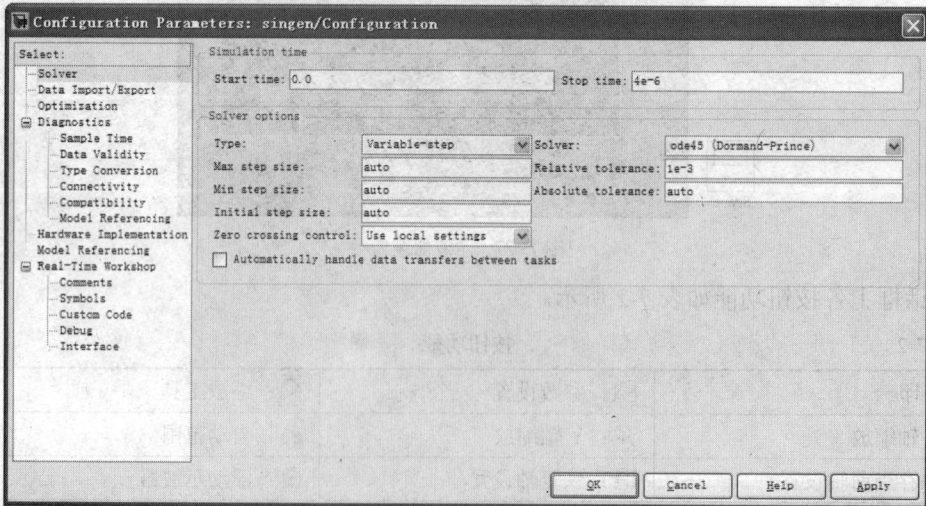

图 7-30　仿真参数设置

（3）选择【Simulation】|【Start】命令，或按下 Ctrl+T 组合键启动仿真。双击模型文件中的 Scope 模块，打开示波器显示窗口。单击示波器显示窗口工具栏上的自动范围按钮，则

波形显示如图 7-31 所示。

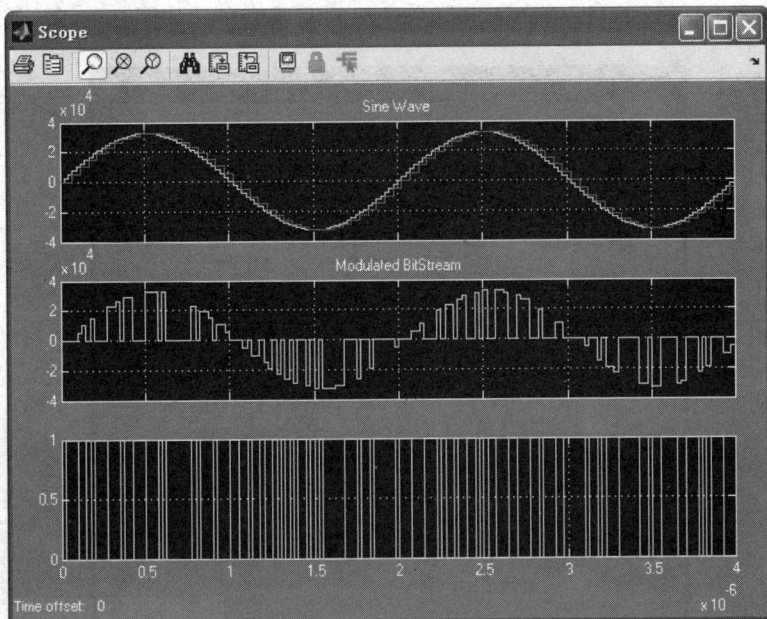

图 7-31　仿真波形

第一个窗口中显示的是正弦波和延时采样后的波形，第二个窗口中显示的是幅度调制波形，第二个窗口中显示的是随机信号。

7.4.3　Simulink 模型编译

在完成 Simulink 软件中的模型设计，仿真成功后，就需要把设计转到硬件上加以实现。这是整个 DSP Builder 设计流程中最关键的一步。

对于 DSP Builder，Altera 提供自动和手动两种编译流程。如果 DSP Builder 模型是顶层设计，则两种编译流程都可以使用；如果 DSP Builder 模型不是顶层设计，而是非 DSP Builder 硬件设计中的一个独立模块，则只能使用手动编译流程，在 DSP Builder 软件之外建立顶层编译设置。

1. 自动编译

Signal Compiler 可以将设计模型文件中的每个 Altera DSP Builder 模块映射为 DSP Builder VHDL 库。自动综合、编译流程可以直接在 Simulink 软件中，使用 SignalCompiler 对话框中的按钮操作，完成模型设计的综合、编译过程。

在 Simulink 的设计模型文件中双击 SignalCompiler 模块，这时会弹出 Signal Compiler 对话框上。对话框主要分两大部分：【Parameters】参数设置和【Messages】信息框。

在【Family】下拉列表中可以选择器件系列，默认为 Stratix 系列器件。Device 文本框中设置为 "AUTO"，表示由 Quartus II 自动决定使用该器件系列中的某一个具体型号的器件。

在【Simple】简单选项卡上直接单击【Compile】按钮将自动完成 Quartus II 全程编译的 4 个步骤，即分析与综合（Analysis & Synthesis）、适配（Fitter）、编程（Assembler）、时序分析。同时，在 Messages 信息框中会给出每个过程的编译信息，如图 7-32 所示。

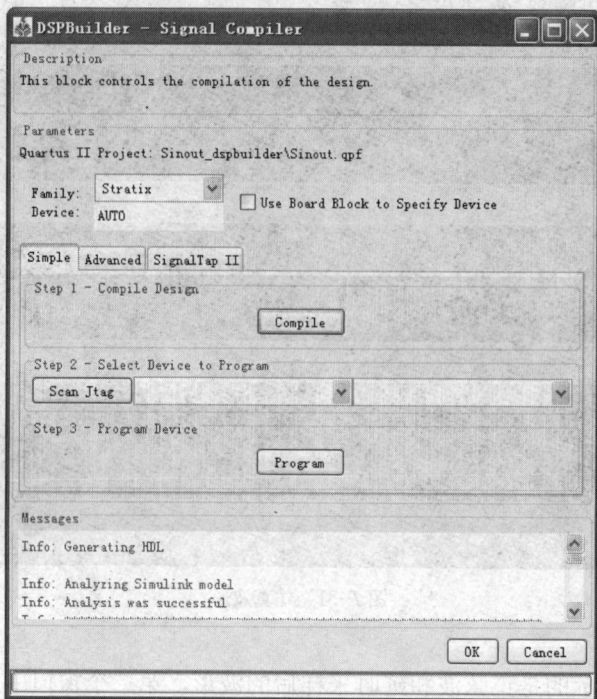

图 7-32 【Simple】简单选项卡

硬件编程下载通常都是在 Quartus II 软件中进行，但是在 SignalCompiler 对话框上也提供了此项功能。只需在 step2 中选择编程模式和器件，然后单击【Program】按钮即可进行编程。

2. 手动编译

在 Signal Compiler 对话框上的【Advanced】高级选项卡上列出了手动编译流程，如图 7-33 所示。手动编译流程为：

- Create Project；
- Synthesis；
- Fitter；
- Program。

单击【Create Project】按钮，会在 Simulink 模型文件所在目录创建一个 Quartus II 工程。该工程所在文件夹名称为<Simulink 模型文件名_dspbuilder>，例如"Sinout_dspbuilder"。工程文件名称为<Simulink 模型文件名.qpf>，例如"Sinout.qpf"。

单击【Synthesis】按钮，会对设计项目进行综合。综合时会在 Quartus II 工程目录下生成对应的 VHDL 文件。在 Messages 信息框中给出了综合信息：此设计项目使用了 19 个输入引脚、52 个输出引脚、34 个逻辑单元，如图 7-34 所示。

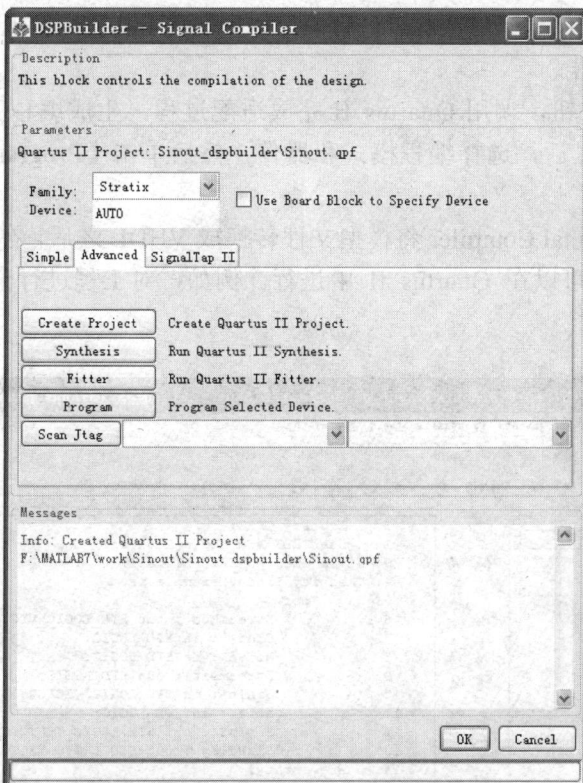

图 7-33 【Advanced】高级选项卡

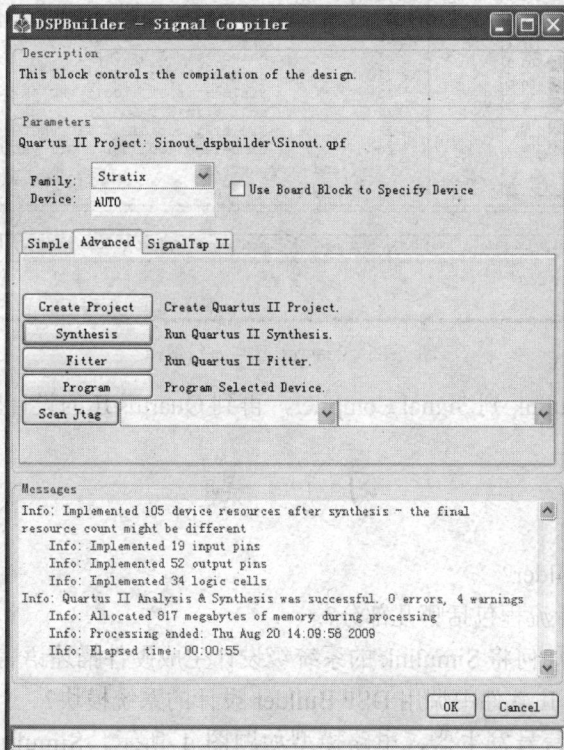

图 7-34 项目综合

本例是调用 Quartus II 来完成综合过程的。如果安装了其他综合工具，可以在 Synthesis 下拉列表中选择综合器。

单击【Fitter】按钮，调用 Quartus II 完成适配过程，生成编程文件，即 pof 文件和 sof 文件。编译完成之后，选择编程模式和器件，然后单击【Program】按钮即可进行硬件编程。

实际上，利用 Signal Compiler 将模型文件转换成 VHDL 之后，在 Quartus II 中打开该工程，剩下的流程也可以在 Quartus II 中进行。例如，对工程进行全程编译，如图 7-35 所示。

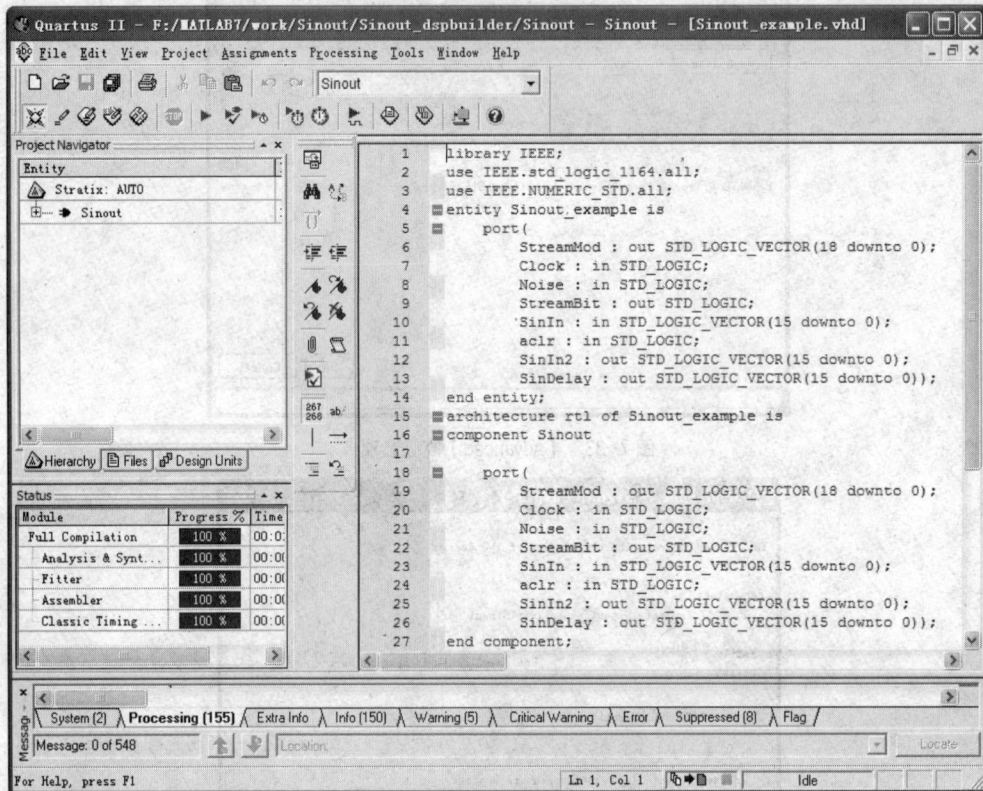

图 7-35　Quartus II 中进行编译

由此可见，从 Simulink 到 Signal Compiler，再到 Quartus II 的设计验证十分方便。

习　　题

1．什么是 DSP Builder？

2．Altera DSP 设计流程包括哪几部分？

3．DSP Builder 是如何将 Simulink 的系统级设计生成硬件描述语言的？

4．如何在 Quartus II 软件中调用 DSP Builder 设计的系统模块？

5．设计一个正弦信号发生器，电路模型如题图 1 所示，Simulink 仿真波形如题图 2 所示。

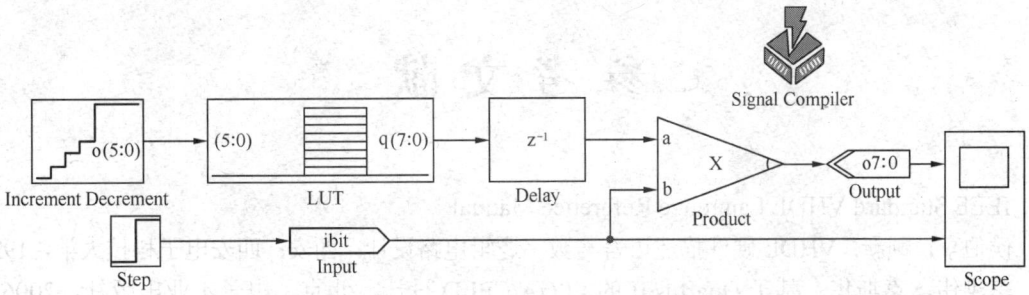

题图 1　电路模型

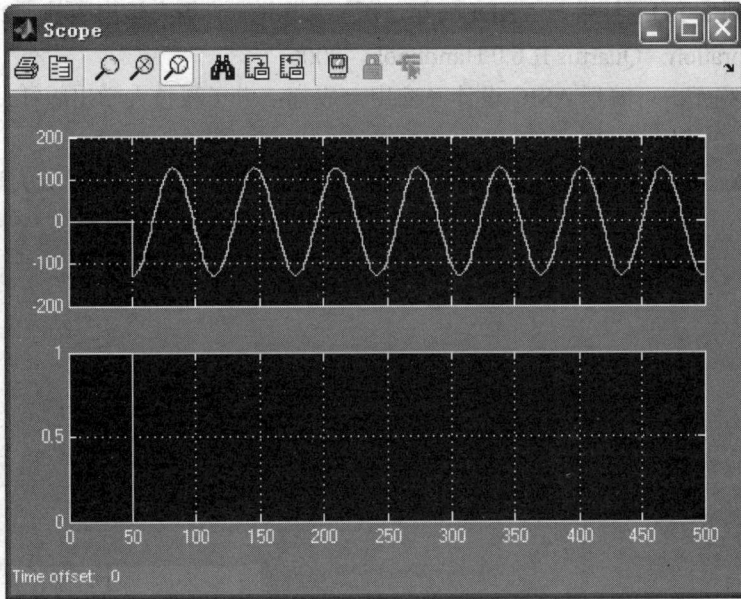

题图 2　Simulink 仿真波形

参 考 文 献

[1] IEEE Standard VHDL Language Reference Manual

[2] 侯伯亭，顾新. VHDL 硬件描述语言与数字逻辑电路设计. 西安：西安电子科技大学，1997

[3] 李洪伟，袁斯华. 基于 Quartus II 的 FPGA/CPLD 设计. 北京：电子工业出版社，2006

[4] 邢建平，曾繁泰. VHDL 程序设计教程（第 3 版）. 北京：清华大学出版社，2007

[5] 潘松，黄继业. EDA 技术与 VHDL（第 2 版）. 北京：清华大学出版社，2007

[6] Altera Corporation. Quartus II 6.0 Handbook，2006

[7] 李广军，孟宪元. 可编程 ASIC 设计及应用. 成都：电子科技大学出版社，2003

[8] Altera. Data Book. 2004

[9] 杨恒，卢飞成. FPGA/CPLD 快速工程实践入门与提高. 北京：北京航空航天大学出版社，2003